KB183097

거의 모든 재난에서 살아남는 법

거의 모든 재난에서
살아남는 법

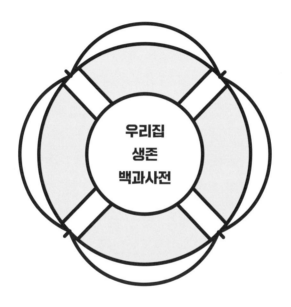

우리집
생존
백과사전

성상원 · 전명윤 지음

따비

재난보다 더 큰 재앙이었던 '재난 이후의 대응'에서 우리는 무엇을 배웠는가, 어떻게 준비해야 하는가

구정은 국제 전문 저널리스트

군이 세월호 얘기는 할 필요가 없겠다. 모든 이들의 마음 속에 엄청난 상처를 남긴 그 재난, 그리고 그보다 훨씬 더 큰 재앙이었던 '재난 이후의 대응'에 말을 덧붙여 무엇할까. 우리는 재난이 개인의 삶을 앗아갈 뿐 아니라 사회 전체를 뒤흔들고 거대한 상흔을 남긴다는 것을 경험했다. 그리고 몇 년 후 경주와 포항에서 지진이 일어났다. 2017년 11월의 지진 때, 세월호와 촛불 혁명 이후 새로 바뀐 정부는 '수능 시험 연기'라는 대응을 했다. 재난에 대한 반성이 불러온 진전이라고 평가해도 좋을 것 같다.

하지만 여전히 우리는 재난을 잘 알지 못한다. 세계 곳곳에 여행을 다니는 한국인 관광객이 늘고, 머나먼 지구 반대편에서 근무하거나 취재를 하거나 구호활동을 하는 사람이 많이 생겨났지만 재난에 대처하는 법은 여전히 우리 머릿속에서 큰 자리를 차지하지 못한다.

내 경우에도, 오래 전 이라크 전쟁을 취재하러 가기 앞서 군부대를 방문해 방독면 쓰는 법, 지뢰를 피하는 법 등을 서너 시간 배웠지만 기억에 그리 많이 남아 있지는 않다. 아프리카 대륙에 드나들 때에는 말라리아 약을 먹고 온갖 백신을 맞았지만, 사실 세상 어디에서 어떤 식으로 재난이 내게 닥쳐올지 구체적으로 상상하고 준비해 본 적은 없다.

이 책의 저자는 재난이 일어났거나 일어날 수 있는 여러 곳을 다니며 경험을 쌓은 사람이다. 물론 글도 잘 쓴다. 하지만 이 책이 더 반가운 것은 저자의 경험과 글 솜씨를 보고 배울 수 있다는 표면적인 이유 때문이 아니다. 세계가 하나로 이어져 있고 한국인의 생활 무대가 지구 전체로 넓어졌을 뿐 아니라 '일상 속의 재난'이 도처에 숨어 있는 시대에, 충실하고도 재미있는 '재난 대응 매뉴얼'이 나온 것이다. 서점에 가 보면 여행기들은 넘쳐나지만 이런 매뉴얼은 찾아보기 힘들다. 이제야 독자들은 뒤늦게나마 한글로 적힌 진짜 재난 대응 책자를 갖게 된 셈이다.

우스운 이야기처럼 들리겠지만, 꽤나 여러 곳을 돌아다녀 본 편인 내게는 '회전문 공포증'이 있다. 보폭을 어떻게 해야 할지 몰라 회전문에 부딪치거나 혹은 센서를 작동시켜 멈춰 버린 회전문 안에 갇힌 기억들이 있기 때문이다. 저자는 화산이 폭발하는 스페인의 섬과 '세계 살인의 수도'라고 불리는 멕시코의 티후아나 등 여러 곳에서 살았던 경험으로 이야기를 시작하지만, 이 책에서 소개하는 '안전하게 살아가는 법'은 그렇게 먼 나라들을 돌아다니는 방랑자만을 위한 것이 아니다. 찹쌀떡과 전기장판, 빙판길과 기생충 같은 생활 속의 위험에서부터 미세먼지와 독성 식물 같은 환경 요소의 위험까지 짚어 주고 그 대처법을 알려 준다.

책은 얼핏 보기에는 안전 상식을 요약한 매뉴얼 같지만 거기서 멈추지 않는다. 지진이나 건물 붕괴, 지하철의 남성 승객과 아동 대상 성범죄, 선박 침몰, 태풍과 전염병처럼 우리가 보고 들어 온 것들을 위험 관리라는 틀을 통해 보여 준다. 책장을 넘기며 쭉 훑어가다 보면 이런저런 위험한 사건들이 일어났을 때에 반짝 흥분했다가 금세 잊어버리고는 하는 한국 사회의 건망증, 내 안의 무사안일함을 곱씹게 된다.

전쟁과 테러, 총격전과 쓰나미, 그리고 뒷부분에 이어지는 '재난과 정치'에 이르면 그제서야 저자가 진심으로 하고픈 말이 무엇인지 깨닫게 된다. 개개인이 재난을 걱정하고 미리 준비하고 일이 터졌을 때 가장 효과적으로 대처하는 것도 중요하지만, 결국 재난은 사회적인 것이고 정치적인 것이다. 시민의 힘으로 정부를 움직이지 못하면 사회 전체의 안전 수준을 끌어올리는 것은 불가능하다. 안전도 평화도, 제대로 알고 요구해야만 가질 수 있는 것들이다. 저자의 말처럼 "재난에서 가장 중요한 것은, 그 사회가 무엇을 대비하지 않았기 때문에 어떤 자연 재해가 재난이 되었는가, 이 재난을 어떻게 극복해 다음에는 같은 재해에도 피해를 최소화할 수 있는가"이기 때문이다.

개정증보판을 내며

미국 연방재난안전청(Federal Emergency Management Agency. FEMA)은 우리로 치면 행정안전부 재난안전관리본부와 같은 조직이다. 2005년에 이곳의 청장이 된 사람은 마이클 드웨인 브라운(Michael DeWayne Brown)이라는 변호사였다. 법정에서 조물주와 재난 범위에 대해 다루기라도 했던 걸까? 결국 이 사람이 지휘하던 FEMA는 자연재해를 재난으로, 즉 중앙과 지방정부의 일상적인 절차나 지원을 통하여 관리될 수 없는 심각한 대규모의 사망자, 부상자, 재산 손실을 발생시키는 사태로 만들어 버렸다. 2005년 허리케인 카트리나로 뉴올리언스가 물에 잠겼을 때 이 사람이 지휘하는 연방재난안전청이 했던 일은 단 하나, '자기들 관할'이라며 남의 도움을 모두 거절하는 것이었다. 참고로 이 사람은 당시 대통령이었던 조지 부시 2세의 절친이었다.

직전에 청장이었던 사람도 만만치 않다. 조 알버우(Joe Allbaugh). 역시 조지 부시 2세 당시 대통령의 절친이었던 이 사람이 재난안전청장으로 임명되었을 때 취임 일성은 "전임자인 클린턴 시절에 복지로 비대해진 조직을 축소해야 한다." 였다. 즉, 이재민에게 구호를 제공하는 조직을 '비대한 복지 혜택'이라고 한 거다.

또한, 재난이 발생한 도시 뉴올리언스의 시장은 상상을 초월하는 부패 사범이었다. 결국 2014년 뇌물수수, 금융사기, 자금세탁 모의, 허위 납세 신고 등등 약 스무 가지의 다양한 부패 혐의로 10년형을 선고받았고, 2020년 코로나19로 인해 가택연금으로 석방되었다. 무엇보다 자신의 권력을 이용해 지인들의 편의를 봐주고도 그게 왜 문제인지 이해하지 못하던 사람이었다. 그의 이름은 레이 내긴 (Ray Nagin). 이념으로 현실을 재단하는 자, 자신이 있는 자리의 책임을 이해하지 못하는 자, 그리고 부패사범. 이 삼총사, 어디서 본 것 같다는 느낌이 안 드는가?

1,800명에 달하는 인명 피해와 2,000억 달러에 달하는 재산 피해가 발생했다고 하는 뉴올리언스의 비극을 정리하면 다음과 같다. 1) 낡은 인프라가 방치된 상태로 있었고(뉴올리언스 갑문), 2) 그 자리에 가서는 안 되는 사람들이 책임자로 앉아 있었는데, 3) 자연재해가 닥쳤던 것이다. 비극은 거기서 끝나지 않는다.

자신이 해당 부서의 장에 오를 수 있는 그릇이 못된다는 것을 자각하지 못하는 이들은 대체로 탐욕스럽다. 레이 내긴은 복구의 우선순위를 빈민촌과 공공시설을 확충하는 데 두지 않고 부촌 복구를 최우선으로 진행했다. 그리고 가장 많은 피해자가 발생한 빈민촌은 복구하지 않고 재개발해 버렸다. 가장 가난한 이들은 집도 잃은 상태에서 정든 도시를 떠나야 했다.

대한민국이라는 나라는 여기에 한 가지가 더 붙는다. 2016년 9월 12일 경주에서 규모 5.1과 5.8의 지진이 발생했다. 그리고 열흘 후에 YTN과 SBS는 기상청의 지진 대응 매뉴얼에 "심야에 지진이 발생하면 기상청장과 차장에겐 다음 날 아침에 보고한다는 내용이 있었다."고 보도했다. 바로 2년 전, 세월호 참사가 어떻게 벌어질 수 있었는지 확실하게 이해시켜 주는 보도였다. 세월호 참사로부터 10년이 지난 지금, 다시 그 시절로 돌아간 것은 아닌가 싶어 겁이 나기도 한다.

내가 이 책을 쓸 수 있었던 것은 1) 무엇인가 극복해야 했던 상황 2) 그 의지를 공유하는 사람들 3) 전문가들의 조언이라는 3박자가 나름 맞았기 때문이다. "거의 모든 재난에서 살아남는 법"이라는 거창한 책 제목과는 달리, 사실 이 책에서 이야기한 것은 어떻게 하면 독자가 이 책 한 권을 읽고 혼자서 살아남을 수 있게 할 것인가가 아니라, 사회와 인프라를 믿고 어떻게 하면 그것이 제대로 작동하도록 할 것인가였다. 어느 누구도 책 한 권으로 베어 그릴스(Bear Grylls. 디스커버리 채널의 〈Man vs Wild〉 등 프로그램에 나오는 생존 전문가)가 될 수는 없다. 책 한 권으로 그 수준이 될 수 있다면 왜 특수목적 부대의 효시라고 할 수 있는 SAS에서 생존훈련에만 3주를 들이겠는가.

배가 침몰하고 있으면 구명복을 꺼내서 들고 밖으로 나가서 입어야 한다. 혹시라도 입고 있는 상태에서 물이 차면 탈출할 방법이 없기 때문이다. 그런데 선장은 배가 침몰하고 있는 상황에 구명복을 입고 대기하라는 방송을 하고 자신과 고위 선원들은 탈출했다. 여기에서 그치지 않았다. 구조에 투입될 수 있는 자원들이 숱하게 있었는데 그 자원들이 활용되지 않은 상태로 대기만 했다. 그렇게 수백 명이 죽어 가고 있는 현장은 라이브로 전 세계에 중계되었다. 2014년 세월호 참사. 그로부터 10년이 흘렀는데 여전한 참사들을 또 목도해야 했다.

　대규모 인파가 몰릴 것이라고 누구나 알고 있는 날에 충분한 치안 유지 인력이 배치되지 못했다. 그 단 하나의 이유로 백 수십 명이 압사당하는 참담한 일이 벌어졌다. 2023년 이태원 참사.

　폭우가 예보되었는데도 지하차도의 펌프가 제대로 작동하는지 확인도 안 됐다. 그렇게 14명이 목숨을 잃었다. 2023년 오송 지하차도 참사.

　불과 몇 년 전만 하더라도 전 세계의 언론이 왜 저 나라만 코로나19라는 미증유의 재앙에서 홀로 괜찮은 것이냐고 보도했다. 그랬던 나라가 다시 무너지는 데는 많은 것이 필요하지 않았다.

　이를 지적하면 누군가는 특정 정파 지향적이라고 비난한다. 과연 그럴까? 30년 전으로 돌아가 보자. 사람들이 별 생각 없이 이용하던 성수대교가 무너지고, 신선식품 코너로 유명했던 백화점 건물이 무너졌을 때 책임자들은 바로 처벌 받았다. 이들 사고 원인들도 분명하게 밝혀지고 재발 방지 대책까지 수립되었다. 그때는 되고, 지금은 안 되는 이유를 따지는 것을 두고 '정파적'이라고 할 수 있는가. 한편, 자칭 진보라 칭하는 일부는 도대체 기초적인 확률과 통계 지식으로도 설명이 안 되는 근거를 들며 세월호 침몰의 원인을 음모론으로 몰았다. 실제 문제 해결에 전혀 도움이 되지 않았음은 물론이다.

정치란 사회적 자원을 어떻게 효과적으로 나눌 것인지 결정하고, 한 국가가 가야 할 방향을 잡는 일인데, 정작 그런 정치 본연의 역할은 어디론가 사라졌다. 현 정부가 들어선 뒤로, 보고 있는 것을 현실이라고 받아들이기조차 어려운 사태가 벌어진 게 한두 번이 아니었다. 대표적인 장면 중 하나가, 전장연(전국장애인차별철폐연대)의 전철 탑승 시위를 막는 경찰과 시위 때마다 휴대폰에 전송되는 긴급 경보 아닐까. 2022년 기준 보건복지부 통계에 따르면, 전 국민 대비 장애인의 비율은 5%를 넘고, 신규 등록 장애인 7만9766명 중 90% 이상은 후천적으로 장애를 얻었다고 한다. 한국보건사회연구원의 '2017년 장애인실태조사'를 보면 전체 장애인의 88.1%가 후천적으로 장애를 얻었다. 원인은 질병(56%)이 가장 많았고, 사고(32.1%)가 뒤를 이었다. 이러한 현실 앞에서, 그 장애인들이 생계를 이어가기 위해 이동권이 보장되어야 한다고, 전동차에 휠체어가 탈 수 있도록 해주는 발판을 마련해 달라고 시위를 하는데, 그걸 두고 재난 경보를 발령하는 것이 어떻게 말이 되는가?

2018년 개정판 이후 6년이 지나는 동안 우리는 다시는 겪고 싶지 않은 많은 재난을 또 마주할 수밖에 없었다.

2023년 우리는 '극한호우'라고 새롭게 이름을 단 기상 현상을 맞닥뜨렸다. 극한호우가 내린 어느 날, 수도 서울에 살던 한 가구는 하수까지 역류해 몰살당했다. 하지만 대통령은 구경만 하다가 갔다. 결국 장마철 폭우를 넘어 극한호우에 살아남는 법을 추가했다.

세월호 참사가 벌어진 지 10년이 지나지 않았는데 수도 서울 한복판에서 축제를 즐기던 전 세계의 젊은이 백 수십 명이 깔려 죽는 참사가 벌어졌다. 2024년 현재 대통령의 후보 시절 화법을 빌려오면, 매년 몇 명씩 죽어가는 인도 바라나시의 홀리(Holi. 겨울이 끝나고 봄이 오는 것을 축하하는 힌두교 축제) 축제 현장에서도 이런 일은 벌어지지 않는다. 물론 이 참사에서도 제대로 된 원인 규명 같은 것은 없었다. 범위를 넓혀서, 혹여 해외에서 이런 일을 겪게 되면 어떻게 해야 할지,

도심 축제를 어떻게 안전하게 즐길 수 있을지 다뤘다.

10여 년 전만 하더라도 보는 것 자체가 새로운 경험이었던 전기 자동차가 이제는 너무 흔해졌다. 황산화물과 질소산화물은 물론 이산화탄소 배출도 그 자체론 거의 없는 친환경 자동차라고 여러 나라 정부에서 보급에 힘썼는데, 생각하지 못했던 일들이 벌어지고 있다. 전기 자동차에 한번 불이 붙으면 끄기도 힘들고 매연도 어마어마하다는 것을 이제서야 실감들을 하고 있다. 더구나 2024년 6월 한 이차전지 공장에서 일어난 화재 참사는 전기 자동차 화재의 위험성을 너무도 끔찍한 방식으로 우리에게 알려줬다.

탄생 초기엔 혁신적인 교통수단이라고 각광받던 개인형 이동수단(PM. Personal Mobility)들은 이제 안전보행과 안전운전의 방해물이 되었다.

십수 년간 계속되었던 세계화는 해충의 번식지까지 세계화시켰다. 대한민국의 장수말벌이 북미에서 맹활약(?)한다는 뉴스를 보고 "장수말법 무섭지?"라며 피식거렸던 것이 얼마 전인데, 이젠 우리가 듣도 보도 못한 각종 해충과 어류, 포유류를 길거리에서 만나고 있다.

여성 안전 문제는 2018년에도 다뤘다. 그런데 상황은 더 악화되었다. 이 문제는 사법 체제를 일부 손보고, 법령도 많이 손봐야 하는 문제다. 여성계는 이미 이에 대해 꽤 많은 요구를 하고 있는바, 지금까지의 상황을 정리하며 살펴봤다.

이뿐일까. 삼풍백화점 붕괴와 성수대교 붕괴 사고가 벌어졌을 때 태어났던 아이들이 이제는 어른이 되어 자기 집을 장만하기 위해 발버둥치고 있다. 그로부터 30여 년이 지났는데도 여전히 곳곳에서 무너지는 사고가 벌어지고 있다. 아파트 주차장이 주저앉고, 철근이 드러나 아파트 입주민들을 분노하게 만들고 있다. 현재 건설업계에서 일하고 있는 필자의 입장에선, 어떻게 해야 피해자들의 목소리가 세상을 바꿀 수 있을지 고민하지 않을 수 없었다. 더 나은 사회를 위해 입법 청원을 하자고 했던 2018년의 제안에 더해, 민원에 적극적으로 개입할 수 있는 방법을 실었다.

카트리나 이야기로 시작했으니 카트리나 이야기로 끝내야 할 것 같다.

2006년 9월 18일부터 2007년 6월 28일까지 22개의 에피소드로 방영되었던 미국 NBC의 TV 시리즈 《Studio 60 on the Sunset Strip》은, 《Saturday Night Live》와 비슷한 가상의 유명 코미디 쇼를 만드는 사람들의 이야기를 담은 드라마다. 이 시리즈 가운데 사람들이 최고로 꼽았던 에피소드는 2007년 12월 4일 방영된 〈The Christmas Show〉였다.

간단한 줄거리는 이렇다. 쇼의 각 장면을 연결하는 음악을 연주하는 뮤지션들이 일제히 병가를 내고 대타들이 연주하게 되었다. 총괄제작자는 이를 보고 대타로 나온 트럼펫 연주자에게 혹시나 싶어서 어디 출신이냐고 묻는다. 대답은 뉴올리언스. LA까지 와서 거의 노숙 생활을 하면서 가정에서의 책임을 다하려고 하는 이들에게 쇼의 붙박이 뮤지션들이 제작자들 몰래 나름 연대의 손길을 내밀었던 것이다. 그러한 사정을 알게 된 총괄 제작자는 쇼 중간에 이들을 위한 헌정 공연을 하나 집어넣는다. 〈오 신성한 밤(Oh Holy Night)〉을 연주하는 뉴올리언스 출신 연주자들의 뒤로 그 어마어마한 재난을 당했던 뉴올리언스의 주민들 사진이 흘러간다.

서로가 서로를 지키지 못한다면 인간의 존엄성 자체는 어느 순간에 가장 최우선적으로 무시되고 만다. 카트리나가 뉴올리언스에 어마어마한 피해를 입혔다는 소식을 들은 옆 도시 주민들 상당수는 자기 집 한 칸을 기꺼이 이재민들에게 내줬다. 조금 더 적극적이었던 이들은 도착하지 않는 구호대 대신 직접 보트를 몰고 가서 사람들을 구했다. 실제로 수십 명을 실어 나른 이도 있었다. 글의 앞에서 이미 말했듯이, 당시 재난 대응의 최일선에 있어야 했던 이들은 모두 문제가 있던 이들이었다. 그들의 대응은 더 말할 필요도 없다. 반면, 많은 시민은 공동체의 일원으로서 다른 시민을 구하는 데 주저함이 없었다.

우리도 그렇게 다르지 않다. 2007년 12월, 태안 앞바다에 어마어마한 양의 석유가 쏟아져 들어왔을 때, 전국 각지에서 모인 수많은 사람이 흡착포와 헌옷가지 등으로 그걸 모두 닦아 냈다. 지금 우리에게 가장 필요한 것은 그렇게 시민들이 손을 잡고 어떻게 해서든 인프라와 사회 시스템이 작동하도록 만드는 것이 아닐까.

드라마《왕좌의 게임》에서 북부의 왕 존 스노우를 보좌하는 다보스 시워스는 낮은 신분 출신인데도 가장 냉정한 판단을 하고 현명한 조언을 한다. 그는 킹스랜딩에 숨어 지내게 한 겐드리와 다시 만나는 장면에서 이런 말을 한다.

"안전이란 결코 영원할 수 없는 상태일세.(Safety is never a permanent state of affairs)"(시즌 7, 에피소드 5 중에서)

어쩌면 이 말은 이 책을 가장 잘 설명하고, 이 책과 가장 어울리는 말이 아닐까 싶다.

따지고 보면 내 삶 자체가 안전과 거리가 멀었다. 2001년 9.11 테러 이전까지 최악의 항공기 참사는, 1977년 3월 27일 스페인령 카나리아 제도 테네리페섬의 로스 로데오 공항에서 일어난 KLM 항공 PH-BUF편과 팬암 항공 N736PA편의 충돌 사고였다. 우리 가족은 그 바로 옆의 섬 그란 카나리아의 라스 팔마스에 살고 있었고, 항공 사고 수사대 같은 다큐멘터리 프로그램에서 몇 분에 볼 내용을 그 1년 내내 주요 뉴스로 봐야 했다.

테네리페섬의 테이데산은 스페인에서 가장 높은 산이자 활화산이다. 한국 사람에게 백두산 폭발이야 재난 영화의 한 장면쯤이겠지만 카나리아 제도의 주민들에게는 그렇지 않았다. 테이데산의 화산 활동은 지역의 중요한 관광자원 중 하나였고, 대형 화산 폭발이 벌어지면 어떻게 대응해야 하는지는 학교에서 가르치는 가장 중요한 것 중 하나였다.

　스페인 생활 뒤에, 국민학교 졸업하기 전 한국으로 돌아올 때까지 있었던 곳은 멕시코의 티후아나였다. 요즘 미국 마약 범죄 영화의 주된 배경인 바로 그곳이다. 티후아나는 안전지대와 매일같이 총성이 들리는 곳이 완전히 갈라져 있는 도시였다.

한국에서 작은 사업을 하다 민폐만 남기고 실패한 다다음 해인 2006년, 다큐를 찍는 대학 선배 팀에 엮여 인도를 갔다. 내가 그동안 나름 선진국들만 돌아다녀서 저개발 국가에 대해 낭만적인 생각이 많다고 생각했던 선배는 한동안 나를 인도의 비하르 주 깡촌 마을에 자료 조사를 하라고 던져 놨다. 최초의 오지 경험이었다. 인프라가 없는 오지에서 일한다는 것은 도시에서라면 한밤중에 편의점에서 살 수 있는 물건을 직접 만들어서 써야 한다는 뜻이다. 옷만 입었지 생활은 디스커버리 채널의 〈네이키드 앤 어프레이드(naked and afraid)〉(영국판 오지 체험 프로그램)와 딱히 차이가 없었다. 그 석 달 뒤인 2006년 7월, 뭄바이에서의 촬영은 무척이나 꼬였다. 엄청난 폭우가 내리는 몬순의 한가운데 있었던 것도 한 가지 이유였고, 제작진의 욕심이 과했던 것도 또 다른 이유였다.

　그런데 험난한 뭄바이를 뒤로하고 철수를 결정하고 콜카타로 이동하던 날 209명의 목숨을 앗아 간 뭄바이 통근 열차 폭탄 테러가 터졌다. 전날까지 촬영하느라 하루 종일 붙어 있던 그 열차들이었다.

　위험은 여기서 끝나지 않았다. 촬영이 끝나고 잠시 더위를 식히려고 인도 서북부의 스리나가르를 찾았다. 가는 길에 쓸데없는 흥정 하고 밥 먹는다고 몇 시간 늦은 것이 천행이었다. 스리나가르에 도착하기 몇 시간 전에 인도 관광객들을 노린 RPG(Rocket-propelled grenade. 로켓 추진형 유탄발사기) 공격이 있었던 것이다.

　이후 나는 오지에서도 잘 돌아다니는 성능 좋은 탐사 로봇 같다는 인정을 받아, 계속 오지에서 일했다. 이제 내가 쓸 수 있는 도구를 직접 만들어서 쓰는 데서 끝나지 않고, 그 오지에 대해 아무것도 모르는 사람들이 와서 일할 수 있는 구조를 만들어야 했다.

2011년에는 네팔의 당(Dang) 지구 라마히에 있었다. 반기문 전 UN 사무총장의 재직 때 꽤 큰 사건 중 하나가 네팔의 평화 유지군이 아이티에 콜레라를 옮겼던 사건이다. 그 콜레라는 내가 일했던 바로 그곳에서 30km 정도 떨어진 곳에서 발병했다. 뿐만 아니라, 세계에서 가장 위험한 도로라는 별명을 가진 네팔 1번 산업도로를 한 달에 한두 번은 달렸다. '깎아지른 듯한 산길'에 토사가 쓸려 내려가는 몬순 때 한밤중에 달리는 것이 일상이었다. 타고 있던 버스가 전복되거나 다른 버스와 부딪혀 내 앞자리까지 버스가 구겨졌던 일은 가벼운 접촉 사고 수준이었다. 한국에서는 병원 쇼핑 잘못하다 과도하게 방사선에 노출될 것을 걱정하지만, 네팔에서는 X-ray 촬영 설비라도 있는 병원은 차로 반나절은 달려야 하는 네팔건즈나 가야 있었다.

　소규모 수력발전소의 사업 타당성을 조사한다며 네팔의 신두팔촉 지구 국경 마을인 코다리 근처에서 일할 때는 야생동물, 특히 곰이 출몰하는 지역이 주 사업장이었다. 매년 코끼리에 밟혀 몇 명씩 죽어나가는 처가 본가의 상황을 잘 알던 까닭에, 곰이 나오는 환경 역시 내게 전혀 신기한 것이 아니었다. 하지만 같이 일해 볼까 고려하던 후배는 곰이 나온다는 이야기만 듣고 바로 다른 회사로 합류했다.

마지막으로 겪었던 가장 큰 일은, 2015년 네팔 대지진이었다. 사실 2011년에도 네팔에서 지진을 겪어서 지진 대응을 항상 생각해 왔고, 어렸을 때부터 겪었던 일의 규모가 만만치 않았던지라, 2015년에도 나는 덤덤하게 대응했다. 기자들이 도착하기 전까지 처남의 스쿠터를 빌려 시내를 돌아다닌 뒤, 르포 써서 송고하고 있는 나를 보고 처가 어른들이 신기해하셨을 정도다.

평생 이런 일들을 겪고 살아 어떤 상황이 벌어져도 침착할 수 있지만, 몸 상태는 정상이 아니다. 특히 2011년 농사 짓다가 장출혈로 혈중 헤모글로빈 수치가 정상인의 절반 이하 수준이 되어 한국에 돌아왔을 때, 심장을 쥐어짜는 통증을 견디느라 며칠간 이를 악물어 이가 많이 깨졌다. 원래 통증에 워낙 둔하다 보니 대응을 제대로 하지 못했던 탓이다.

이렇게 둔한 사람이 죽지 않고 살아 있는 것은 순전히 전문적인 도움을 제대로 받을 수 있었기 때문이다. 전문가들의 조언이 없었다면 현지에서 조달 가능한 것과 한국에서 반드시 가져가야 하는 것을 구분하지 못해 낭패를 당했을 만한 일이 많았다.

만약 인도네시아 정글에서 수년간 고생했던 남호성 선배의 조언을 받을 수 없었다면 네팔과 스리랑카, 방글라데시의 정글을 돌아다닐 때 훨씬 더 고생했을 것이다. 국립공원관리공단의 양운석 님의 조언도 많은 도움이 되었다.

일산병원 김의혁 전문의와 관동대 의대 송재석 교수님이 없었다면 어땠을지는 상상하기도 힘들다. 진안치과 김주환 원장님과 미소지인 피부과 김세용 원장님, 진해드림요양병원 이장규 원장님의 조언이 없었으면 알코올과 솜만 있는 곳에서 내가 응급처치를 제대로 알고 했을 리가 없다. 차에서 벌어질 수 있는 여러 사고에 대한 대응법들은 The Garage의 황욱익 님과 CKS의 조현우 대표의 도움을 받았다. 지진이 났던 2015년 카트만두에서 많은 도움을 주셨던 Denis 님께도 별도로 감사의 말씀을 드린다.

이 분들의 도움이 있었기에 오지 생활을 현지인보다 능숙하게 한다는 소릴 들을 수 있었다. 하지만 이 경험을 책으로 만드는 것은 또 다른 문제였다.

서산 대산초등학교 조미숙 선생님 덕택에 어린이들의 세계에서는 복합 골절이 사소한 사고에 들어간다는 것을 알았다. 3세대 이후의 데이터 통신에 어떤 문제가 있는지는 최문수 님의 도움으로 알 수 있었다. 《월간 과학동아》의 윤신영 전 편집장 덕분에 내가 놓쳤던 과학적 근거들을 보강할 수 있었다. 개정하면서 추가로 넣은 정치적 재난은 민주연구원의 고한석 부원장님의 도움을 받았다. 무엇보다 콘텐츠에 관해 근본적인 생각을 하게 된 것은 김장환 선배와 진용주 선배 덕이다. xsfm의 유승균 대표와 윤소라 성우님의 지적이 없었으면 대중적 콘텐츠란 어떤 형태여야 하는지 여전히 헤매고 있었을 것이다.

잊지 않고 감사 인사를 해야 할 분들이 있다. 조언을 아끼지 않았던 복진선 선배, 김동일 선배, 최선희 선배, 김보경, 김형민, 이인홍, 김형태, 박지민, 김진세, 조현우, 주종원, 정지오, 김성우, 조한경, 안형일, 오유석, 이종목, 정호재, 권민정, 최은주, 김선환, 허영, 이석진 님께 감사 드린다. 글쓰는 방법론 관련해 가장 많은 도움을 주셨던 분들이 박성호, 권창호, 김수현, 박병준, 김용석, 김창규 님이었다는 것도 이 자리를 빌려 밝힌다.

하지만 이 책은 다음 분들이 없었으면 세상에 나올 수 없었다. 기획자이자 공저자인 전명윤(환타), 도서출판 따비의 신수진 편집장과 박성경 대표, 그리고 미아가 된 원고를 구제해 주신 엄기호 선생님과 상시 3중 언어 환경에서 살다 보니 가끔씩 중구난방 되는 내 모국어를 바로 잡아 준 편집부.

글 한 줄을 쓰기 위해 몇 시간 동안 모니터만 노려보는 남편을 믿어 준 아내 마닐라는 그 누구보다 힘이 된 존재이기에 마지막으로 방점을 찍어 감사 인사를 전한다.

이 책의 공은 모두 이분들에게 있다. 그리고 혹시라도 과가 있다면 그것은 오롯이 내 몫이다.

2017년 12월
성상원

차례

0. 재난 대비 워밍업

1. 일상

― 먹거리

2. 어린이

아이들이 위험하다! 184

3. 여행

즐거운 만큼 안전해야 할 여행 214

4. 영화 속 재난?

5. 재난과 정치

6. 안전한 사회를 위한 청원

재난을 대비하려면 무엇을 준비해야 하는가? 이건 재난 상황이란 어떤 상황인지 이해하면 바로 알 수 있는 문제다. 그런데 재난이 어떤 상황인지 이해하기가 생각보다 좀 어렵다.

2016년 경주에서 지진이 난 뒤로 꽤 많은 사람이, 일본의 각 지자체에서 세계 각국의 언어로 만들어 보급하고 있는 매뉴얼을 공유하는 것을 봤다. 그러나 일본은 건물 구조가 한국과 많이 달라 지진 대응법도 달라야 한다.

재난영화를 보고 재난에 대비하는 사람도 꽤 봤다. 하지만 최악의 재난 상황을 다룬 롤랜드 에머리히 감독의 〈투모로우〉나 〈2012〉 같은 재난영화 대부분은 과학자들이 가장 비과학적이라고 비판하는 영화들이다.

재난을 사회적으로 분석한 《재난 불평등》(존 C. 머터 지음, 장상미 옮김, 동녘, 2016)에도 나오는 이야기지만, 어떠한 재난이든 재난은 하나의 사건이 아니라 일련의 과정이다. 그 첫 번째 단계는 어떤 자연재해가 예상됨에도 불구하고 사람들이 전혀 대비하지 않는 상태다. 즉, 재난의 첫 번째 국면은 사람들이 생각하는 재난 그 순간보다 훨씬 전에 발생한다. 이어, 사람들이 '재난'이라고 생각하는 단계가 두 번째다. 그리고 어떻게 복구하느냐가 세 번째 단계다. 그런데 어느 나라든 사람들은 대체로 두 번째 단계의 스펙타클에만 관심을 가진다. 하지만 재난에서 가장 중요한 것은, 그 사회가 무엇을 대비하지 않았기 때문에 어떤 자연재해가 재난이 되었는가, 이 재난을 어떻게 극복해 다음에는 같은 재해에도 피해를 최소화할 수 있는가다. 내가 겪었던 2015년 4월 25일에 일어난 네팔 대지진 역시 마찬가지였다.

네팔 대지진, 재난의 근본 원인은 무엇인가?

2015년 4월 25일 지진이 나고 4월 27일 네팔의 유일한 국제공항인 카트만두 트리부반 공항이 정상화되면서 한국에서 기자들이 날아왔고, 카트만두발 기사가 쏟아지기 시작했다. 기사 대부분은 재난의 스펙터클에 집중되어 있었다. 전달할 것이 재난의 스펙터클밖에 없을 것이라고 생각했는지, 한국 대표 언론이라는 자부심으로 산다는 매체는 카트만두에서 660km 떨어진 방글라데시 다카에서 카트만두에서 쓴 것처럼 기사를 내보내기도 했다. 지명을 틀리게 쓰는 것 정도는 큰 일도 아니었다. 당시 기자들 가운데 네팔을 찾은 적이 있는 기자가 《시사in》의 신선영 기자와 극소수뿐이었으니 놀라울 것은 없었다. 상황이 이러하니, 이해하려면 문화적 배경이 필요한 사안들이 앞뒤 설명 없이 번역되었고, 그 기사들은 1만 명 가까운 사람들이 목숨을 잃은 사건을 이해하는 데 도움이 되기보다는, 한국에 만연한 저개발국가에 대한 편견을 강화하는 데만 기여했다.
 일례로, 네팔에서 살아 있는 신으로 추앙받는 쿠마리가 지진의 참화를 겪는 네팔인에게 큰 위로가 되고 있다는 외신이 한국에서 소비된 과정을 한번 보자. 네팔은 내륙 국가로, 생존에 필수인 소금은 티베트에서 구했다. 네팔 남부 평원에서 재배한 쌀과 티베트에서 채취한 암염을 오래전부터 교환해 왔다. 그런데 이 교역로가 지구의 지붕, 히말라야를 넘는 길이다. 각종 첨단장비를 갖춘 현대의 전문 산악인도 매년 몇 명씩 목숨을 잃는 히말라야 교역로를 따라갔다가 살아 돌아올 확률은 대략 60%였다고 한다. 그리고 그들은 아무 장비 없이 샌들 하나로 히말라야를 넘었다. 그러니 이들에게 가장 절실한 것은 신의 보호다. 자신의 의지와 능력만으로 할 수 있는 데 한계가 있을 때 사람들이 찾는 것이 결국 신 아닌

가. 네팔인이 네팔을 떠나는 외국인의 목에 걸어 주는 카타는 신의 보호를 받아 무사히 집으로 가라는 일종의 부적이다. 인구 3,000만 명이 살짝 안 되는 나라에 사람 수만큼 많은 신이 있는 것은, 이들의 삶이 항상 위태로웠기 때문이다.

다시 지진 상황으로 돌아가 보자. 네팔의 수도 카트만두 분지에서 가장 극심한 피해를 입은 곳은 카트만두의 바산타 덜발 광장 근처 오래된 집들이 몰려 있는 곳이었다. 근처에 무슬림들이 세운 62m 높이의 빔센 타워가 무너지고, 그 근처의 수많은 오래된 집이 무너졌는데 상대적으로 힌두교 사원 건물들의 피해는 크지 않았다. 무엇보다 네팔의 살아 있는 여신 쿠마리가 살고 있는 집, 쿠마리 가르는 바로 앞의 트리부반 박물관은 절반이 무너져내렸는데도 멀쩡했다. 그 상황에서 밖에 뭔 일이 났는지 궁금해 물끄러미 바라보던 어린 소녀를 두고 "쿠마리 신은 위대하시다."를 외치던 네팔인의 모습. 이것은, 그 문화와 역사를 아는 사람들에게는 인간의 본원적 한계란 무엇인가라는 질문과 함께 아릿한 아픔이 전달되는 장면이었다. 영국의 매체를 보는 사람들은 네팔의 이런 역사와 문화에 익숙한 사람들이어서, 때때로 이런 역사적 문화적 배경은 생략하기도 한다. 하지만 한국의 주요 매체들은 이런 배경 정보가 없는 상태에서 기계적으로 기사를 번역했다. 그래서 이 기사를 읽은 상당수의 독자는 어린이를 신으로 모시는 야만인들의 소동으로 이해했다.

사실 전 세계 언론 모두 재난의 첫 번째 단계에 지독할 정도로 관심이 없었다. 네팔의 건물이 너무 약해 쉽게 무너진다는 《뉴욕타임스》의 기사나, 건물이 사람을 죽였다는 《가디언》의 인터뷰도 사실과는 거리가 멀었다. 1만 명이 넘는 사망자 중 도시, 특히 기자들의 접근이 용이했던 카트만두 분지 일대에서 사망한 이들은 1,500명 수준으로 전체 사망자의 15% 정도였다. 규모 7.8의 지진에서 1만여 명이 목숨을 잃었던 것은 다른 이유가 아니다. 삶의 터전이 안전하지 않았던 이들이 많았기 때문이다. 2015년 네팔 지진에서 가장 많이 죽은 이들은 도시에 살던 이들이 아니다. 산에서 살던 소수 부족 타망이었다. 2015년 7월 12일까지 집계한 사망자 중에서 3,012명이 타망으로, 당시 집계된 전체 사망자의

34%였다. 신두팔촉 지구에서만 1,385명의 타망이 목숨을 잃었다. (신두팔촉 지구는 KBS '다큐멘터리 3일'의 〈나마스떼 네팔, 네팔 지진 구호 72시간〉 편에서 200여 명의 기독교인이 죽었다고 나온 곳이다.) 타망족은 가난한 네팔에서도 가장 가난한 부족이라 대부분이 가장 척박한 땅에 터를 잡고 살고 있다. 네팔이라는 나라 자체가 지반이 약해 토목 공사를 하는 이들에게 악명 높은 곳인데, 특히 타망족이 살고 있는 터는 산사태에 가장 취약한 산중턱이었다. 비슷한 규모의 지진을 당했던 국가들에 비해 네팔에서 지진 사망자가 많았던 이유는, 지진으로 대규모 산사태를 당한 피해자가 많았기 때문이다.

네팔에 있던 한국인 대부분은 도시에서 비교적 잘 지어진 콘크리트 건물에 살고 있던 관계로 대체로 침착했다. 네팔이라는 나라에 워낙 익숙해서 지진은 생활을 조금 더 불편하게 만드는 것 정도로 받아들이는 이들도 있었다. 오히려 네팔이 가난하고 국가 시스템이 한국처럼 작동하지 않는다고 평소에 공공연하게 경멸하던 이들만 유독 공포에 질려 네팔을 뜨거나 반쯤 폐인 상태로 있었다. 반면, 대부분의 사람은 공터에서 네팔 현지인들과 함께할 수 있는 것, 네팔의 지진 극복에 도움이 될 수 있는 것을 찾기 위해 애썼다.

재난은 이타심을 일으킨다

미국의 인권운동가이자 21세기의 지성으로 꼽히는 레베카 솔닛은 《이 폐허를 응시하라》에서, 세계대전의 대폭격에서부터 홍수와 토네이도, 태풍에 이르기까지 많은 재난 속에서 사람들의 행동을 연구한 학자들을 인용한다. 재난 상황에서는 사람들이 이기적으로 돌변하기보다는 대부분 이타심이 발동해 자기 자신과 가족, 친구와 사랑하는 사람들뿐 아니라 타인과 이웃들을 보살피는 데 적극적으로 참여한다는 것이다.

2005년 허리케인 카트리나가 미국 남동부를 휩쓸었던 재난이 대표적이다. 카트리나 사태는 세계 최강국인 미국 정부가 얼마나 무능할 수 있는지 보여 준 동시에, 한편으로는 사람들이 얼마나 이타적이 될 수 있는지 가감없이 보여 준 경우라 할 수 있다. 당시 고립된 타인들에게 물과 음식, 기저귀 같은 생필품을 공급하고 그들을 보호하는 데 앞장 섰던 많은 젊은이들이 있었다. 이웃을 구조하거나 대피시킨 사람들은 셀 수도 없었으며, 재난 이후 인터넷 사이트를 통해 생면 부지인 사람들에게 숙소를 제공했던 이들도 20만 명이 넘었다. 그 큰 나라 곳곳에서 복구 작업을 위해 수만 명의 자원자가 뉴올리언스로 몰려들었다.

2011년 3월 11일, 강력한 지진과 쓰나미가 일본의 도호쿠 지방을 강타했을 때도 마찬가지였다. 도호쿠 지방의 핵발전소들이 가동을 중지하자 일본의 수도 도쿄도 정전을 피할 수 없었다. 지하철이나 전철이 모두 멈추었다. 이 소식이 전해지자마자 트위터와 페이스북에는 "집에 못 가신 분, 잘 곳 없는 분, 우리 집으로 오세요."라는 메시지가 올라왔다고 한다. 부부가 각방을 쓰는 것이 관례고 사적 공간에 대해 우리보다 훨씬 예민한 일본인도 무한정 이타적이 되었던 것이다.

네팔도 다르지 않았다. 지진 발생 첫날, 규모 5 이상의 여진만 100번 이상 겪었다. 그때 대부분의 네팔인은 지진의 공포에 떨면서도 이웃에게 무엇이 필요한지, 내가 무엇을 할 수 있는지 고민하고 있었다. 4월 25일 오후부터 네팔의 대표적인 라디오 프로그램인 '라디오 네팔'은 무너진 건물에서 사람을 구조할 때 주의해야 할 점과 구조대 연락처, 아직 빈 병상이 있는 지역별 병원 위치를 안내했다. 유명한 라디오 진행자 코말 올리가 마이크를 잡고 나서부터는 시청자 전화를 받기 시작했다. 통화 내용은 대부분 "나는 어느 도시의 어느 지역에 살고 있는 누구이며 어떤 기술, 혹은 장비가 있으니 내 도움이 필요한 지역 사람은 내 전화번호로 연락 달라."라는 것이었다.

네팔은 1990년대 후반에서 2006년까지 벌어진 내전에서 최소 4만 명에서 12만 명이 죽은 나라다. 2006년에 왕을 쫓아내고도 2015년까지 공화국 헌법을 만들지 못해 제헌의회 선거를 두 번이나 치렀던 나라다. 사람들이 서로를 믿지 못하며 남을 속이는 데 죄책감 같은 것도 없었다. 바로 그 네팔인이 대형 재난을 마주하자 서로가 서로를 돕기 시작한 것이다.

복구에는 네팔에 놀러 왔던 여행자들도 동참했다. 네팔의 유일한 국제공항인 트리부반 국제공항을 통해 네팔을 떠난 사람보다 남은 사람이 더 많았다. 남은 사람들은 자신이 할 수 있는 일을 찾아나섰다. 여행자가 할 수 있는 복구 작업이 있으면 묵고 있는 호텔의 게시판 등을 통해 빠르게 공유되었다. 세계에서도 가장 가난한 나라 중 하나로 꼽히는 네팔을 자주 찾는 사람 중에는 예전부터 적정기술 전문가, 국제구호 전문가가 많았다. 이들은 자신이 활동하는 단체가 네팔 지진에 대응하는 선발팀의 역할을 했을 뿐만 아니라, 재난 상황에서도 안전하게 지낼 수 있는 방법, 전기 없이도 깨끗한 식수를 확보할 수 있는 방법을 알려 줬고, 이 방법들은 현지 매체나 SNS 등을 통해 빠르게 전파되었다.

티베트인도 복구에 앞장섰다. 중국이 티베트를 병합한 후, 상당수의 티베트 난민이 네팔에도 자리 잡고 산다. 이들은 네팔의 산악 부족과 비슷한 문화를 공유하기에, 달라이 라마가 망명한 인도보다 삶의 질이 낫다고 한다. 하지만 티베트 독립운동을 하는 이들은 네팔 내무부의 감시 대상이었으며 정기적으로 체포되어 중국에 넘겨졌다. 그런 티베트인이 위험을 무릅쓰고 복구에 앞장선 것이다. 티베트 식당 주인들은 자신의 식당에서 무료로 음식을 나눠 주기 시작했다. 또한, 험한 일에도 앞장섰다. 히말라야 산간지대가 아닌 지역에서는 화장이 일반적이다. 트리부반 공항과 가까운 화장터인 파쉬파티나트의 화장터는 밀려드는 시신을 처리하지 못했다. 장작을 이용해 힌두교 장례 의식에 따라 화장하면 사제들이 24시간 교대로 화장 의식을 이끌어도 하루 100여 구가 한계였다. 지진 3일 뒤에는 장작도 떨어졌다. 결국 사망자의 시신에서 진액이 빠져나오지 못하는 처리를 트리부반 의과대학 병원에서 한 후 종교 의식을 치르지 않고 화장했다. 이일을 실제로 집행했던 이들은 티베트 스님들이었다. 지진이 난 지 일주일이 지나자 십수 년 전에는 서로 총을 겨눴던 정치 세력들도 손잡기 시작했다. 각 정당의 청년 당원들이 손을 잡고 복구에 나선 것이다. 한국으로 치면, 북한에 온정적인 경기동부 활동가들과 극우 세력인 일간베스트 이용자들이 손을 잡고 함께 복구

작업에 참여하기 시작한 셈이다.

한국에서 재난이 일어나면 어떤 상황일까?

그럼, 한국에서 비슷한 규모의 재난이 벌어지면 어떻게 될까? 한국의 내진 설계 기준은 대략 규모 5.5의 지진을 견디는 것이다. 그나마 이 내진 설계가 적용된 민간 건물은 30% 정도밖에 안 된다. 저개발 국가인 네팔에서 가스는 통에 들어가 있는 LPG지만, 한국에서 가스는 LNG 도시가스를 가리킨다. 그러니 지진이 발생하면 도시가스 파이프들이 깨지고 그 깨진 틈으로 샌 가스가 2차 화재를 일으킬 것이다. 네팔에서 전기는 하루에 일정 시간씩 쓸 수 있는 것이지만, 한국에서 전기는 1년 365일 한순간도 멈추지 않고 늘 공급되는 것이다. 그러니 한국에서 정전은 상당한 수준의 사고에 속한다. 지진으로 인한 전력 공급 단절은 네팔과는 전혀 다른 형태의 문제를 일으킬 것이다. 통신망 역시 마찬가지다. 한국은 4세대를 넘어 5세대 통신망이 보급되려는 중이다. 이 통신망은 수많은 인터넷 데이터 센터가 없다면 작동되기 힘들다. 무선으로 데이터가 오가는 거리는 500m 정도다. 인터넷 데이터 센터 중 몇 곳만 작동되지 않으면, 특정 구간의 기지국과 관련된 건물이 파괴되면, 통신망 자체가 한동안 작동할 수 없다.

즉, 한국에서 네팔 대지진 같은 규모의 재난이 발생하면, 꽤 오랜 시간 동안 상하수도를 쓸 수 없고, 전기 공급도 기대할 수 없고, 가스도 쓸 수 없으며, 통신망도 마비될 것이다. 평소에는 편의점에서 쉽게 사서 쓸 수 있는 물건을, 파괴된 물류 시스템이 복구되기 전까지는 돈이 있어도 구할 수 없을 것이다. 거기다 신용카드나 체크카드 사용이 일상화된 요즘은 현금을 거의 갖고 다니지 않으니, 통신망이 고장나면 카드로 물건을 살 수도 없다. 무엇보다 우리가 일상적으로 소식을 접하던 인터넷 사용이 쉽지 않아, 필요한 정보를 거의 제대로 얻기 힘든 상태가 될 것이다. 그리고 단수로 인해 몸을 씻기도, 음식을 조리하기도 어렵고, 실사 물이 있더라도 가스를 쓸 수 없으니 음식을 조리하기도 힘들고, 단전이 되어 냉장고도 못 쓰고 밤에는 어둠 속에서 지낼 수밖에 없을 것이다.

세월호 참사, 한국에는 재난 대응 시스템이 있는가?

개인이 재난 대비를 한다는 것은 국가의 재난 대응 시스템이 도움을 줄 때까지 버틸 수 있도록 준비한다는 뜻이다. 이 기간은 어느 사회를 막론하고 72시간을 넘어가지 않는다. 아무런 대비책 없이 고립된 사람이 견딜 수 있는 시간이 72시간이기 때문이다. 따라서 어느 국가든 이 72시간 내에 구조하려는 것이 일반적 프로토콜이다.

2011년 이 책을 처음 썼을 당시, 난 이 프로토콜이 정상적으로 작동하리라고 굳게 믿었다. 대한민국은 이제 세계에서 선진국 대접을 받는 나라다. 그리고 이 선진국 대접을 받는 나라는 1953년 휴전협정 이후 계속 전쟁을 준비해 온 나라이기도 하다. 재난 중에서도 가장 극악한 재난이라고 할 수 있는 전쟁을 반세기 넘도록 준비한 국가에서 재난 대응을 제대로 못 하리라고는 상상도 못 했다. 사람이 하는 일이니 약간의 소동은 있을지라도 말이다.

그러나 2014년 4월 16일, 이 믿음은 깨졌다. 놀랍게도 꽤 많은 사람이 말한다. 세월호는 교통사고 아니었냐고. 교통사고 맞다. 하지만 명백한 징후가 있는 교통사고였고, 무엇보다 사고를 수습하는 과정은 재앙이었다. 세월호 같은 로로선(Roll-on Roll-off vessel)은 전복 사고가 잘 일어나는 배다. 그 전복 사고를 막기 위해 평형수를 설치하는데, 세월호는 그걸 빼고 과적까지 한 상태에서 출항한 것이다. 무엇보다, 침몰할 가능성이 높아진 상태에서 승객에게 탈출하라는 명령도 하지 못했다. 과적을 정부 지시로 한 것이 거의 확실해지고 있는 지금도 이게 왜 정부의 문제냐고 묻는 사람도 있다.

세월호 참사 당일로 돌아가 보자. 참사가 일어나고 미스테리의 7시간이 지난 뒤 90분간 올림 머리를 하고 오후 5시경 중앙재난안전대책본부를 찾은 박근혜 전 대통령의 첫마디는 이거였다. "구명조끼를 학생들은 입었다고 하던데 그렇게 발견하기가 힘듭니까?" 이 말은 보고 체계에 구난 전문가가 하나도 없었다는 것을, 구난 전문가에게 확인이라도 해 본 사람마저 없었다는 것을 반증한다. 이 책에서도 뒤에 나오겠지만, 항공 사고, 혹은 침몰하는 배에서 탈출하려고 할 때 구명조끼를 착용시키는 것은 실외로 나온 후에 해야 한다. 이것은 구난(救難)에서 상식이다.

그렇다면 2016년 가을부터 2017년 봄까지 시민이 직접 나서서 나라를 구한 지금, 이 상황은 개선될 수 있을까? 2010년 10월 1일, 부산 해운대의 대표적인 고층 건물에서 불이 났다. 11층 이상의 고층 건물에서 불이 나면 소방서에 있는 사다리차로 사람들을 구조할 수 없다. 주상 복합 건물을 지었던 이들은 헬기로 사람들을 구조할 수 있으리라 생각했지만 실제는 달랐다. 와류 때문에 건물에 접근할 수도 없었다. 불을 진압하는 7시간 동안 최신 주상 복합 건물에 살던 주민들은 공포에 떨어야 했다. 그 이후로 건물 안에 대피 구역을 만들기 시작했다. 그렇다면 지금은 과연 제대로 대비하고 있을까? 2017년 4월 서울시에서 35층 이상 182개 건물에 대한 불시 소방 안전 점검을 했는데, 47개 빌딩의 소방 시설이 제대로 작동하지 않았다.

2015년, 세계보건기구(WHO)는 전 세계에 한국에서 메르스(MERS)가 대유행을 하고 있으니 방문을 자제하라고 경고했다. 유독 한국에서 메르스가 빠르게 확산되었던 것은 이런 새로운 질병에 대응하는 병원의 구조, 운영 체계, 병원을 찾는 사용자의 경험이 복합적으로 작동했기 때문이다. 즉, 재난 대응 시스템이라 할 만한 것이 없었기 때문이다.

외국에 나가서도 한국인의 재난 불감증은 마찬가지다. 최근 유럽의 대부분 국가는 IS(Islamic State. 예전 명칭인 ISIL, 혹은 아랍식 명칭인 DAESH라고도 불린다.)라는 특정 종교 극단주의 테러리스트들 때문에 사실상 계엄령 상태였다. 시내에서 장갑차에 실탄 장전된 총을 들고 서 있는 군인이나 경찰특공대를 보는 것이 어렵지 않았다. 특히 이탈리아는 지금까지는 IS의 테러가 없었던 터라, 테러 위협에 최고 단계의 경계령이 내려진 상태다. 그 상황에서 이탈리아 군인들 군복이 예쁘다고 같이 사진 찍자고 하는 한국인도 있었다고 한다. 한국의 산에서 히말라야보다 33배 이상 많은 사람이 죽는 이유가 다른 게 아니다. 안전한가, 안전하지 않는가에 대한 판단 능력이 제거된 사람이 너무 많기 때문이다. 건설 현장에서 새벽부터 일한 직원에게 야근까지 시키는 대한민국 회사가 어디 한둘인가. 하루 14시간 이상 운전해야 하는 버스 기사를 당연하게 생각하는 나라가 대한민국 아닌가?

내가 지금 살고 있는 곳은 경기남부 권역 외상 센터에서 가깝다. 아주대학교 병원의 권역 외상 센터는 연간 수백 명의 사지 절단 환자, 뼈가 부러져 피부 밖으로 나온 환자, 출혈이 심해 병원으로 이송 중에 수혈을 받지 못하면 목숨을 잃을 수 있는 환자를 살리는 곳이다. 그런데 센터장인 이국종 교수는 한 프로그램에 나와서 헬기 이착륙 소음과 관련된 민원을 받고 있다고 폭로한 바 있다. 연간 수백 건의 응급 수술을 진행하면서 센터 소속 의사들이 집에 제대로 가지도 못하고 있다는 이야기도 충격적이지만, 사람 살리는 헬기가 시끄럽다고 민원을 넣는다니 말문이 막힌다. 그런 사고방식이라면, 도로에서 사이렌 울리는 걸 내버려두고 있는 게 이상할 정도다.

국가는, 개인은 어떻게 대비해야 할까?

이렇게 느슨하기 짝이 없는 국가의 안전 체계를 몸으로 끌고 가는 이들이 있다. 바로 소방관들이다. 2014년 전국의 소방 인력은 4만 406명이었는데 2015년 법정 기준으로도 모자라는 소방 인력이 1만 8,740명이었다. 필요한 기준의 60% 정도밖에 없다는 이야기다. 거기다 소방 인력은 고도로 훈련받아야 하는 인력이어서, 해당 분야 정원이 늘어 오늘 바로 채용이 된다 해도 일정 시간이 지나야 소방관으로서 역할을 할 수 있다. 상황이 이러한데도, 정치적 이해득실을 따지는 이들은 소방 인력 확충의 문제를 정치적 흥정거리로 삼아 온갖 궤변만 늘어놓고 있다. 이런 현실에서 과연 한국의 경제적 수준에 맞는 안전한 사회를 만들 수 있을까? 중재의 신이 와도 결코 쉬운 일이 아닐 듯하다.

개정판을 내면서 가장 신경 쓰였던 것도 이 부분이다.

흔히 사람들은 멘탈을 강화할 수 있을 것이라 착각하지만, 그건 불가능하다. 15년 전, 대한민국 국민에게 정신력의 정의를 다시 알려 줬던 거스 히딩크 전 국가대표 축구팀 감독의 말을 떠올려 보자.

"죽을 힘을 다해 끝까지 포기하지 않고 최선을 다하는 것이 아니라 어떤 상황에서도 자기의 기량을 최대한 발휘할 수 있는 평정심과 프로답게 주어진 시간 동안 완급 조절을 하며 효과적으로 시간과 체력을 활용하는 능력이 바로 내가 말하는 정신력이다."

이런 정신력을 어떻게 기른다는 건가? 재난 현장마다 찾아다니는 걸로? 나중에 한국에 돌아와서 지인인 정신과 의사들에게, 네팔이라는 나라와 네팔인을 가장 우습게 이야기하던 이들이 대지진 당시 가장 패닉에 빠졌다고 이야기했더니, 이는 통상적으로 볼 수 있는 현상이라고 했다. 실제 논문도 많았다. 연구논문에 따라 편차가 크기는 해도, 재난 상황에 빠졌던 이들의 외상 후 스트레스 장애(PTSD: Post Traumatic Stress Disorder) 발생 가능성은 15~31%에 이른다. 2007년 6월 발행된 《정신간호학회지》에 실렸던 〈자연재난 집중호우 피해자의 심리적 충격과 우울〉이라는 논문에서도 "지진을 경험한 주민의 지진 경험 9개월 후 PTSD 증상을 비교하였더니 놀랍게도 진앙지에 가까운 곳의 주민이 오히려 진앙지에서 약간 떨어진 마을의 주민보다 유병률이 낮았다고 한다. 일반적인 예상과 다른 이런 결과를 가져온 이유 중 하나로 재난의 중심 지역에 집중된 재난 후 지원과 중재로 들 수 있다. 즉 초기 중재의 중요성을 드러내 주는 현상이라고 하겠다."라고 설명한다.

쉽게 설명하면, 국가 재난 대응 체계의 혜택을 쉽게 볼 수 있었던 사람은 재난으로 인한 정신적 충격을 덜 받는다는 말이다. 역으로, 국가의 대응 체계에 신뢰가 떨어진 상태라면 재난 상황에서 공황 상태까지 단숨에 이를 수 있는 사람들이 15~31%만큼이라는 뜻이다. 15~31%면 자신이 속한 회사나 가족, 이웃 중 한두 명은 패닉 상태에 빠질 수 있다는 뜻이다.

지금 대한민국의 재난 대응 시스템은 위에서 지금껏 이야기한 것 말고도 여러 문제를 안고 있다. 요즘 병원은 재고 관리 등의 어려움 때문에 약품 보관을 창고 관리 전문 회사에 위탁하고 있다. 이 전문 회사는 데이터를 이용하여 병원 사용량에 맞춰 약을 갖다 준다. 따라서 병원 내에는 약품 재고가 아주 적다. 결국, 대형 재난 상황이 발생하여 외상 환자가 쏟아져 들어오면 시스템이 마비될 수도 있다. 그나마 이 문제는 약품의 최소 보유분에 대한 법적 장치를 섬세하게만 만들면 해결할 수 있다. 다른 분야는 어떨까? 재난을 맞닥뜨렸을 때 대부분의 시스템이 제대로 돌아갈까?

인간이 만들어 내는 모든 시스템은 그 시스템이 안정적으로 작동하는 그 순간부터 사소한 문제들을 만들어 낸다. 그리고 이게 누적되면, 결국 새로운 시스템을 만드는 수밖에 없다. 즉, 국가 재난 대응 체계에 문제가 있다면 반드시 손봐야 한다. 그런데도 재난이 터지면 다 죽는 거지, 전쟁이 터지면 다 죽는데 뭘 준비하느냐는 말을 입에 달고 다니는 분들이 있다. 사실 이런 사람들이 PTSD로 재난 상황에서 짐이 될 확률이 가장 높다.

개정판을 내면서

그래서 손봐야 하는 문제 중 이해관계 조정이 어려워 보이는 것들을 추려, '안전한 사회를 위한 청원'이라는 장에 넣었다. 이 문제들이 어떻게 해결되는지 보면, 한국이 얼마만큼 안전해지고 있는지 가늠할 수 있을 것이다.

포맷도 바꿨다. 외국계 기업, 혹은 국제기구 등에서 면접을 볼 때, 면접자가 어떤 상황에서 어떻게 일을 처리할지 판단해 보려고 CAR(L) 원칙으로 답하라고 이야기한다. 어떤 상황(Context)에, 어떤 행동(Action)으로, 어떤 결과(Result)를 만들어 내고, 무엇을 배웠다고(Learn) 할지 정형화한 것이다. 이는 상황에 대한 대응을 좀 더 기억하기 쉽도록 한 것이다.

그리고 두 가지를 더 추가했다.

대한민국 시민은 2016년 가을부터 2017년 봄 사이에 세계가 놀라는 방식으로 나라를 구했다. 하지만 이 과정에서, 누가 옳고 그르냐보다는 살아온 세상을 바라보는 방식의 차이가 서로 이해하는 형태로 정리되기가 좀처럼 힘들겠다는 것을 확인할 수 있었다. 소수가 할 수 있는 가장 과격한 방법은 스스로가 다수가 되어 권력을 잡는 것이다. 이 주제는 사실 사울 알린스키(Saul Alinsky)나 진 샤프(Gene Sharp) 같은 수많은 천재가 자신의 일생을 쏟아부어 온 영역이다. 이들의 가르침을 쫓아가려면 할 수 있는 것과 할 수 없는 것부터 구분해야 한다. 집회를 조직하고 집회에 참여해 자신의 주장을 효과적으로 펼치는 법을 다뤘다. 물론 그 이상의 영역이 있지만, 이건 위의 두 위대한 스승 말고도 많은 선현의 가르침을 쫓아가면 되기 때문에 다루지 않았다.

그리고 무엇보다 2015년 네팔 대지진을 겪은 경험에 기반해, 가장 기본적으로 알고 있어야 할 것들을 정리했다.

생존배낭과 구급상자 꾸리기 등은 어느 나라, 어느 지역에 있느냐에 따라 약간씩 다르다. 그래서 한국을 기준으로 했다. 롤링스톡법은 몇 가지 원칙만 지키면 되지만 실제 해 보려면 꽤 많은 품이 드는 일이다. 굳이 이걸 소개한 것은 한 달에 한 번씩 '비상식량'을 소모하는 날을 정해 직접 연습해 보라고 제안하기 위해서다. 상상으로라도 어떤 상황이 벌어질지 예측하고 이를 가족과 공유하는 것이 좋다. 어른들이 기억하지 못하는 것들도 아이들은 기억하기 때문에 가족의 생존 확률은 몇 배 더 높아진다.

2015년 네팔 지진 당시, 처가 가족과 나는 거의 두 달간 집 앞 공터의 천막에서 노숙했다. 계속 이어지는 여진으로 건물에 계속 균열이 생기고 있어서 집에 들어가는 것 자체를 모두 두려워했기 때문이다. 엄청난 체력 소모가 있었다. 사회간접시설이 거의 유명무실인 지역에서는 원래 상당한 체력이 필요하다. 한국의 도시에서 샤워는 목욕탕에 들어가서 수도꼭지를 돌리는 것으로 얼마든지 할 수 있는 일이지만, 오지에서는 물을 구하는 것부터가 상당한 시간과 힘이 필요한 일이다. 그래서 가장 표준화되어 있는 체력 향상 프로그램을 소개했다.

마지막으로, 반려동물과 함께 대피하는 법을 정리했다. 2005년 8월, 허리케인 카트리나가 뉴올리언스를 삼켰을 때, 약 16만 명이 대피소로 대피하는 것을 거부했다. 이 중 약 44%는 대피소에 자신의 반려동물과 함께 갈 수 없다는 구조대원의 소리를 들은 뒤에 대피를 거부한 이들이었다. 캘리포니아주의 톰 란토스 의원과 코네티컷주의 크리스토퍼 샤이즈는 2005년 9월 22일 반려동물 대피와 이동 기준에 관한 법(Pets Evacuation and Transportation Standards Act)을 발의했다. 주 내용은 연방재난안전청(Federal Emergency Management Agency, FEMA)에게 구조해야 할 사람들에게 반려동물이 있는 경우, 반려동물도 구출하고 적절한 설비를 제공할 수 있도록 하라는 것이다. 반려동물과 함께하는 가구의 숫자가 계속 늘어나고 있기 때문이다.

다시 한 번 정리하자. 국가의 재난 대응 시스템은 어떤 경우에도 작동한다. 하지만 사회적 자원을 쓰는 것인 만큼, 그 자원 배분의 우선순위는 사람마다 입장이 다를 수밖에 없다. 그러니 어떤 경우에도 즉각 대응을 할 수 있을 만큼 충분한 예산이 배정될 일은 없다. 그래서 시간이 걸린다. 일상의 사고도 마찬가지다. 구급차가 도착하는 몇 분 동안 어떤 조치를 하느냐에 따라 생사는 쉽게 갈릴 수 있다. 이 책은 그 틈을 해결하자고 쓴 책이다. 재난 상황에 빠진 사람들을 구하기 위해 헌신하는 이들을 믿지만, 그 사람들이 도착하기 전까지 무엇을 해야 하는지, 그래서 어떻게 준비를 해야 하는지, 이제 그 기초부터 시작해서 세세하게 하나씩 알아보자.

0

재난 대비 워밍업

재난에서 살아남으려면
체력이 우선이다

도시는 거대한 시스템이다. 일례로 도시가스만 해도, 천연가스를 수입하고 그 가스를 처리한 뒤 각 가정에 보내려면 거대한 시스템이 작동해야 한다. 상하수도와 전기 역시 어마어마한 시스템이 작동해 구석구석 말단까지 닿아야 각 가정과 개인이 쓸 수 있는 것이다. 재난은 이러한 시스템이 상당 기간 동안 작동할 수 없는 상황이다. 재난 전까지만 해도 돈만 제때 내면 시스템이 해 주던 것을, 개인이 직접 해결해야 한다는 뜻이다. 재난을 겪어 본 이들은 안다. 이때 가장 필요한 것은 당연히 돈도 아니고, 정신력도 아니다. 상당한 수준의 체력이 무엇보다 필요하다.

그럼 어느 정도 수준의 체력이 필요할까? 세상에는 수많은 직업이 있고, 그중 수시로 도시 시스템이 작동하지 않는 지역에 가야 하는 사람도 있다. 바로 미국 해군의 특수부대 네이비 실(Navy SEAL)이다. 이들의 체력 선발 기준을 참고해 보

종목	최소 기준	경쟁할 만한 기준	비고
500yd(야드) 수영	12.30분	7.00~8.30분	끝나고 10분 휴식
팔굽혀펴기(2분)	42개	100~120개	끝나고 2분 휴식
윗몸일으키기(2분)	30개	100~120개	끝나고 2분 휴식
턱걸이(시간 제한 없음)	8개	20~30개	끝나고 10분 휴식
2.4km 달리기	11.30분	8.30~10.00분	

* 500yd는 457.2m로 통상적인 25m 실내 수영장을 18번 반 왕복하는 코스다.

자. 이 체력 선발 기준을 갖추기 위해 권고하는 훈련 방법이 공개되어 있고, 이 훈련법은 장비나 돈 없이도 할 수 있는 것들이어서 실질적으로 도움이 될 테니 소개하는 것이다.

수영, 팔굽혀펴기, 윗몸일으키기, 턱걸이, 달리기를 연속으로 하는데, 사이사이에 2분에서 10분 정도만 휴식하고 저 기준을 통과해야 한다. 결코 녹록하지 않은 수준이다. 네이비 실에 선발되는 20대는 경쟁할 만한 기준을 목표로 체력을 기르고, 실제 작전에 참여하는 30~40대는 최소 기준을 최대 목표치로 잡는 게 현실적이다.

네이비 실은 자신들이 제시하는 '경쟁할 만한 기준'을 갖추기 위한 9주간의 훈련 과정도 공개해 놓고 있다. 하지만 20대 기준라는 점을 고려해 유동적으로 적용해야 한다. 아래의 계획은 순전히 참고 자료로 하고, 피트니스 센터의 트레이너와 상의해서 목표와 계획을 잡아야 한다.

1. 달리기 (20대 기준)

기간	운동량	비고
1-2주	3.2km를 8분 30초에 달리는 페이스	1주에 3일씩 총 9.7km
3주	부상 방지를 위해 1주일 쉼	
4주	4.8km을 12분 45초에 달리는 페이스	1주일에 3일씩 총 14.5km
5-6주	3.2/4.8/6.4/4.8km (2분 40초/km 페이스)	1주일에 4일 총 19.3km (월/화/목/금)
7-8주	6.4/6.4/8.0/4.8km (2분 40초/km 페이스)	1주일에 4일 총 25.7km (월/화/목/금)
9주	7.8주와 동일	7,8주와 동일

START

1주에 3일씩
총 9.7km

너무 높은 수준의 체력을 요구하는 게 아니냐고 반문하는 사람이 있을지도 모르는데, 생존배낭과 물, 그리고 반려동물까지 챙기고 뛰는 상황을 생각해 보지 않을 수 없다. 최소한 생존배낭과 식수, 그리고 반려동물을 안고 200m를 뛰어가는 것이라도 목표로 삼아야 한다

2. PT (20대 기준)

주	세트*횟수
1주	팔굽혀펴기 4*15 / 윗몸일으키기 4*20 / 턱걸이 3*3
2주	팔굽혀펴기 5*20 / 윗몸일으키기 5*20 / 턱걸이 3*3
3-4주	팔굽혀펴기 5*25 / 윗몸일으키기 5*25 / 턱걸이 3*4
5-6주	팔굽혀펴기 6*25 / 윗몸일으키기 6*25 / 턱걸이 2*8
7-8주	팔굽혀펴기 6*30 / 윗몸일으키기 6*30 / 턱걸이 2*10
9주	팔굽혀펴기 6*30 / 윗몸일으키기 6*30 / 턱걸이 3*10

3. 수영 (20대 기준)

기간	1-2주	3-4주	5-6주	7-8주	9주
시간	15분	20분	25분	30분	35분

구급상자 꾸리기

구급상자는 아웃도어 용품점이나 온라인 쇼핑몰을 통해 구입할 수 있다. 외상 치료에 필요한 약품이나 도구가 대부분 들어 있어 따로따로 구입할 필요가 없다. 그러나 약사법에 따라 약은 약국에서 구입해야 한다. 약들은 유효기간이 지나면 효능이 없거나 떨어지고, 유효기간이 지난 항생제는 내성을 기를 수 있다. 그러니 구급상자 바깥이나 집안에서 눈에 잘 띄는 곳에 약 이름, 용도, 유효기간을 기록해 놓고 관리해야 한다. 필수 품목은 아래와 같다.

1. 붕대 및 밴드 종류

☐ 탄성 붕대(압박 붕대)	☐ 거즈	☐ 일회용 밴드 세트
☐ 삼각건	☐ 화상 거즈	☐ 붕대 고정 핀
☐ 탈지면	☐ 붕대 고정용 반창고	

2. 응급처치용 도구

☐ 가위	☐ 족집게	☐ 체온계
☐ 핀셋	☐ 혀를 누를 때 쓰는	☐ 포이즌 리무버
☐ 면봉	나무 숟가락	

3. 내복약 (먹는 약)

☐ 해열진통제 / 어른용   ☐ 소화제   ☐ 구충약

☐ 해열진통제 / 아이용   ☐ 항히스타민제   ☐ 지사제

☐ 제산제

- 재난 상황에는 냉장고를 쓸 수 없는 경우가 많아 음식이 쉽게 상하고 화장실도 쉽게 갈 수 없으니 지사제는 반드시 챙겨놓는다.
- 항히스타민제는 알레르기 증상이 발생했을 때 사용한다. 복용 중에는 절대 술을 마시면 안 되고 정확하게 복약 설명서에 있는 분량만큼 먹어야 하며, 근육이완제, 수면제, 진정제와 함께 먹어서도 안 된다.

4. 바르는 약

☐ 물파스   ☐ 항생제 성분 연고   ☐ 스테로이드 계열

☐ 소염진통 로션   ☐ 항히스타민 계열   (부신피질 호르몬) 연고

☐ 암모니아수   스프레이와 연고   ☐ 화상 연고

- 스테로이드 계열 연고는 강력한 소염 작용과 면역 억제 기능을 한다. 알레르기성 질환에도 작용하며 가려움증도 없애 준다. 처방받은 목적 이외에는 사용하면 안 된다.
- 항히스타민 계열 스프레이는 주로 콧물, 코막힘 등의 증상 완화를 위해 쓰며, 항히스타민 연고는 벌레 물린 곳에 생긴 발진 혹은 염증 치료제로 주로 쓴다. 항히스타민 계열 내복약과 바르는 약은 절대 함께 쓰면 안 된다.
- 항생제 성분 연고는 상처 치료용으로 흔히 쓴다.

5. 소독약

☐ 요오드팅크   ☐ 알코올   ☐ 어린이용 소독약

☐ 과산화수소수   ☐ 붕산

- 과산화수소수는 상처를 세척하는 용도로, 요오드팅크는 상처를 소독하는 용도로 사용하며, 알코올은 물건 소독용, 붕산은 상처 치료용으로 쓴다.

6. 기타

☐ 찜질약(붙이는 파스)   ☐ 입안 상처용 연고   ☐ 냉찜질용 팩

☐ 안약   ☐ 생리식염수   ☐ 방진 마스크
                                           (N95 등급 이상)

• N95는 공기에 떠다니는 미세 입자의 95% 이상을 걸러 준다는 뜻이다.

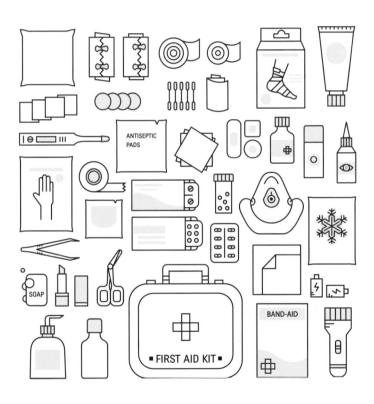

생존배낭

재난에 대비한 물품 준비는 재난 발생 후 72시간까지를 기준으로 한다. 대부분의 국가 재난 대응 조직이 72시간 내에는 모든 국민에게 필요한 재난 대응 서비스를 제공한다는 원칙을 갖고 있기 때문이다. 즉, 적어도 72시간 내에는 국가가 이재민을 안전한 곳으로 대피시키고 필요한 물자들을 공급하기 시작한다. 생존배낭은 수도, 전기, 가스가 공급되지 않는 상태에서 한 가족이 72시간을 버티기 위해 필요한 서바이벌 물품들이 포장되어 있어야 한다. 이 생존배낭에 들어 있어야 할 물품은 다음과 같다.

1. 롤링스톡법으로 저장한 식량

롤링스톡(Rolling Stock)법은 일본식으로 조합한 영어로, 일정 기간 단위로 비상식량을 먹고 그걸 새롭게 저장한다는 뜻이다. 1인 기준 3일치 7끼(하루 2끼×3일치+예비용 1끼), 물 3ℓ를 저장해 놓는 것을 가리킨다. 이렇게 저장해 놓은 뒤, 한 달에 하루 비상식량만 먹는 날로 정해 음식을 먹으면서 어떤 재난이 벌어질 때 어떻게 행동할지, 음식 맛은 어떤지 등을 미리 공유한다. 조금은 귀찮아 보이지만, 이러면 재난 상황에서도 최대한 일상적 생활을 영위하는 데 도움이 된다.

미국 연방재난안전청(FEMA)은 재난 상황에서도 필수적으로 지켜져야 하는 원칙 중 하나로 FNSS(Functional Need Support Service)를 꼽는데, 재난 상황에서도 최소한의 일상이 지켜질 수 있어야 한다는 뜻이다. 정부 시스템이 정상적으로 가동되어야 하며, 적절한 의료 기구와 의료 물품이 제공되어야 하고, 도움이 필요한 노약자에 대한 보조가 있어야 한다는 것이다. (일상적 기능이 유지되기 위해서) FEMA는 보드게임처럼 아이들이 실내에서 놀 수 있는 놀잇감, 책, 퍼즐, 게임기까지 재난 대비 물품으로 비축해 놓으라고 권고한다.

즉, 재난 상황에서도 일상생활과 근접할 수 있도록 해야 한다. 조리하지 않은 상태에서도 먹을 수 있는 음식들은 대체로 맛이 없다. 그 맛없는 음식 중에서 그나마 맛있는 것들을 골라 가족 구성원 각자의 입맛에 맞는 것을 먹을 수 있도록, 한꺼번에 세트로 사지 말고 종류별로 다양하게 구입해 놓아야 한다. 역시 한 달에 하나씩 꺼내 먹으면서 음식 맛을 평가하고 재난 상황별 대처법을 토론하는 것이 좋다. 추천하는 비상식량은 섬유질이 많은 비스킷 종류, 반조리된 레토르트 음식과 군용납품 업체가 만든 자가 발열식 제품이다.

2. 구급상자

앞서 이야기했듯이, 필수 의약품의 유통기한을 주기적으로 확인한 구급상자를 구비해 놓는다.

3. 구호법

최소한 응급심폐소생술(CPR)과 하임리히법(Heimlich maneuver)은 반드시 실습으로 배워 둬야 한다. 대략 다섯 가정 이상이면 집 근처의 관계 소방서에 연락해 더미를 이용해 실습할 수 있다. 더미를 이용해 얼마만큼의 압력으로 어떻게 해야 하는지 배운 것과 인터넷 혹은 책으로 배운 것은 천지 차이가 있다. 재난 상황이 벌어지면 거의 모든 병원에 환자가 넘쳐나고 119 구조대는 급한 환자 때문에 제시간에 도착할 수 없다. 간단한 치료는 스스로 할 수 있어야 한다.

4. 아이들

— 생존배낭에 반드시 아이들 물품(아기 분유, 이유식, 기저귀, 우유병, 장남감 및 게임)

을 챙기고 재난 상황에서도 아이들이 안전하고 편안함을 유지할 수 있도록 해야 한다.

- 아이가 다니는 유치원, 놀이방, 학교의 비상 계획을 확인한다.
- 의사표현을 분명하게 할 수 없는 연령의 아이들에게는 부모의 연락처가 포함된 명찰을 쓰도록 한다.

5. 화장실

인터넷에서 emergency toilet kit을 찾아 보면 재난 상황에서 쓸 수 있는 간이 화장실을 대략 50달러 정도에 구할 수 있다. 앉아서 볼일을 볼 수 있게 두꺼운 골판지로 만들어져 있으며, 대소변은 봉투에 떨어지도록 되어 있고, 무엇보다 악취가 퍼지지 않도록 하는 뚜껑이 있다.

꼭 간이 화장실을 구입하지 않더라도, 공사 현장에서 흔히 볼 수 있는 15ℓ 이상의 통만 있으면 쓰레기 봉투를 집어넣고 앉을 수 있는 판자 정도만 연결해 국가 재난 체제가 가동되기 전까지는 충분히 쓸 수 있다. 다만 이 경우에는 종이 재가 필요하다. 볼일을 다 본 다음 재를 한 움큼씩 살살 뿌려 준 다음 뚜껑을 닫으면 악취가 퍼지는 것을 막을 수 있다.

문제는 재난 상황에 이 화장실을 어디에 만들 것이냐다. 지진처럼 개활지로 대피해야 하는 상황이라면 화장실 역시 개활지에 만들 수밖에 없으니, 당연히 가림막이 필요하다. 그리고 이 가림막은 혼자서 만들 수 없다. 대피한 다른 사람들과 화장실을 같이 만드는 것은, 아마 재난을 극복하는 첫 단계가 될 것이다.

6. 필수품 목록

롤링스톡하는 비상식량에 물, 그리고 아래 목록의 물품이 필요하다.

위생용품

- □ 식구 수만큼의 칫솔
- □ 100장 짜리 물티슈
  2팩 이상
- □ 여성위생용품
- □ 휴지 1롤
- □ 20ℓ 쓰레기 봉투
  10장 이상(용변 처리용)

구호용품

- □ 마스크
- □ 야광봉
- □ 가족 수만큼의 안전모
- □ 덕트 테이프
  (혹은 청테이프)
- □ 호루라기
- □ 복용 중인 약품 모두

피난용품

- □ 랜턴
- □ 휴대용 라디오
- □ 우비
- □ 예비 건전지
- □ 체온 유지 시트
- □ 휴대용 소형 소화기
- □ 방수팩에 든 성냥
- □ 라이터
- □ 1인당 침낭 1개
- □ 속옷과 겉옷 한 세트
- □ 핫팩
- □ 은박 담요

생활용품

- □ 버너
- □ 장갑
- □ 수저
- □ 멀티툴
- □ 아기용품
- □ 책
- □ 상세한 지도
- □ 72시간 동안 사용할 수 있는
  5,000원권 이하 소액권 현금
- □ 시간을 보낼 수 있는 퍼즐 등 놀잇감

스마트폰 시대가 되면서 우리는 스마트폰에 상당히 많이 의존해 살고 있는데, 재난 상황에서는 스마트폰을 쓸 수 있는 네트워크가 정상적으로 작동하지 않는 데다 모두가 모두에게 연락하려고 하기에 평소보다 몇 배의 부하가 걸린다. 따라서 문자 메세지를 제외한 거의 모든 네트워크가 작동하지 않는다. 또한 스마트폰에 라디오 기능이 없는 경우가 많으며 충전도 어렵기에, 특히 중요한 것이 휴대용 라디오다. 국가의 재난 대응 소식은 휴대용 라디오 말고는 들을 방법이 없다. 구조는 항상 거점을 중심으로 진행될 수밖에 없고, 빨리 그 거점으로 옮겨야 국가가 제공하는 재난 대응 체계 안에서 보호받을 수 있다.

요즘은 지도가 스마트폰 때문에 낯선 것이 되어 버렸는데, 지역 토박이로 반경 5km 이내의 모든 시설물을 외우고 있지 않다면 반드시 지도를 챙겨야 한다. 랜턴과 휴대용 라디오는 가능한 한 자가 충전식으로 선택하고 자가 충전식을 구할 수 없다면 해당 배터리를 여분으로 준비한다.

3ℓ = 👤

재난 대비 훈련

아이가 있는 집이라면 서울 시내에 있는 두 곳의 안전 체험관(동작구 신대방동의 보라매 안전 체험관, 광진구 능동의 광나루 안전 체험관) 방문을 권한다. 재난을 주제로 한 테마파크라고 할 수 있다. 다른 많은 지자체도 이와 비슷한 안전 체험관을 운영하고 있다. 중소 규모의 체험관까지 포함하면 전국적으로 155개소에 달하지만, 실제 재난에 대비할 만큼의 경험을 할 수 있는 곳은 2016년 현재 전국적으로 10개소 정도다. 리스트는 책 뒤의 인덱스를 참조.

사람들은 흔히 정신력을 따로 길러야 하는 무엇인가로 생각하는 경향이 있다. 아이들을 뜬금없이 해병대 극기 훈련 캠프로 보내는 것도, 극한에 도전해 보면 뭔가 달라지리라 생각하기 때문이다. 그러나 재난 상황에서의 정신력이라는 것은 평상심을 얼마나 유지하느냐의 문제다. 예를 들어, 2002년 월드컵 당시 히딩크 감독은 정신력을 이렇게 정의한 바 있다. "죽을 힘을 다해 끝까지 포기하지 않고 최선을 다하는 것이 아니라 어떤 상황에서도 자기의 기량을 최대한 발휘할 수 있는 평정심과 프로답게 주어진 시간 동안 완급 조절을 하며 효과적으로 시간과 체력을 활용하는 능력이 바로 내가 말하는 정신력이다."

  재난 상황에서 필요한 정신력은 극기 훈련에서 얻을 수 있는 악바리 정신이 아니라, 히딩크 감독이 정의한 평상심을 유지하는 능력이다. 개별 상황에서 어떻게 해야 안전할 수 있을지 제대로 작성된 가이드에 따라 스스로 준비해 봤다는 것은 재난이 뜻하지 않게 언제든 발생할 수 있음을 스스로 인지하고 있다는 뜻이고, 그에 따른 준비들을 실제로 해 봐야 평상심을 유지하는 능력을 만들 수 있다.

비상식량을 먹는 날 안전 체험관을 찾거나 특정 재난이 벌어지면 어떻게 대응할 것인지 가족이 함께 이야기해 보는 것은 그러한 능력을 꾸준히 키워 나가는 데 꽤 도움이 된다.

어떤 재난 상황을 상정하고 그 상황에서 벌어질 일들에 어떻게 대비해야 할지 매달 한 번씩 반복해서 시뮬레이션하는 것은, 국가가 민방위 훈련을 하는 것과 동일한 이유다. 물론 같은 이유로, 민방위 훈련 때처럼 건성으로 임하면 마찬가지의 효과밖에 얻을 수 없지만 말이다.

그리고 이 정신적 능력과 함께, 무엇보다 재난에 대비한 장비들을 가지고 있으면 재난 상황에서도 일상을 유지할 수 있다. 이 두 가지는 재난을 준비하지 않고 무방비 상태에서 맞은 사람은 절대로 가질 수 없는 것이다.

119 신고법

재난 때 누구나 무엇보다 먼저 떠올리는 것은 119 신고이고, 물론 가장 중요한 대응법이다. 덧붙여, 여럿이 있고 공개된 장소에서 사고가 났을 때 혼자 신고하는 것보다 여럿이 많은 이야기를 119 지령실에 알리면 구급대원들이 더 꼼꼼하게 준비해서 대응할 수 있다는 점도 염두에 두자.

1. 어떤 일이 벌어졌는지 말한다

사실 119 신고 때 침착하기는 어렵다. 그래도 신고자가 또박 또박, 최대한 자세하게 어떤 일이 벌어졌는지, 현재 상황이 어떠한지 설명해야 전문 구급대원이 살릴 수 있는 가능성이 높아진다. 스피커폰으로 이 과정을 진행하면, 주변의 사람들이 빠진 내용을 보충해 줄 수 있다.

　예를 들어, 그냥 "손가락이 잘렸어요."보다는 "예초기를 돌리다가 왼손 검지가 잘렸어요. 잘린 부분의 일부는 찾았고 일부는 못 찾았어요."라고, "뱀에 물렸어요."보다는 "다섯 살 아이가 40cm 정도 되는 뱀에게 물렸어요. 뱀의 머리는 갈색 무늬가 있고 물린 자리엔 큰 구멍 두 개와 작은 구멍 두 개가 보여요."라고 할 때 구급대원이 제대로 준비해 현장에 도착해 구조 활동을 할 수 있다.

2. 현재 위치를 알려준다

119가 위치 정보를 추적하기는 해도, 게임 '포켓몬 고'를 해 본 사람은 알겠지만 기지국으로 추정하는 위치는 사실 정확하지 않다. 최소 15m 정도의 오차가 있다. 따라서 주소지, 지명에 덧붙여 가장 가까운 상점, 주민이 부르는 지역 명칭, 주변 큰 건물 등을 기점으로 찾아오기 쉽게 알려야 한다. 예를 들어, "여기는 ㅇㅇ시 @@동 XXX번지"에 덧붙여, "YY식당 앞의 계곡이에요. 큰 바위들이 있고 아이들이 점프 많이 하는 곳입니다."라고 최대한 상세하게 설명하면 찾기 쉽다.

3. 피해자 상황

피해자가 의식이 있는지, 호흡은 제대로 하고 있는지, 얼굴이 창백한지, 손과 눈으로 확인 가능한 모든 정보를 제공해야 한다. 예를 들어, "지금 식은땀을 흘리고 있고 열이 좀 나는 것 같아요. 호흡은 정상적인 것 같은데 심장 박동수는 아주 빨라요."처럼 모든 감각 기관으로 얻은 정보를 알려준다.

4. 사고의 추정 원인

직접 본 것이 아니더라도, 피해자, 혹은 환자의 상태를 보면서 사실을 근거로 추정한 내용들을 알려야 한다. 예를 들어, "여성분이 길에 쓰러져 있는데 머리에서 피를 흘리고 있어요. 구두를 보니 외출 중이셨던 것 같은데 핸드백은 안 보이네요. 퍽치기 같아요."라고 환자와 주변 상태를 두루 살펴 추정해 본다.

응급처치 세 가지

여기서 소개하는 응급처치는 영유아나 어린이를 대상으로 하는 방법이다. 성인 대상 방법은 민방위 훈련, 혹은 재난 체험장에서 직접 더미로 해 보고 몸이 기억할 수 있도록 한다.

1. 심폐소생술

1. 아이의 턱과 가슴선에 다리가 직각이 되게 무릎을 꿇고 앉는다.
2. 양쪽 젖꼭지를 연결한 선이 흉골(가슴뼈)과 만나는 지점을 한 손 혹은 두 손으로 양팔을 쭉 편 상태에서 체중을 실어 압박한다. 12개월 미만의 영아인 경우에는 양쪽 젖꼭지 연결선 바로 아래에 있는 흉골을 두세 손가락으로 압박한다.
3. 분당 100회 이상 120회 미만의 속도로 가슴이 등 방향으로 소아는 5cm, 영아는 4cm 가량 들어갈 정도로 강하고 빠르게 압박한다.
4. 압박 후에는 가슴이 제자리로 완전히 올라오는지 확인하며 심장으로 피가 돌아올 수 있도록 해야 한다.

2. 인공호흡법(유아 4초당 1회, 영아 3초당 1회)

1. 혀가 기도를 막지 않게 주의하면서 아이의 머리를 뒤로 젖히고 턱을 들어올려 기도를 확보한다.
2. 아이의 코를 엄지와 검지로 잡는다.

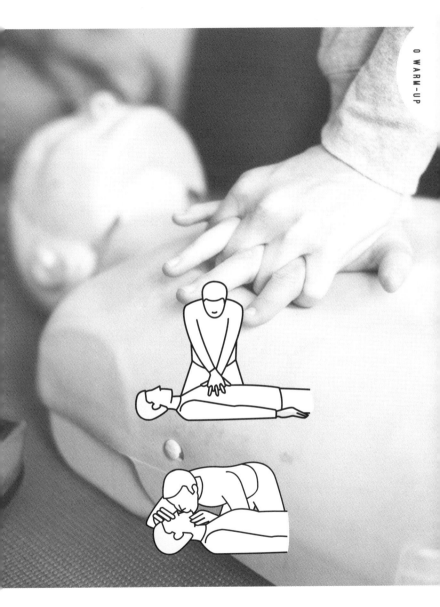

3. 숨을 크게 들이마신 후, 아이의 입에 자신의 입을 댄다.

4. 아이 가슴이 올라오는 것을 확인하며 2회 정도 1.5~2초간 천천히 숨을 불어넣는다.

3. 하임리히법

— 생후 12개월 미만 혹은 10kg 이하의 영아

1. 얼굴이 바닥을 향하도록 엎드리게 해 아이를 허벅지 위에 올린다.

2. 한 손으로 얼굴을 지지하고 반대편 손으로 빠르게 4~5번 정도 양측 날개뼈 사이를 두드린다.

3. 그래도 이물질이 나오지 않으면 아이를 뒤집어서 배 윗쪽(양쪽 젖꼭지를 이은 선의 바로 아래)을 두 손가락으로 힘껏 누른다.

4. 아이의 입으로 이물질이 나올 때까지 반복한다.

— 생후 12개월 이상의 유아

1. 아이를 세우거나 앉힌 뒤, 뒤에 서서 아이의 허리를 양팔로 감는다. 이때 한 손은 주먹을 펴서 아이의 배 중앙(아이 배꼽과 가슴 사이)에 오게 한다.

2. 팔에 힘을 줘서 아이의 배를 위쪽으로 강하게 밀어 올린다.

3. 이물질이 제거되었는지 확인하면서 이 동작을 반복한다.

4. 12개월 미만의 아이에게 이 구급법을 실시하면 간을 손상할 위험이 있다. 아이가 어린데도 크다면 반드시 119 구급대와 상의하고 진행한다.

반려동물과 함께하는 재난 대응

반려동물과 함께 사는 1인 가구나 2인 가구가 많다. OECD 국가들은 이들과 함께 대피할 수 있는 방안도 만들고 놓았지만, 재난 대비 대피소를 운영하는 나라 가운데 반려동물이 함께 대피할 수 있도록 허용하고 있는 나라보다는 그렇지 않은 나라가 더 많은 게 현실이다. 대한민국도 학교 운동장에 설치되는 대피소는 반려동물과 함께할 수 있지만 강당형 대피소에는 반려동물을 동반할 수 없다. 그래서 대피 자체를 포기하는 사람도 많다. 하지만 조금 더 꼼꼼하게 대비하고, 훈련하면 방법이 아예 없지는 않다.

미국 질병통제예방센터(Centers for Disease Control and Prevention, 이하 CDC)가 정리해 놓은, 반려동물을 위한 대응법을 소개한다. 다만 이 대응법은, 반려동물들은 사람과 정서적으로 단단하게 연결되어 있어서 반려동물이 재난에서 다치거나 죽으면 사람이 받는 정서적 충격이 사람이 다치거나 죽는 것과 비슷하기 때문에 만든 것이다. 즉, 이 대응법은 사람을 구하기 위한 목적으로 만든 것이지 반려동물을 매우 존중해서 만든 것이 아님을 감안해야 한다.

1. 재난 대비 계획

– 반려동물에게 주인의 연락처가 포함된 목줄이나 목걸이로 반려동물의 이름을 반드시 표시한다.

– 반려동물에게 위치 추적용 마이크로칩을 이식한다(대한민국은 동물 등록제가 실

시되고 있으므로 등록하면서 마이크로 칩을 이식하면 된다).

– 개별 반려동물마다 별도의 캐리어를 구매하여 주인의 이름과 연락처, 반려동물의 이름을 표시한다.

– 재난이 벌어지기 전에 캐리어를 이용해 이동하는 습관을 들인다.

– 반려동물을 캐리어에 넣고 대피하는 연습을 한다.

– 필요하다면 반려동물을 포획하는 연습도 해야 한다.

– 목걸이와 캐리어를 출입구 근처에 배치한다.

– 차 안에 반려동물을 위한 장비들을 확보한다.

– 자가용이 없다면 주변에 바로 부탁할 수 있는 이들과 반려동물 대피에 관해 미리 협의한다.

– 반려동물 반입이 불가능한 곳으로 대피해야 하는 경우에 대비해, 반려동물 반입이 가능한 호텔 리스트를 확보한다.

2. 반려동물을 위한 재난 물품 목록

☐ 반려동물 한 마리당 최소 2주치의 진공 포장된 먹이와 물	☐ 마이크로칩 등록번호
	☐ 약이 필요하면 처방전
☐ 먹이 그릇과 물 그릇, 캔 따개	☐ 가장 최근의 FeLV/FIV (고양이 백혈병/
☐ 고양이를 위한 휴대 가능한 배변통과 배변토	면역 부전 바이러스) 테스트 결과와 백신 날짜
☐ 기타 배변 처리를 위한 휴지, 비닐 봉지	☐ 진료수첩
	☐ 튼튼한 목줄 혹은 개줄
☐ 최소 2주치 의약품	☐ 타월 혹은 담요가 깔린 편안한 캐리어
☐ 광견병 및 기타 최근 백신 접종기록	☐ 반려동물 장난감

주인이 집에 없는 상황에 반려동물이 화재 등의 위기에 처했을 때 구출하려고 반려동물과 함께 살고 있다는 스티커를 제작 보급하고 있는 나라들도 있다. 한국에도 도입할 필요가 있는 정책 중 하나다.

1

일상

일상 도처 재난이다

검찰청 통계에 의하면, 2013년도 발생 범죄는 총 84만 2,504건이었고, 그중 966건이 살인 사건으로, 전체 범죄에서 살인 사건이 차지하는 비중은 0.1% 정도다. 하지만 검거율은 96.7%로, 거의 대부분 잡아서 기소하고 처벌한다. 그만큼 사회적 자원이 투입되고 있기 때문이다.

사망 통계로 보면 다른 것들을 볼 수 있다. 살해 당한 사람의 11.2배만큼이 교통사고로, 4.5배만큼이 추락으로 세상을 등진다. 익사할 확률과 살해 당할 확률은 비슷하다. 화재 사고의 여파로 죽는 사람의 수는 살해 당하는 사람의 60% 정도다. 그 밖에 자연적인 이유가 아니라 외부적 요인에 의해 죽는 사람의 수는 살인 사건으로 죽는 사람의 60배 정도 된다.

즉, 대한민국에서는 살해 당할 확률보다는 일상생활 중 사고로 죽을 확률이 훨씬 더 높다. 그 이유는 다양하다.

예를 들어, 요즘 찜질방의 에너지원은 대부분 전기다. 이전처럼 중유 태워서 물 끓여 스팀 만들고 뜨거운 물을 욕탕에 공급하는 구조가 아니다. 심지어 사우나도 전기를 쓴다. 그런데 여기에 물을 뿌리면? 감전으로 쓰러지기 쉽다. 물을 많이 쓰는 공간에 물과 상극인 전기를 많이 쓰는 이유는 단 하나. 싸기 때문이다. 이런 목욕탕이나 찜질방 여기저기에는 '물을 뿌리지 말라'는 경고문이 큼지막하게 붙어 있지만, 옛날 목욕탕 사우나실에서 물 뿌리고 앉았던 기억만 있는 어른들이 감전되어 쓰러지는 사고가 종종 일어난다.

사용자 경험을 고려하지 않은 설계가 사고를 부른다

우리가 일상을 보내는 다양한 시설의 건축 연도는 다 제각각이다. 대한민국은 아주 빠른 경제성장을 한 나라로, 모든 것이 빠르게 변했기 때문일 테다. 그렇게 건축마다 적용된 건축법이 다르니 건물을 구성하는 내장재도 제각각이다. 여기에, 익숙하고 평소에 늘 하던 육체적 활동을 반복하면 기저핵에 해당 활동을 맡겨 버리는 인간의 기억이 작동하는 방식이 결합되면 치명적 사고로 이어질 수밖에 없다.

이 문제는 사용자 경험(UX: User eXperience)과 관련된 문제로, 사용자 경험을 어떻게 디자인하느냐에 따라 사고율을 대폭 낮출 수도 있다. 하지만 한국 사회에서는 사용자 경험이라는 개념 자체도 낯설다. 이 사용자 경험의 충돌이 문제를 일으키는 대표적인 현장은 패스트푸드점이다. 최근 패스트푸드점을 가면 무인 결제기로 주문을 접수하는 경우가 많다. 인건비 및 매장 운영비를 줄일 수 있어서 무인 주문 시스템을 늘리는 추세다. 하지만 기계를 통해 주문하는 것 자체가 익숙하지 않은 사람에게 이 무인 주문 시스템은 아주 불편한 체계다. 40대만 해도 무엇을 어떻게 눌러야 하는지 헷갈려서 헛손질을 하는 경우가 많은데, 그보다 나이든 층은 그런 곳에 아예 발길을 끊는 경우도 있다.

IT 관련 업계에서 도는 농담 중에 이런 것이 있다. 고객센터에서 "내 컵홀더가 작동하지 않는다."라는 불평을 듣는 경우가 있는데, 그건 광학 드라이버에 문제가 생겼다는 이야기라고. 예전에는 CD, 요즘은 DVD를 집어넣는 기계 장치를, 단순히 데스크탑의 높이 때문에 실제로 컵 홀더로 쓰는 사람이 있었다는 것이다. 우스갯소리 같을 수 있지만, 과거의 습관을 고려하지 않고 지금의 논리에만 맞춰 시설을 만들었을 때 과거의 경험에 머물러 있는 사람이 인식하지도 못하는 상태에서 과거 방식대로 행동을 반복하는 것이 이상한 일은 아니다.

차가 얼마의 속도로 사람과 부딪히면 사망 사고를 일으킬까?

세계에서 다른 사례를 찾아보기 어려울 정도로 빠르게 성장한 대한민국에서 '효율성'은 최고의 미덕이었다. 하지만 이 미덕은 안전에 무심하다. 예를 들어, 대한민국의 도로는 보행자나 자전거보다는 자동차를 위해 설계된 형태다. 걷기 좋은 환경보다는 자동차 위주의 환경이 더 빠르기 때문이다. 하지만 자동차 운전자가 제대로 된 안전 교육을 받지 않고 차를 끌고 나간다면? 그때부터 자동차는 재앙이 된다.

운전면허 강사인 지인은 안전 교육을 시작할 때 항상 한 가지를 물어본다고 한다. "차가 얼마의 속도로 사람과 부딪히면 사망 사고를 일으킬까요?" 대체로 시속 70km 이상이라고 답한다고 한다. 혹은 눈치를 보더라도 시속 50km 이하라고는 잘 답하지 않는다고 한다. 과연 그럴까? 고등학교 때 배운 운동 에너지 공식을 한번 떠올려 보자. 운동량은 질량에 속도를 곱한 값이고, 충격량은 나중 운동량에서 처음 운동량을 뺀 것이다. 이 공식에 따르면, 대체로 톤 단위의 무게인 자동차는 시속 20km 이하의 속도로 움직여도 해머를 있는 힘껏 휘두른 것과 비슷한 정도의 운동 에너지를 만든다. 이 사실을 이야기하면 놀라는 이들이 아주 많다고 한다.

운동 에너지의 위력은 얼마 전 화물 수송선과 미해군 이지스함이 충돌한 사례에서도 볼 수 있다. 세계 최고의 군사력을 가진 군함일지라도 압도적으로 크고 무거운 화물 수송선에 부딪히면 부서지고 마는 것이다. 그런데 사람과 자동차가 충돌하면 그 결과가 어떻겠는가?

이런 상황인데, 기업이 소비자를 속이기까지 하면 더 대책 없다. 2014년 3월 19일 미국 법무부는 일본의 한 자동차 회사에 업계 사상 최고의 벌금인 12억 달러를 부과했다. 우리 돈으로 1조 3,000억 원에 달하는 이 돈을 내야 했던 회사는 세계 최고의 자동차 브랜드 가치를 지난 12년간 유지해 온 도요타였다. 브랜드 가치만 287억 달러인 이 회사는 전자제어장치에 내장된 소프트웨어의 오류를 알고 있었으면서도 이를 은폐하기 위해 고속도로교통안전국(National Highway Traffic Safety Administration, NHTSA)과 미항공우주국(NASA)의 기술자들까지 매수했다.

사실 전자제어장치의 소프트웨어 오류라는 것이 뭐 대단히 낯선 일이 아니다. 아주 극단적으로 비유를 하자면, 윈도 운영 체제를 쓰면서 한 번쯤은 봤을 블루스크린이 바로 소프트웨어 오류의 결과다. 성공적으로 팔리고 있는 소프트웨어들도 평균 1,000라인당 4~6개 정도의 버그가 있다고 한다. 자동차 브랜드 가치 세계 1인 기업도 전자제어장치의 버그로 급발진이 일어났는데, 다른 자동차 회사라고 이런 일이 없을까? 특히 디지털 시대를 사는 우리는 일상에서 늘 오류와 그로 인한 위험에 둘러싸인 채 살고 있는 것인지도 모른다.

지난 6년 동안 일상은 더 위험해졌을까?

결국 우리 일상의 안전을 위해서는 법적 장치들이 갖춰져야 한다. 하지만 지난 정부까지는 규제가 악이라며(사실은 소수에 해당하는 규제일 뿐이겠지만) 규제를 없애는 데 열과 성을 다했다. 그 규제가 바로 우리 일상의 안전핀이었는데 말이다.

다행히 촛불 시민의 힘으로 정권 교체를 이루고, 하나씩 하나씩 잃어버린 안전핀을 찾고 있는 중이다.

2011년에 이 책을 처음 썼을 때와는 어느새 상황이 많이 바뀌기도 했다. 예를 들어, 2011년에 비해 요즘은 훨씬 더 많은 관상식물을 구할 수 있다. 그러나 그 관상식물 중 상당수는 직접 만지거나 먹으면 치명적이다.

지난 몇 년간 특정 물질에 알레르기 반응을 일으키는 아이들이 많이 늘었다. 아나필락시스 쇼크가 2011년만 하더라도 그렇게 많이 볼 수 있는 것이 아니었는데 요즘에는 게나 땅콩 같은 물질에 알레르기 반응이 있는 사람이 꽤 많이 늘었다. 동시에 에피펜 가격도 폭등해 버렸다. 시장의 90%를 점유해, 2016년에는 주사제 하나에 600달러까지 가격을 올려 버렸다. 그래서 에피펜을 대체하는 복제약도 많이 나오고 있다. 심제피, 혹은 젝스트 등으로 불리는 복제약은 국내에서도 의사의 처방이 있으면 구할 수 있다.

더 나빠진 것들만 있는 건 아니다. 2011년 초판에서는 CNG 버스에서 가스가 폭발하면 어떻게 해야 하는가, 왜 그게 문제인가를 다뤘는데, 경기도지사와 서울시장이 바뀌면서 CNG 버스의 가스 안전기준을 대폭 강화했다. 기준이 강화된 이후에는 가스 폭발 사고가 없어졌다.

요즘은 거의 모든 지하철 역에 스크린 도어가 있어 지하철 선로 추락 사고는 많이 줄었다. 안타깝게도 스크린 도어 수리 중 불의의 사고를 당한 노동자가 있었지만, 그건 또 다른 노동 문제여서 여기서는 다루지 못했다. 초판에서 다루었던 지하철 화재 시 탈출 항목은, 불에 잘 타지 않는 차량들로 교체되었기 때문에 개정판에서는 다루지 않았다.

이 장에서 설명하고 있는, 아직도 남아 있는 위험 사안도 언젠가는 없어질 수 있다. 사실 이는 한국 사회가 안전에 얼마나 비용을 지출할 것이냐에 따라 달라진다. 그리고 이 결정은 우리의 하는 것이다. 누구를 대표로 보낼 것인가에 따라 달라지니까.

먹거리

1-01

찹쌀떡

★ 기억해야 할 사실들

1. 2009년 소방본부의 통계에 따르면, 찹쌀떡 같은 것을 먹다 기도가 막혀 119로 병원에 옮겨진 환자만 1,394명에 달했다. 당연한 이야기지만, 기도가 막히면 수분 내에 사망한다.
2. 대한민국만 이런 것이 아니다. 2015년 1월 새해 첫 사흘간 최소 128명이 일본식 찹쌀떡인 모치를 먹다가 호흡곤란으로 병원을 찾았고, 최소 9명이 목숨을 잃었다.

⌛ 사전 대비

1. 모든 응급처치는 훈련을 받은 사람이 하는 것이 원칙이다. 하지만 급박한 상황에서는 누구라도 늦지 않게 응급처치를 해야 한다. 이물질에 의한 기도 막힘(airway obstruction) 상황에서 가장 필요한 응급처치는 하임리히법이다. 인공호흡, CPR과 함께 배워 두면 두고두고 요긴하다. 근처의 소방서 민원실과 협의하면 사람이 일정 수 이상인 경우에 한해 119 구급대원들로부터 직접 배울 수 있다. 이 세 가지 응급조치가 필요한 경우가 상당히 많으니 배워 두는 것이 좋다.

1. 갑자기 목을 길게 빼면서 목을 감싸 쥐는 사람이 있다면, 뭔가 목에 걸렸는지 묻는다.
2. 응급처치를 직접 배운 사람이 없다면 먼저 119에 신고하고 스피커폰으로 해놓고 구급대원의 지시를 받아 하임리히법을 실시한다.
3. 119 구급대가 도착하면 환자의 상태를 확인하고 병원으로 후송한다.

➕ Good

1. 하임리히법을 배운 적이 있더라도 전문가가 아니라면, 스피커폰으로 119 구급대원의 지시에 따라 응급처치를 하는 게 안전하다. 그렇지 않으면 당황해서 실수할 수 있기 때문이다.

➖ Bad

1. 환자의 입에 손이나 젓가락 등으로 이물질을 빼려고 한다.
   그러면 이물질이 더 깊숙이 안으로 들어간다.
2. 환자의 상태를 확인하지 않고 응급처치를 계속한다.
   응급조처 대부분은 환자의 몸에 상당한 압박을 가하는 행위다. 상태를 확인하지 않고 계속 반복하면 꽤 심각한 장기 손상이 생길 수 있다.

떡볶이와 장난감

★ 기억해야 할 사실들

1. 영유아가 자신의 세계를 탐사하는 방법 중 하나는 무엇이든 일단 입 안에 넣는 것이다. 어떤 것은 별 탈 없이 장을 거쳐 배출되지만 심각한 문제를 일으키는 것도 있다. 한국소비자원에 따르면, 아이가 장난감 부품을 삼킨 사고가 2010년에는 316건 있었는데 2013년에는 6월까지만 362건으로 거의 두 배 가깝게 증가했다고 한다.

2. 일부 한국 음식은 아이가 먹다가 문제를 일으키기 쉬운데, 대표적인 음식이 떡볶이다.

3. 아이가 다음의 증상을 보이면 빠르게 조치를 취해야 한다.
   □ 갑자기 먼지가 많은 데 들어간 것처럼 심하게 기침을 한다.
   □ 얼굴이 파랗게 질린다.
   □ 호흡하고, 울고, 말할 때 평소와 달리 문제가 있다.
   □ 호흡할 때 소음이 들린다.
   □ 삼키는 데 문제가 있다.
   □ 침을 질질 흘린다.
   □ 의식이 없다.

🔒 사전 대비

1. 의약품, 깨진 유리, 바늘, 안전핀, 동전, 단추, 장난감의 작은 부품, 그 밖의 날카로운 물건 등은 모두 아이 손이 닿지 않는 곳에 보관한다.

2. 아이에게 음식을 줄 때 주의할 점
   - 아이가 놀고 있을 때는 어떠한 음식도 주지 않고 반드시 밥상 앞에 앉았을 때만 준다.
   - 부모와 함께 밥상 앞에 앉을 때에만 먹을 수 있다고 늘 주지시킨다.
   - 아이가 먹을 때 항상 곁에서 시선을 놓지 않는다.
   - 아이에게 밥을 강제로 먹이지 않는다. 제대로 씹지 않고 삼키려고 해서 기도가 막힌다.
   - 아이가 혼자서도 천천히 오래 씹어 먹도록 칭찬해, 급하게 먹지 않도록 버릇을 들인다.

3. 음식을 아이들의 기도를 막을 수 없는 크기로 썰어서 준다.
   - 소시지는 껍질을 완전히 벗기고, 포도나 방울토마토 등도 가능하면 껍질을 까서 손톱만 한 크기로 썰어서 준다.
   - 사과, 배, 감, 복숭아 등 씨가 있는 과일은 씨를 빼고 손톱만 한 크기로 썰어서 준다.

4. 씹기 어렵거나 단단한 과일이나 음식은 아주 얇게 슬라이스로 만들거나, 갈거나 으깨서 준다.

5. 콘칩, 팝콘, 견과류, 딱딱한 사탕 등 아이의 기도를 막을 수 있는 음식은 영유아 때는 먹이지 않는다.

6. 닭고기나 생선처럼 뼈나 가시가 있는 음식은 살만 발라 작은 크기로 잘라서 준다.

7. 잘 으깨지지 않는 쇠고기나 돼지고기는 다져서 준다.

▶ 실제 상황

1. 하임리히법에 능숙한 사람이 있다면 하임리히법을 실시하고, 그런 사람이 없
   다면 앞 장에서 정리한 것처럼 침착하게 119에 전화를 걸어 스피커폰으로 바
   꿔 놓은 상태에서 아이의 상태, 나이, 지금 위치 등을 신고한 다음, 구급대원의
   안내에 따라 응급처치를 한다

━ Bad

1. 아이 상태를 확인하지 않고 계속 응급처치를 반복한다.
   응급처치는 말 그대로 빨리 원상복구를 위해 가하는 행동이기 때문에 장기에
   상당한 부하가 걸린다. 아이의 상태를 확인하면서 응급처치를 하지 않으면 장
   기를 상하게 하기 쉽다.

복어

★ 기억해야 할 사실들

1. 복어에 든 독 테트로도톡신(tetrodotoxin)은 청산가리보다 독성이 더 강하다. 그래서 복어 조리사 자격증이 별도로 있는데, 종종 비전문가가 조리한 복어를 먹고 중독되는 일이 벌어진다. 2010년에만 43명이 복어 독에 중독되었으며 그중 4명이 사망했다.

2. 복어 독에는 해독제가 없다. 복어 독에 중독된 것 같으면 1시간 이내에 병원에서 위 세척을 해야 살아날 확률이 높아진다. 함께 먹은 사람 모두가 중독 증세를 보이면 빨리 119에 신고해야 한다. 만약 정확한 발음이 되지 않는다면 문자 메시지로 신고한다.

3. 복어 독 중독의 대표적인 증상은 입술과 혀끝 마비로, 손끝을 움직이지 못하고 두통과 복통이 있다고 호소한다.

4. 테트로도톡신은 푸른점문어도 갖고 있다.

5. 복어들은 보통 산란기인 겨울에서 봄에 난소와 간에 많고, 정소에는 없다.

⏳ 사전 대비

1. 복어 조리사 자격증을 가진 요리사가 있는 복어 전문점에서만 먹는다. 양식 복

어라고 해도 아무나 조리한 곳에서 먹으면 보험회사도 자살 시도로 간주해 사망 보험금 지급도 되지 않는다. 복어 조리사 자격증은 식당 안에서 확인할 수 있다.

▶ 실제 상황

1. 중독 증세가 나타나면 즉시 119에 연락한다.
2. 마비 증세를 호소하는 환자를 앉힌다. 눕히면 토하면서 기도가 막힐 수 있다. 앉아 있지 못하면 옆으로 눕혀 기도가 막히지 않도록 한다.
3. 일부러 토하게 만들지 않는다. 혀나 토하고 남은 찌꺼기가 기도를 막지 않도록 주의한다. 토하면 입 안을 깨끗하게 씻어 준다.
4. 환자를 병원으로 옮긴다.

✚ Good

1. 입술이나 혀끝에 이상한 느낌이 들면 즉시 119에 연락해 위 세척을 비롯한 전문적인 조치를 받는다.

━ Bad

1. 미나리를 많이 먹는다.
   미나리가 복어 요리에 많이 쓰이지만 이는 순전히 맛의 문제 때문이다. 미나리가 복어 독을 해독한다는 이야기는 전혀 과학적 근거가 없다.

옻

★ **기억해야 할 사실들**

1. 강원도 원주 지역에서 주로 재배되는 옻은 그 수액을 칠공예나 산업용 천연 도료로 활용한다. 그리고 옻을 닭과 함께 먹으면 그 독을 중화시켜서 신경통, 관절염, 위장병, 염증질환과 암 환자에게 좋다고 민간에 알려져 있다.

2. 2002년 전국 의대 피부과에서 공동으로 조사한 자료에 따르면, 옻닭을 먹은 사람들 중 32%에서 알레르기 반응이 있었다고 한다.

3. 옻 알레르기는 내성도 생기지 않는다. 옻이 올랐으면 빨리 응급처치하는 수밖에 없다.

4. 옻닭 자체가 조리가 쉬운 음식이 아니다. 옻이 강하지 않도록 처리한 옻나무를 쓰는 것이 원칙이다. 6개월 이상 건조시킨 옻나무를 쓰거나 옻나무를 발효시켜 10시간 이상 뚜껑을 열어 놓은 상태에서 조리해야 한다. 조리 과정에서 조금만 문제가 있어도 먹으면 바로 알레르기 반응이 일어날 수 있다.

⌛ **사전 대비**

1. 야외 활동을 해야 할 경우, 옻처럼 독성이 있는 식물들의 생김새와 특징을 미리 알아둔다.

2. 산행이나 야영에 나서야 하는 경우, 흔하게 접할 수 있는 독성 식물인 담쟁이 덩굴과 옻나무를 구분하는 법을 먼저 배운다. 특히 옻나무를 밤나무와 착각하는 사람이 많으니 주의한다.

3. 되도록 긴바지와 긴소매 상의, 등산용 장갑과 모자를 쓰고 나선다. 꼭 옻 때문만 아니라 반바지로 산행이나 야외 활동에 나서면 풀독 때문에 고생한다.

4. 어쩔 수 없이 먹어야 하는 상황에는 항히스타민 계열의 알약을 미리 준비한다. 요즘에는 식당에서 준비해 놓는 경우가 많다.

▶ 실제 상황

1. 옻이 피부에 닿은 경우
   - 옻에 닿은 부위를 흐르는 물과 비누로 씻어 낸다.
   - 알레르기 반응을 완화시키는 항히스타민 계열의 알약을 약국에서 구해 먹거나 항히스타민 계열의 연고를 노출 부위에 바른다.
   - 응급처치를 하느라 옻이 오른 부위를 직접 만졌다면 반드시 비누로 3분 이상 손을 씻는다.
   - 119에 연락해 가까운 병원을 찾아 추가 진료를 받는다. 항히스타민 계열의 알약이나 연고를 사용한 경우 119 구급대원과 의사에게 알린다.

2. 옻이 들어간 음식을 먹고 이상이 생긴 경우
   - 피부나 목구멍, 혹은 항문 등이 따갑고 샤~한 느낌이 들기 시작한다면 바로 119에 연락해 병원을 찾는다. 혹은 바로 항히스타민제를 찾아 먹은 후에 병원을 찾는다.

생선 가시

★ 기억해야 할 사실들

1. 생선에는 양질의 단백질이 많이 있다. 하지만 생선뼈가 칼슘을 공급한다는 믿음은 한 번도 과학적으로 밝혀진 적이 없다. 생선뼈 자체는 소화가 잘 되지 않아 몸 밖으로 그냥 배출될 가능성이 높다.

⧗ 사전 대비

1. 생선뼈는 가능한 한 먹지 않는 것이 좋다.
2. 천천히 꼭꼭 씹어 먹는 습관을 가진다. 한 끼 식사를 30분 이상 동안 한다면 생선 가시 등이 목에 걸릴 가능성은 사실 많이 줄어든다.

▶ 실제 상황

1. 밝은 곳에서 입을 벌리게 한 다음 생선 가시가 보이는지 확인한다.
2. 생선 가시가 보이면 조심스럽게 핀셋으로 뽑아낸다. 절대로 무리하게 입을 크게 벌리게 하지 않는다. 턱관절 탈골로 더 큰 문제가 생길 수 있다.
3. 생선 가시가 보이지 않으면 바로 병원으로 간다. 핀셋이 닿지 않거나 억지로

손을 밀어 넣어야 할 것 같으면 바로 병원에 가야 한다. 기도 상태에 따라 간단한 수술을 받거나 약 처방을 받아야 할 수도 있다.

— Bad

1. 밥 한 덩어리 더 먹기, 큰 김치 먹기 혹은 날달걀 먹기 등 민간요법을 시도한다. 민간요법의 문제는 가시가 안 뽑힌다는 데 그치지 않는다. 쌈을 싸서 밥 한 덩이를 더 삼키면 목에서 덩어리가 넘어가면서 가시를 눌러 더 깊숙이 박히거나 상처만 남긴다.

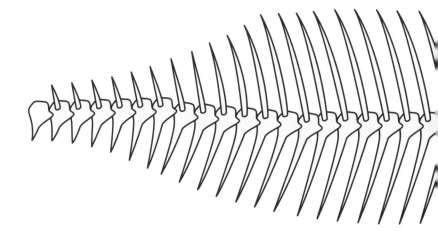

1-06

땅콩

★ 기억해야 할 사실들

1. 2016년 8월, 서울아산병원 홍수종 교수팀이 서울에 거주하는 초등학생 3
만 명을 대상으로 조사한 결과, 식품 알레르기 유병률이 1995년 4.6%에서
2012년 6.6%로 크게 증가한 것으로 나타났다. 17년 사이에 환자가 50%나
증가한 것이다. 식품 알레르기는 달걀이나 우유, 땅콩 같은 식품을 섭취했을
때 과도한 면역 반응이 일어나는 면역 질환으로, 두드러기나 습진, 구토 등의
증상이 나타난다. 또, 심한 경우 기도가 부으면서 호흡곤란이 오거나 사망에까
지 이르게 할 수 있는 아나필락시스 쇼크로 이어질 수도 있다.

2. 알레르기가 있다는 지표는 다음과 같다.

☐ 아이가 '샤'한 맛을 느낀다고 말한다. 바나나, 땅콩, 아몬드, 유제품 등을 먹
었는데 박하사탕을 먹은 것 같은 반응을 느낀다고 말하면 바로 소아과로 가서
알레르기 질환이 있는지 확인한다.

☐ 땅콩, 아몬드 같은 견과류를 먹은 아이의 호흡이 빨라진다. 견과류 알레르
기가 있는 아이들은 다른 단백질 식품은 물론 극소량의 단백질이 있는 바나나
같은 과일에도 알레르기 반응을 일으킬 수 있다.

☐ 무엇인가 먹은 아이의 얼굴이 빨갛게 부풀어 올랐다.

☒ 사전 대비

1. 알레르기를 일으키는 원인 물질, 응급대처법이 쓰여 있는 카드나 목걸이, 팔찌
를 착용해 주변 사람이 항상 주의하도록 한다.

2. 식당에서 음식을 주문할 때 아이에게 알레르기가 있음을 설명하고 알레르기
유발 물질이 소스나 요리 재료로 쓰였는지 확인해 달라고 한다.

3. 식재료를 구할 때 역시 라벨을 꼼꼼하게 확인한다. 현재 대한민국에서 법령으
로 정해서 꼭 표시하도록 되어 있는 식품은 달걀, 우유, 메밀, 땅콩, 대두, 밀, 고

등어, 게, 돼지고기, 복숭아, 토마토, 새우 등 12가지다.

4. 의사의 처방을 받아 에피펜(중증 알레르기 반응을 멈추게 하는 휴대용 응급 자동 주사)을 항상 가지고 다닌다.

5. 항히스타민제를 사서 구급약 상자에 넣어 둔다.

6. 주변 사람에게 아이가 알레르기가 있다고 알리고 에피펜 사용법을 가르친다.

▶ 실제 상황

1. 아이에게 알레르기가 있다는 것을 몰랐을 경우
   - 아이의 얼굴이 붓기 시작하면 바로 항히스타민제를 먹이고 에피펜을 주사하고 바로 소아과로 간다.
   - 병원에 가서 아이가 다른 물질에도 알레르기 반응을 보이는지 검진을 받고 의사의 처방에 따른다.

✚ Good

1. 아이에게 알레르기 반응이 나타나면 바로 병원에 가서 검진 받는다. 어떤 음식에 알레르기 반응을 일으키는지 확인부터 한다.

➖ Bad

1. 민간요법에 의지한다.

💧 에피펜 사용법

1. 오렌지색 부분을 아래로 향하도록 잡고 위쪽에 있는 파란색 안전탭을 다른 손

으로 뽑는다. 이때 구부리거나 돌리지 않도록 주의한다.

2. 오렌지색 부분이 허벅지에 가깝게 가도록 에피펜을 잡는다.

3. 허벅지에 수직 방향으로 딸깍 소리가 날 때까지 강하게 밀어 넣고 속으로 천천히 하나부터 열까지 센다.

4. 펜을 허벅지에서 빼고 주사 부위를 마사지한다.

5. 에피펜은 응급처치일 뿐이다. 환자를 진정시키고 바로 가까운 병원으로 옮겨 전문 의료진의 도움을 받는다.

❓ 방사능 식품 안전

2011년 3월 동일본 대지진 당시 후쿠시마 핵발전소에 심각한 문제가 발생하면서 방사능 오염에 대한 대중의 공포는 극도로 커졌다. 하지만 정부 당국은 이 모든 것을 괴담 취급했고, 그러다 사고 현장을 취재했던 KBS 취재진이 피폭된 증거가 나오면서부터 괴담과 가치 있는 뉴스의 구분이 불가능해졌다.

Q¹ 일부 매체에서 국내에 방사능 측정기가 없다는 보도를 했다.

A¹ 당시 후쿠시마에서 유출된 방사능 물질은 핵폭탄이나 핵발전소의 원료인 우라늄이나 플루토늄이 아닌데도 이 핵물질을 측정하는 가이거 계수기의 민수용이 없다고 보도했던 것이다. 당시 대형 마트는 대부분 물류 센터부터 매장까지, 후쿠시마에서 문제가 되었던 요오드와 세슘 등을 계속 측정하고 있었다.

Q² 식품에 대한 방사능 기준이 너무 엉성한 게 아닌가 하는 우려가 있었다.

A² 대한민국의 식품 기준은 대체로 엄격한 편이다. 예를 들어, 미국은 1kg 혹은 1ℓ당 세슘 1,200Bq(베크렐) 혹은 요오드 170Bq가 기준이며 EU는 600Bq와 500~2,000Bq, 그리고 일본도 500Bq와 2,000Bq가 안전기준이다. 대한민국의 경우에는 이보다 훨씬 낮은 370Bq와 300Bq다. 실제로 방사능 공포에 시달리던 일본 소비자들은 우리나라 식재료들을 많이 수입했다.

Q³ 땅에 방사능 물질이 축적되는 것은 아닌가 하는 우려가 있었다.

A³ 핵폭발 이후의 낙진도 48시간이 지나면 빠르게 감소한다. 무엇보다 실제 후쿠시마 사고로 퍼졌던 세슘과 요오드 등은 비로도 씻겨 나갈 수 있는 수준이었다. 식품 안전이 아주 많이 우려된다면 집의 베란다 등을 이용해 채소를 자가 재

배하는 것도 훌륭한 선택이다. 무엇보다 도시에서 자가 재배를 하면 도시의 열섬 현상을 줄이는 효과도 있다. 벌레가 꼬이기는 하지만 집 안은 확실히 선선해진다.

Q⁴ 국내 농수산물에서도 방사능 물질이 검출되고 있다는데도?

A⁴ 하우스 재배가 아니면 바람을 타고 날아오는 미량의 방사능 물질에 노출될 수 있으며 자연적으로 미량의 방사능은 항상 있었다. 지역이나 자연현상 등에 의해 50~300nSv/h 정도는 항상 검출된다. 이 정도의 방사능 물질은 세제를 섞은 물로 꼼꼼하게 씻어 내면 된다. 무엇보다 원래 세제를 희석한 물로 씻어 내지 않으면 먼지 때문에 먹기에 좀 찜찜하다.

Q⁵ 수산물의 안전성은 어땠는가?

A⁵ 한일어업협정에 의해 한국 어선이 움직일 수 있는 해안은 일본의 서해안이다. 그 이상은 원양어선만 접근 가능하며 배의 규모가 아주 많이 달라진다. 일본 자체가 일종의 방파제 역할을 하고 있기 때문에 후쿠시마에서 발생했던 방사능 오염이 우리 연근해로 들어올 수는 없었다. 단, 《과학동아》는 2017년 10월 24일 〈후쿠시마 수산물 수입 어떻게 해야 하나〉라는 기사에서, 고등어처럼 해수면 근처에서 사는 어종은 안전하지만 해저 가까이 사는 가자미나 아귀는 안전기준을 10배 이상 초과하는 개체들이 잡히고 있다고 지적했다. 이 어종은 연근해산이 아니라면 피하는 것이 좋다. 양식하는 가리비, 멍게 등도 마찬가지다.

Q⁶ 전국의 방사능 누출 상태를 알 수 있는 방법은 있는가?

A⁶ http://iernet.kins.re.kr는 국가환경방사선자동감시망 사이트다. 전국에 골고루 있는 감지기에서 감지하는 방사능 수준을 실시간으로 보여 준다. 어떤 문제는 통제 안에 있지만 어떤 문제는 통제 밖에 있다. 음모론을 만드는 이들은 종합적 판단보다는 자신이 아는 몇 가지 근거로 어떤 상황의 위험을 과장한다.

일상생활

전기장판

★ 기억해야 할 사실들

1. 우리 몸의 피부 조직이 견딜 수 있는 최고 온도는 섭씨 44도다. 40도 이상의 열에 지속적으로 노출되면 단백질 괴사로 피부 조직이 죽는다. 이걸 저온화상 이라 하는데, 주로 겨울철에 전기장판이나 온열기 등을 쓰다 생긴다.

2. 특히 발열 조절이 잘 안 되는 저가의 전기장판을 쓰거나 노트북을 무릎 위에 올려놓은 상태에서 장시간 게임이나 작업을 하거나, 스마트폰 등을 오래 이용 하다 저온화상을 입는 경우가 늘고 있다.

3. 중년층 이상의 어른들은 이른바 '지지는 것'을 좋아해 난방 기기를 고온으로 세 팅하는 경우가 많은데, 특히 당뇨나 혈압에 문제가 있는 사람은 감각이 무뎌 온도 변화를 잘 느끼지 못해 저온화상을 입기 쉽다.

⚡ 사전 대비

1. 전기장판이나 옥돌매트 등을 장시간 사용하고 있다면, 피부가 울긋불긋해졌거 나 붉은 반점이 생겼는지 매일 확인한다.

2. 무릎 위에 노트북을 올려놓고 게임을 하거나 영화를 보지 않는다. 몇몇 저가 노트북은 냉각 시스템이 제대로 작동하지 않아 최대 섭씨 60도까지 가열되기

도 한다. 이 경우라면 맨살에 8초 이상 닿으면 피부 변형이 일어나기 시작한다.

3. 웃풍이 센 집에서는 아무리 난방 온도를 높여도 추운데, 대체로 이런 집은 외부 단열이 깨졌다. 이 경우 단열 벽지 등 내부 단열을 강화하는 용품을 써도 한계가 있다. 하지만 난방 온도만 높이는 것보다는 효과가 있다.

▶ 실제 상황

1. 피부가 울긋불긋해졌거나 붉은 반점이 생겼다면 바로 병원에 가야 한다. 화상의 결과는 피부의 괴사인데, 빨리 치료를 받으면 피해를 최소화할 수 있다.

2. 보통 조기에 발견해서 바로 치료를 받으면 몇 주 안에 완치된다. 하지만 치료 시기를 놓치면 꽤 큰 상처로 남는다.

＋ Good

1. 전기로 열을 내는 난방 기기는 일정한 거리를 두고 사용한다.
2. 반드시 회전 모드로 사용한다.

－ Bad

1. 춥다고 전기장판 온도를 최고로 올린다.
   웃풍이 센 집이라면 이 상태에서 잠들어 화상을 입을 수 있다.
2. 술에 취한 상태에서 전기장판을 켜고 잔다.
   상당히 심각한 수준의 화상을 입고도 통증을 못 느낄 수 있다.
3. 피부가 붉게 변해도 신경 쓰지 않는다.
   피부는 물론 근육까지 세포가 손상될 수 있다.

유리컵

★   기억해야 할 사실들

1. 깨질 수 있는 주방 용품은 제각각 특성이 다르다. 예를 들어, 코렐 제품의 경우에는 대부분 압축 유리로 잘 깨지지 않는 대신 한 번 깨지면 작은 파편이 아주 멀리까지 날아간다. 반면, 도자기는 몇 조각 나지 않고 파편도 멀리 날아가지 않는다.

2. 유리 제품이 깨지면 바로 진공청소기를 사용하는 경우가 많다. 하지만 날카로운 유리 조각이 진공청소기 안에서 고속으로 움직이면 기계 고장을 일으키기 쉽다. 무엇보다 진공청소기는 유리 조각을 모두 빨아들이지도 못한다. 진공청소기만 쓰면 눈에 보이지 않는 미세한 유리 조각이 바닥에 남아 있을 가능성이 크다.

3. 작은 유리 조각을 아이들이 잡다가 손을 다치면 피부만 다치는 데서 끝나지 않고 피부 안의 근육에 박힐 수도 있다.

4. 형광등이 깨졌을 때는 형광등 안의 유해물질까지 조심한다.

⌛   사전 대비

1. 아이들이 있는 집이라면 도자기를 쓰는 것이 좋다. 깨져도 몇 조각 나지 않아

안전하며 플라스틱처럼 환경 호르몬을 걱정할 필요도 없다. 무엇보다 온도 변화에 강하다.

2. 탈지면은 다양한 용도로 쓸 수 있다. 항상 넉넉하게 준비해 놓으면 좋다.

▶ **실제 상황**

1. 일반 유리나 도자기가 깨진 경우
   - 슬리퍼나 실내화를 신고 움직인다.
   - 작은 비닐봉지에 신문지, 광고용 전단지 등을 깐다.
   - 바닥에 흩어진 유리 조각을 빗자루로 쓸어 낸 뒤 신문지를 깐 비닐봉지에 버린다.
   - 깨진 곳으로부터 가장 멀리 파편이 있던 곳을 기준으로 2배 범위를 탈지면을 이용해 닦아 낸다.
   - 신문지를 깐 비닐봉지를 다시 신문지로 싸서 매립용 쓰레기봉투에 버린다.

2. 압축 유리가 깨진 경우
   - 압축 유리는 한 번 깨지면 파편이 멀리 날아가고 파편 자체도 아주 작고 고운 편이다.
   - 슬리퍼 혹은 실내화를 신고 움직인다.
   - 거실에서 깨졌으면 거실 전체, 부엌에서 깨졌으면 부엌 전체를, 찬장에서 깨졌으면 찬장 전체를 청소해야 한다.
   - 먼저 작업 지역 전체를 빗자루로 천천히 쓸어 낸 뒤, 탈지면으로 닦아 낸다.
   - 이후의 처리는 일반 유리 처리하는 방법과 동일하다.

3. 전구나 형광등이 깨진 경우
   - 청소 방법은 압축 유리와 동일하다.
   - 폐기할 때 형광등, 혹은 전구라고 표기한다.

✚ Good

1. 전자레인지용 그릇은 별도로 정해 놓고 쓴다. 전자레인지는 분자 단위에 진동을 줘서 가열하기 때문에 전용 그릇이라도 수명이 그렇게 긴 편이 아니다. 전용 그릇을 정하고 소모성 제품으로 취급하는 것이 안전하다.

━ Bad

1. 형광등을 일반 쓰레기처럼 버린다.

   형광등에는 수은이 들어 있어서 별도 표시 없이 소각장으로 보내면 대기오염을 일으킬 수 있다. 형광등, 전구 전용 수거함에 넣는다.

1-09

예초기

★ 기억해야 할 사실들

1. 고용노동부가 2015년 11월 20일 발표한 산업재해 현황 분석을 보면, 2014년 한 해 동안 산업 현장에서 발생한 절단 사고는 7,802건으로 전체 산업재해의 8.58%에 달했다. 제조업 현장에서 자주 발생하는 사고인 만큼 한국 의료진의 수술 경험도 많아 재접합 수술 능력은 세계 최고 수준이라 해도 과언이 아니다.

2. 팔과 다리 등의 근육이 있는 부분은 6시간 내에, 손가락과 발가락 등 근육이 없는 부분은 24시간 이내면 재접합 수술을 받을 수 있다. 산업 현장에서 절단 사고가 발생했을 때 가장 큰 문제는, 초기 응급처치를 잘못해 충분히 다시 붙일 수 있었던 부위를 재생 불가능하게 만드는 것이다. 예초기를 쓰다 종종 발생하는 절단 사고도 마찬가지다.

3. 재접합 수술의 핵심은 '혈관을 온전하게 연결할 수 있는가'다. 재접합 수술은 직소 퍼즐 맞추는 것과 비슷한 과정으로, 기존의 조직을 모두 찾아 연결해야 한다. 그리고 절단 부위를 너무 세게 압박하면 피부가 괴사되어 수술하기 어렵다. 지혈제나 지혈대는 주변의 조직, 신경, 혈관을 파괴해 재접합 수술을 어렵게 만든다. 절단된 조직은 '모두 수거해 액체가 닿지 않은 상태에서 차갑게 보관'해야 수술이 쉽다.

⏳ 사전 대비

1. 예초기의 상태를 모두 확인하고 사용하기 시작한다. 나일론 날로 되어 있는 예초기의 날을 교체하다가도 심각한 부상을 입을 수 있다. 안전 장비를 모두 착용한 사람이 사용하고 안전 장비가 없는 사람은 작업 현장 15m 안쪽으로는 들어가지 않는다.

2. 예초기 사용 시 안면 보호구, 귀마개, 방진 마스크, 안전화, 발목과 무릎 보호대 등 필요한 모든 안전 장비를 준비한다.

3. 예초기를 들고 이동할 때는 반드시 엔진을 끄고 반경 15m 이내에 사람이 접근하지 않도록 한다.

4. 가능한 한 나일론 날이나 원형 날이 있는 제품을 쓴다. 예초기는 날이 2개 있는 형태가 가장 많은 사고를 낸다.

5. 경사가 심한 비탈면이나 나무와 돌이 많은 지역은 낫으로 작업한다.

▶ 실제 상황

1. 사람의 신체 부위가 절단된 것을 보고 냉정하게 대처하기는 쉽지 않다. 일단 119에 전화해 스피커폰으로 해놓고, 일러주는 대로 따라 조치한다.

2. 상처 부위를 깨끗한 물로 씻고 흙이나 이물질을 제거한다.

3. 잘린 손이나 발의 부위는 깨끗한 거즈로 직접 압박해 지혈하고 심장보다 높게 올려 준다. 그래도 지혈이 안 되면 절단 부위에서 5cm 정도 떨어진 곳을 끈으로 묶어 압박한다. 압박한 부분에 손가락 두 개 정도 들어갈 수 있어야 한다. 너무 세게 묶으면 조직이 괴사될 수도 있으니 주의한다.

4. 침착하게 절단된 부위들을 찾는다. 미세한 조각이라도 모두 가져가야 제대로 재접합 수술을 할 수 있다.

5. 절단된 부위들은 절대로 물이나 알코올에 담그거나 얼음에 직접 닿으면 안 된

다. 깨끗한 천이나 거즈로 싼 다음 깨끗하고 젖지 않은 큰 타월 안에 두르고 비닐봉지에 밀봉한 뒤, 이 비닐봉지를 얼음과 물이 1:1 비율로 섞인 용기에 담아 약 4도 정도의 냉장 온도를 유지한다.

6. 이 모든 장비가 없는 상태에서 절단되었다면, 절단 부위 보존은 119와 상의해 결정한다.

▶▶ **이후 할 일들**

1. 보통 119 구급대는 응급처치가 가능한 병원으로 옮긴 다음, 응급처치를 한 뒤에 접합 수술이 가능한 전문 병원으로 이송시킨다. 보호자가 따라 가서 행정적인 문제들을 모두 해결해 줘야 한다.

식용유, 햇볕, 화학약품

★ 기억해야 할 사실들

1. 뜨거운 햇볕 아래 오래 서 있거나 고온의 찜질방 불가마에서 지나치게 오래 버티거나, 자외선 차단 코팅도 안 된 저가 선글라스를 사용하다 각막 화상을 입는 경우가 늘어나고 있다. 또한, 배수관 청소용 화학제, 뜨거운 기름 등이 눈에 튀는 경우도 종종 발생한다.

⚠ 사전 대비

1. 야외 활동을 할 때에는 반드시 자외선 지수를 확인한다. 자외선 지수가 보통 이상이면 선글라스와 모자를 쓰고 외출한다. 산행하면서 얼굴을 반투명 캡으로 가리는 사람이 많은데, 자외선 차단 필름이 없는 제품도 많으니 주의해야 한다. 무엇보다 투명도가 적절하지 않아 동공에 무리를 준다. 자외선 지수가 높은 날이라면 가급적 오전 11시부터 오후 3시 사이에는 야외 활동을 자제하는 것이 좋다.

2. 선글라스는 전문 안경사와 상의한 뒤 맞춘다. 렌즈에 따라 차단하는 자외선의 양이 다르고, 해변에서 노출되는 자외선의 양과 도시 일상생활에서 노출되는 자외선의 양도 다르다. 저가 선글라스의 경우에는 자외선 차단 코팅도 안 된

경우가 많으니 가급적 사용하지 않는다.

3. 막힌 배수관을 뚫기 위해 강알칼리성 용액을 사용하거나 염소계 표백제, 산소계 표백제를 사용할 경우 반드시 환기를 한 상태에서 보안경을 쓰고 작업한다. 문이 닫힌 상태에서 강알칼리성 용액, 혹은 염소계 표백제, 산소계 표백제를 쓰면 폐에도 좋지 않다. 무엇보다 화학제는 혼합해서 쓰지 않는다.

4. 시야가 흐려지고 눈이 아프거나 눈이 붓고 눈물이 나거나 충혈이 심해지면 즉시 눈을 쉬도록 해야 한다. 시원하고 햇볕이 강하지 않은 곳으로 이동한다.

5. 뜨거운 찜질방 불가마 안에 오래 있지 않는다. 특히 자는 것은 치명적이다.

▶ 실제 상황

1. 화학약품 혹은 뜨거운 물이나 기름이 눈에 튀었을 때
   - 생리식염수 혹은 흐르는 수돗물로 눈을 15분 이상 씻어 낸다.
   - 차가운 물수건으로 눈을 감싸고 안과로 간다. 당연히 119 구급대의 도움을 받는다.

2. 뜨거운 햇볕에 눈이 오래 노출되었을 때
   - 차가운 물수건으로 눈을 덮거나 얼음 찜질을 한다.
   - 119 구급대의 도움을 받아 차가운 물수건으로 눈을 감싸고 안과를 찾는다.

▶▶ 이후 할 일들

1. 눈을 차가운 물수건으로 찜질해 눈의 통증이 진정되어도 일단 병원을 찾아야 한다. 통증이 없어졌다고 하더라도 각막이 약해져 있으므로 세균 감염의 위험이 있다.

1. 화학약품이 눈에 튀었다고 이를 중화시키는 약품을 사용한다.

   알칼리성 용액에 눈이 노출되었다고 산성 용액을 뿌리는 경우인데, 기본적으로 이런 '중화'는 열 반응을 일으킨다. 그리고 어느 쪽이든 단백질을 녹이기 때문에 눈 손상이 더 심해진다. 어떤 화학약품이 얼굴에 튀었더라도 일단 흐르는 물로 씻어 내야 한다.

과호흡

★ 기억해야 할 사실들

1. 어떤 이유 때문에 호흡이 빨라져 이산화탄소가 많이 배출되면(체내 이산화탄소 농도가 떨어지면) 호흡곤란, 어지럼증, 그리고 마비에 이어 실신하게 되는데, 이를 과호흡 증후군이라 한다.

2. 불안과 스트레스가 주 원인인 증상으로, 계속 이런 증상이 있다면 정신과 상담과 치료가 가장 정확하고 빠른 치료법이다.

3. 폐 자체의 질환이거나 일부 약물에 의해 일어날 수도 있다. 뇌병변의 경우 뇌압이 상승하면서 비슷한 증상을 보일 수도 있다. 이를 정신적인 문제라거나 나약해서 이런 문제를 일으킨다며 전문가와의 상담을 소홀히해서는 절대로 안 된다.

4. 증상은 다음과 같다.

☐ 갑자기 숨을 빠르게 쉬기 시작하면서 어지러움을 호소하고 앞이 잘 안 보인다고 한다.

☐ 식은 땀을 흘리면서 팔과 다리가 저리다고 호소한다.

☐ 경기를 일으키는 것처럼 몸이 뒤틀린다.

▶ 실제 상황

1. 환자를 편안하게 눕힌다. 환자를 진정시키면서 천천히 호흡할 수 있도록 유도한다.
2. 꽉 조이는 옷을 풀어서 환자의 호흡과 혈액 순환이 쉽게 될 수 있도록 만들어준다.
3. 종이봉투나 비닐봉지를 입에 대고 천천히 숨을 쉬도록 유도한다.
   - 과호흡은 체내의 이산화탄소 농도가 과하게 떨어져서 발생하는 문제인 만큼, 봉투를 이용해 자신이 내쉰 숨을 다시 호흡하도록 도와준다.
   - 숨을 천천히 쉬고 그 공기를 다시 들이마시면서 호흡을 진정시킨다.
   - 비닐봉지는 얼굴에 너무 가깝게 대면 질식할 수도 있으므로 가능하면 종이봉투를 주고, 종이봉투가 없어서 비닐봉지를 줬다면 질식하지 않도록 주의한다.
4. 과호흡의 원인과 상황을 설명해 지금 겪고 있는 상황이 본인의 정신적 나약함 등 때문이 아님을 주지시킨다.
5. 스트레스를 느끼지 않도록 진정시킨다.

▶▶ 이후 할 일들

1. 환자를 안정시킨 다음 병원을 찾는다.
2. 재발하는 경우가 많으니, 재발할 것 같다고 느낄 때에는 스스로 호흡 조절을 하고 심리적 안정을 찾을 수 있도록 주변에서 도와야 한다.

━ Bad

1. 놀라서 환자에게 아무런 응급처치도 하지 않고 119부터 부른다.

과호흡 증후군은 체내의 이산화탄소 농도가 떨어져서 발생한 문제다. 환자를 안심시키고 편안하게 해 주며, 봉투를 이용해 본인이 내쉰 숨을 다시 들이마시도록 해 주는 것만으로도 체내 이산화탄소 농도를 높일 수 있다. 119만 부르고 환자를 방치하면 증상은 더 심해진다.

개

★ 기억해야 할 사실들

1. 한국소비자원에 접수된 '반려견 물림 사고'는 2011년 245건에서 2012년
560건, 2013년 616건, 2014년 676건으로 해마다 증가했다. 2015년에는
1,488건으로 급증했고, 2016년에도 1,019건이나 됐다.

2. 개에게 가장 많이 물리는 연령대는 10세 미만으로 전체 개에게 물린 사고의
19% 정도를 차지하며, 물리는 부위도 다른 연령대와 달리 '얼굴'이다.

3. 미국반려동물상품협의회(American Pet Products Association)의 2017년 4월 자
료에 따르면, 약 9,000만 마리의 반려견이 있으며 개에 물리는 사고가 매년
450만 건 정도 있다고 한다. 미국에서도 개에 물리는 사람의 대부분은 5세
에서 9세 사이의 아동이며 이들이 물리는 곳 역시 얼굴과 머리로 전체 사건의
77% 정도라고 한다.(Insurance Information Institute, Dog Bite Liability) 동물행
동교정으로 유명한 강형욱 조련사는 아이를 반려견과 함께 두는 것은 자신의
기준에서 범죄 행위라고 성토한 적도 있다.

4. 민법 제759조 1항은 "동물의 점유자는 그 동물이 타인에게 가한 손해를 배상
할 책임이 있다. 그러나 동물의 종류와 성질에 따라 그 보관에 상당한 주의를
해태(懈怠)하지 아니한 때에는 그러하지 아니하다."라고 되어 있다. 즉, 개 주인
이 목줄로 개를 묶어서 다니고 있었고, 사람이 주인의 허락 없이 만지려고 하

다 개에 물렸을 때는 개 주인에게 배상 책임이 없다.

🐾 사전 대비

1. 아이들에게 개를 만져도 되는 경우와 만지면 안 되는 경우, 그리고 개는 어떻게 만져야 하는지 가르쳐야 한다.
2. 개를 만져도 되는 경우
   - 주인이 허락했다.
   - 개가 꼬리를 흔들며 웃는 표정이다.
3. 개를 만지면 안 되는 경우
   - 주인이 허락하지 않았다.
   - 개가 밥을 먹고 있다.
   - 개가 새끼와 함께 있다.
   - 개가 으르렁거리거나 꼬리를 말고 있다.
4. 다른 사람의 개를 만지는 순서
   - 주인에게 허락을 받는다.
   - 천천히 다가간다. 빨리 움직이면 개가 위협을 느낄 수 있다.
   - 손등을 내밀어 냄새를 맡게 한다.
   - 목덜미와 턱밑을 중심으로 만진다. 주인만 머리를 쓰다듬어 줄 수 있는 개도 꽤 많다.
5. 개의 목줄이 풀려 있는 상태에서 공격받으면 주인에게 치료비 전액은 물론 배상도 요구할 수 있다. 하지만 이 경우, 정황에 따라 소송까지 가야 한다.

▶ 실제 상황

1. 개 주인에게 광견병 등 예방접종 여부를 우선적으로 확인한다.

2. 병원으로 바로 갈 수 없다면 흐르는 물로 상처를 씻어야 한다. 상처를 문지르면 안 된다.

3. 깨끗한 거즈나 천으로 물린 부위를 가볍게 지혈한다. 꽁꽁 묶으면 상처 부위가 썩을 수도 있다.

4. 상처를 지혈하면서 병원으로 간다.

5. 개에게 물린 상처가 크지 않아도 일단 병원에 가서 의사의 진찰을 받는다. 모든 동물의 입안은 사람의 손만큼 더럽다. 아무리 주인이 부지런하다 해도 개의 입안 청결까지 책임질 수는 없다. 개가 물린 자국을 통해 감염이 있을 수 있으니 광견병 유무와는 상관없이 일단 의사의 진찰을 받아야 한다.

━ Bad

1. 개에게 물린 상처가 크지 않다고 응급처치만 하고 병원에 가지 않는다.
   감염으로 고열에 시달리거나 다른 합병증으로 고생할 가능성이 높다.

빙판길

★ **기억해야 할 사실들**

1. 겨울철에는 언 곳이 많아 넘어지기 쉽고, 이가 깨지는 경우도 꽤 많다. 이가 깨졌을 때 경우에 따라서는 접합복원 수술을 할 수도 있다. 깨진 치아를 차가운 흰 우유나 식염수 안에 넣어 한 시간 안에 치과를 찾아야 한다.

2. 무엇보다 겨울철에는 근육이 굳어 있고 호주머니에 손을 넣고 빨리 이동하다가 넘어지는 경우가 많아, 단순 타박상이나 골절로 끝나지 않고 뇌출혈 등으로 목숨을 잃을 수도 있다.

⧖ **사전 대비**

1. 눈이 오고 얼음이 얼었다면, 출근해서 갈아 신는 한이 있더라도 일단 집 밖에 나설 때는 눈길에서 쉽게 미끄러지지 않는 등산화를 신는 게 좋다.

2. 무엇보다 꼭 챙겨야 하는 것은 장갑이다. 손이 호주머니 밖으로 나와 있으면 몸의 중심을 잡기도 쉽고, 넘어지다가도 중간에 뭘 잡을 수 있어 덜 다친다.

3. 계단은 반드시 난간을 잡고 다니고 경사가 급한 내리막길이라면 벽에 붙어 평소 보폭의 절반 정도로 걷는다.

4. 경사가 심한 지역에서 살고 있으면 동사무소나 구청에서 염화칼슘을 받아 놓

고 눈이 오면 뿌린다. 물에 염화칼슘이 충분히 섞이면 영하 50도에서도 얼지 않고 얼음을 녹일 수 있기 때문이다. 단, 0도에서 영하 10도 사이에는 소금이 더 낫다. 제설제를 받아 놓고 기온을 보면서 뿌린다. 염화칼슘 자체가 몸에 닿으면 살이 트니, 앞뒤로 코팅된 장갑을 써서 몸에 직접 닿지 않도록 한다.

5. 겨울에 한 번 언 곳은 계속 언다. 자주 다니는 곳의 얼음은 치우고 그늘이 있는 데서는 빠르게 움직이지 않는다.

▶ **실제 상황**

1. 자신이 넘어졌을 때
   - 서둘러 일어나서는 안 된다. 몸에 문제가 없는지 확인하면서 천천히 일어난다. 창피하다고 빨리 일어서려고 하면 다시 넘어지기도 쉽고, 넘어진 피해를 확인하지 못해 큰 사고로 이어질 수도 있다.
   - 의식을 잠시라도 잃었거나 사지를 움직이는 데 문제가 있으면, 누워 있는 상태에서 119를 불러 병원으로 간다. 의식을 잠시라도 잃었다면 뇌진탕으로 뇌출혈이 있을 수 있으며 사지를 움직이는 데 문제가 있다면 최소한 해당 부분의 골절이 있을 수 있다.
   - 앞으로 넘어졌다면 손으로 치아 상태를 확인한다.
2. 다른 사람이 넘어졌을 때
   - 일으켜 세우기 전에, 의식이 있고 몸에 문제가 없는지부터 확인한다. 혹시 골절을 당했으면 일으켜 세우다 더 크게 다칠 수도 있다.
   - 의식이 없다면 일으켜 세우지 말고 119를 부른다. 목이나 척추를 다쳤다면 절대로 일으켜 세우면 안 된다. 본인이 입고 있던 옷 가운데 벗어 줄 수 있는 것으로 덮어 줘 안정시키고 119로 이송되는 것까지 확인한다.

기생충

★　기억해야 할 사실들

1. 대한민국은 '감염병의 예방 및 관리에 관한 법률'과 법정 감염병 분류 중 '5군 감염병'에 따라 1971년부터 5년마다 장내 기생충 감염 실태조사를 하고 있다. 1971년 1차 조사 때는 조사 대상의 84.3%가 기생충에 감염된 상태였는데, 8차 조사가 시행된 2012년에는 조사 대상의 2.6%가 기생충에 감염된 것으로 조사되었다. 1970년대에는 대부분 회충이었던 것과 달리, 최근 조사에서는 일반 구충제로 쉽게 제거할 수 없는 간흡충(흔히 간디스토마라고 부른다.)에 감염된 사례가 대부분이다.

2. 간디스토마는 민물 생선을 날것으로 먹는 식습관 때문에 감염된다. 건강에 좋다고 야생동물의 고기를 회로 먹거나 피를 먹다가 기생충에 감염되는 사례가 그 뒤를 잇는다.

3. 반려동물을 키우는 가정이 늘면서 반려동물에게서 기생충이 감염되는 사례도 증가하고 있다.

4. 약국에서 쉽게 구할 수 있는 종합 구충제로 처리할 수 있는 기생충보다 훨씬 더 치명적인 기생충에게 감염되고 있는데도, 기생충 감염을 옛날 이야기로 치부해 제대로 치료받지 못하고 있는 현실이다.

5. 다음의 체크리스트에 해당 사항이 있다면 즉시 의사와 상담해 바로 치료받아야 한다. 예를 들어, 계곡물을 마셨다가 뱀에 서식하는 기생충인 스파르가눔 기생충에 감염되는 경우가 종종 보고되는데, 이 기생충은 뇌경색과 정신분열까지 일으킬 수 있지만 일반적인 기생충 검사로는 감염 여부를 확인할 수도 없다. 감염 가능성을 염두에 두고 영상진단법으로 찾아야만 감염 여부를 확인할 수 있다.

✔ 체크리스트

1. 증상

☐ 머리카락이 갑자기 많이 빠진다.

☐ 피부가 건조하고 가렵다.

☐ 잦은 기침이 생기고 어지럼증이 심해졌다.

☐ 설사가 잦고 아랫배가 아프다. 잇몸에서 피가 난다.

☐ 몸에 부스럼이나 발진이 나고 열이 있다.

☐ 배가 갑자기 부풀어 올랐다.

2. 최근에 다음 행동을 한 적이 있는가?

☐ 뱀술을 마신 적이 있다.

☐ 동물의 생피나 담즙을 먹은 적이 있다.

☐ 육회나 생간, 소뇌, 생선회를 즐겨 먹는다.

☐ 훈제하지 않은 햄을 가열, 조리하지 않고 생으로 즐겨 먹는다.

☐ 산행 중 계곡물을 그대로 마신 적이 있다.

☐ 약수를 끓이지 않고 그대로 마시고 있다.

☐ 열대지방 국가에 여행이나 출장을 다녀온 적이 있다.

☐ 반려동물과 신체 접촉으로 애정 표현을 하는 버릇이 있다.

✚ Good

1. 저개발 국가에 다녀올 때는 입국하면서 구충제를 먹는다. 대부분 이제 수도 사업을 시작하는 국가다. 현지에서 물을 마시다가, 혹은 양치질을 하다가 회충 등에 감염되는 사례는 흔하다.

2. 익은 고기만 먹고 물은 10분 이상 끓여 마시며, 건강식품을 너무 믿지 않는다. 1971년에 84.3%였던 기생충 감염률을 2%까지 줄인 힘이 바로 이것이다.

1. 날음식과 생피를 즐겨 먹지만 종합 구충제를 계속 먹고 있으니 괜찮으리라 믿는다.

   기생충 감염률은 2%대지만 그 2%의 80% 이상은 종합 구충제로 구충할 수 없는 간디스토마다. 여전히 우리 주변에는 감염되면 생명이 위험한 기생충이 100여 종이 넘으며 약국에서 살 수 있는 종합 구충제는 장에 기생하거나 비교적 큰 기생충에 효과적이다. 간이나 폐, 근육, 뇌, 눈을 공격하는 기생충에 대한 구충 효과는 낮다.

2. 알콜에 담가 두면 기생충이 죽는다는 속설을 믿는다.

   스파르가눔 감염 사례의 대부분은 뱀술을 마셨기 때문이다. 기생충 알은 섭씨 100도에서 5분 이상 견디는 경우도 많다.

콘센트

★ **기억해야 할 사실들**

1. 전기안전공사가 매년 발행하는 전기재해 통계분석에 따르면, 2015년 감전 사고의 7.9%가 5세 이하의 유아였고, 15세 이하 어린이, 청소년 피해도 10.4%에 이른다. 2011년부터 2015까지 5년 사이에 일어난 감전 사고 2,883건 중 15세 미만의 어린이, 청소년 피해자는 총 354명으로 전체 감전 사고의 12.3%나 차지했다.

2. 아이들 감전 사고의 대부분은 콘센트에 젓가락 등을 넣었다가 일어난다. 젓가락 2개를 동시에 넣으면 즉사할 수도 있다.

⌛ **사전 대비**

1. 덮개가 있는 콘센트를 사용한다.

2. 사용 유무와 상관없이 콘센트 덮개는 항상 덮어 둔다.

3. 집 안에 있는 가전제품의 연결 부위나 전선이 노출되어 있는지 확인하고, 아이의 손이 닿지 않도록, 반려동물 등이 물어뜯지 못하도록 몰딩한다.

4. 정기적으로 테스트 버튼을 눌러 누전 차단기를 확인한다.

5. 보급용 자동제세동기(Automatic External Defibrillator, AED)를 집에 비치하면

빠르고 효과적으로 응급처치를 할 수 있다. 보급형은 70만 원대에 살 수 있다.

▶ 실제 상황

1. 아이가 감전되었을 때, 맨손으로 만지지 말고 방석, 고무장갑 등 전기가 통하지 않는 것을 이용해 아이를 감전시킨 물체에서 떼어 낸다.

2. 아이가 호흡을 하고 있는지, 의식이 있는지 확인하면서 119에 연락하고, 119 구급대가 도착할 때까지 다독여 심리적으로 안정시킨다. 설령 의식이 있다고 하더라도 119를 불러 병원 응급실에 간다. 전기에 감전되면 뼈와 내장에 상당한 충격을 주기 때문에 아이가 멀쩡해 보여도 응급실로 가서 의사의 진단과 처방을 받아야 한다.

3. 아이가 의식이 없고 심장 박동도 없고 호흡도 하지 못한다면, 입안에 이물질이 있는지 확인하고 119의 설명을 들으며 심폐소생술과 인공호흡을 실시한다.

━ Bad

1. 맨손으로 아이를 감전시킨 물체를 떼어 내려고 한다.

    전기가 차단되지 않은 상태에서 아이를 떼어 내려다 본인까지 감전된다. 본인까지 감전되면 아이를 도울 사람이 없어진다.

1-16

모래와 축구공

★ 기억해야 할 사실들

1. 아이들은 여러 가지 이유로 눈에 상처를 입는다. 지금은 관련 법안이 대폭 강화되어 줄기는 했지만, 여전히 플라스틱 BB탄을 사용하는 에어소프트건을 갖고 놀다가 눈 혹은 얼굴 여러 부위를 다치는 아이가 적지 않다.

2. 그 밖에도 축구공에 눈을 맞은 경우, 성인이 찬 축구공은 시속 100km까지도 나오니 아주 위험하다.

3. 또한, 다양한 화학물질이나 모래 같은 이물질이 눈에 들어가는 사고 등이 아이들에게는 빈번하게 일어난다. 어떤 경우에도 눈을 비비지 말고 최대한 빨리 병원에 간다. 눈을 비비면 이물질이 더 깊숙하게 박히고, 각막을 다칠 수 있다.

⧗ 사전 대비

1. 아이들과 함께 야외에서 운동할 때는 항상 구급상자를 준비한다.

▶ 실제 상황

1. 아이 눈에 먼지나 흙이 들어갔을 때

- 흐르는 물에 5분 이상 아이의 눈을 씻긴다. 수압이 높으면 안 된다. 컵에 물이 튀지 않고 물을 받을 수 있는 정도의 압력이면 충분하다.
- 눈 가장자리나 눈꺼풀 아래에 이물질이 모이면 물에 적신 면봉으로 닦아 낸다. 이때 절대로 핀셋이나 이쑤시개 등을 이용해서는 안 된다. 각막에 심각한 상처를 낼 수 있다.
- 아이가 빛에 민감하거나 눈이 잘 안 보인다고 하면 각막을 다친 것이다. 수건으로 아이의 눈을 가리고 바로 안과로 달려간다.

2. 아이 눈에 화학물질이 들어갔을 때
- 화학물질에 노출된 눈이 땅 쪽으로 향하도록 아이의 머리를 돌린다.
- 흐르는 물에 15분 이상 아이의 눈을 씻긴다. 그 이상 세척하는 것은 큰 의미가 없다. 역시 컵에 물이 튀지 않고 물을 받을 수 있는 정도의 압력이면 충분하다.
- 물수건으로 감싸고 병원으로 간다.

3. 이물질이 각막을 찌르고 있을 때
- 절대로 이물질을 뽑으려고 해서는 안 된다. 아이가 눈을 만지지 못하게 한 상태에서 빨리 병원으로 간다.

━ Bad

1. 눈에 바람을 불어 준다.
이물질을 더 깊숙이 밀어 넣는 셈이다.

2. 급하다고 손을 씻지 않고 처치를 한다.
눈에 상처가 나면 쉽게 감염이 되므로 어떤 처치를 하든 반드시 손을 씻고 해야 한다.

황사와 미세먼지

★ **기억해야 할 사실들**

1. 1980년대만 하더라도 황사가 한국에 끼치는 영향은 1년에 사나흘 정도였다. 그러나 중국 내륙지역에서 빠른 속도로 사막화가 진행되면서 2000년대 초반에는 1년에 12일 이상으로 늘어났다. 또한, 중국의 산업화가 진행되고, 국내 요인도 겹치면서 미세먼지 발생량도 폭증했다.

2. 황사는 단순한 모래가 아니다. 중국 공단 지역의 각종 환경오염 물질과 함께 날아온다. 따라서 황사만으로 알레르기성 피부염을 경험하는 사람도 상당히 많다.

3. 마스크, 공기청정기 등 대부분의 대비책은 사실 대증 요법이다. 황사는 그 원인이 명백하지만 미세먼지의 경우 중국의 영향이 얼마인지는 상당히 장기간에 걸쳐 역학조사를 벌여야 한다. 발생 원인을 찾아 발생량 자체를 통제해야 하는데, 이는 국가가 나서지 않는 이상 해결되지 않는다.

⏳ **사전 대비**

1. 온도계와 습도계 복합기, 가습기, 공기청정기가 방마다 필요하다. 공기청정기는 처리할 수 있는 면적이 정해져 있다. 처리 가능한 면적에 맞춰 복수로 구매해야 하며 가습기 역시 공기청정기 대수와 비슷하게 확보해야 한다.

2. 실내에서 조리하면 실내 미세먼지 농도는 외부의 미세먼지 농도보다 더 높아진다. 굽거나 튀기는 음식을 할 때는 반드시 환기해야 한다. 환기를 하기 힘들 정도로 미세먼지 농도가 높다면 미세먼지 농도가 낮은 시간대에 조리한다.

3. 실내 습도를 40~50%대로 유지한다. 물론 미세먼지나 황사가 습도가 높다고 수분을 머금고 바닥으로 떨어지지는 않는다. 하지만 실내 습도가 충분하면 사람이 견디기 좋다. 한편, 겨울철에 40~50% 수준의 실내 습도를 유지하면 결로 현상이 발생할 수도 있다. 겨울이 오기 전에 벽의 단열 상태를 확인하고 단

열재 보강을 해야 결로로 인한 곰팡이 발생을 막을 수 있다.

4. 계절과 상관없이 황사 주의보나 미세먼지 주의보가 발령되면 되도록 외출을 삼가고 밖에 나갈 때는 마스크를 쓰고 최대한 피부가 노출되지 않도록 하는 것이 가장 확실한 대비책이다. 의약외품으로 허가된 보건용 마스크로 입자 차단 성능을 나타내는 KF80, KF94, KF99에 이르는 다양한 기준을 충족하는 마스크는 물론 소형 팬이 달린 마스크까지 나온 상태다. 미세먼지 경보가 발령되는 날에는 보안경까지 쓰는 것이 좋다.

▶ **실제 상황**

1. 창문을 닫고 진공청소기보다는 물걸레로 실내를 자주 닦는다. 단독주택, 혹은 다세대 주택에서는 이 방법을 활용할 수 있지만 환기 자체가 공조기를 통해 이루어지는 주상복합 아파트, 혹은 신축 아파트에서는 큰 의미가 없다.

2. 귀가 후에는 바로 샤워를 한다. 샤워하면서 미지근한 소금물이나 세척액으로 가글을 하면 호흡하기가 조금 더 편해진다.

3. 입보다는 코로 호흡한다.

4. 세수를 자주하고 차나 물을 수시로 마신다.

5. 눈이 따가우면 손으로 비비지 말고 인공눈물로 씻어 낸다. 눈이 충혈되거나 부어오르면 깨끗한 수건이나 거즈에 얼음 알갱이를 싸서 눈을 얼음찜질한다.

▶▶ **이후 할 일들**

1. 미세먼지 철이 지나면 집안 대청소를 하고, 침구류도 깨끗히 빤다.

- Bad

1. 하루 종일 문을 닫아 둔다.

   실내에서도 많은 미세먼지가 발생하기 때문에, 하루 중 공기가 제일 깨끗하고 대기 흐름이 가장 활발한 오전 11시에서 오후 4시 사이에 잠깐씩 환기하는 것이 좋다.

2. 미세먼지 마스크를 여러 번 재활용한다.

   세탁하면 모양이 변형되어 성능이 떨어지고, 재사용은 자제하는 게 좋다.

외래종의 공습

★ 기억해야 할 사실들

1. '지구촌'은 지금을 사는 우리들을 설명하는 핵심 키워드들 중 하나다. 인류 역
   사상 서로 다른 나라의 사람들이 서로에게 이렇게까지 많은 영향을 주면서 산
   적은 없었다. 그만큼 다른 나라를 찾는 이들이 많고, 수많은 상품이 대륙을 옮
   겨다니고 있다. 이러한 사람과 상품의 이동에는 필연적으로 다른 종의 이동이
   따라붙는다. 코로나가 진정된 이후 하늘길이 본격적으로 열리면서 빈대가 전
   세계로 다시 퍼지고 있는 것이 대표적이라 할 수 있다.

2. 빈대

   독특한 냄새를 분비하고, 좋아하는 환경이 정해져 있어 약간의 사전 지식만 있
   어도 비교적 쉽게 피할 수 있다. 영어로 'bedbug'라고 하는 빈대가 번식하는
   장소는 다음과 같은 특징을 보인다. 1) 달달하고 퀴퀴한 냄새(고수 냄새 비슷한
   냄새)가 나고 2) 침대와 베개, 소파 등에 갈색 혹은 붉은색의 얼룩이 있는 경우
   가 많다.

   미국 환경보호청(United States Environmental Protection Agency, EPA)은 빈대
   를 "가장 성공적인 히치하이커"라고 했는데, 알도 많이 낳지만 무엇보다 피를
   빨지 않은 상태에서도 1년을 버티고, 숙주를 만나면 바로 정상적인 활동은 물
   론 생식활동까지 할 수 있어 쉽게 번식할 수 있기 때문이다. 특히 팬데믹 기간

동안 빈대 등 해충 관리가 되지 않은 상태에서 살아남아 있던 빈대들이 해외여행이 재개되면서 전 세계 곳곳으로 전파되어 발견된 것이다.

3. 흰개미

개미처럼 생겼지만 바퀴목에 속한 곤충이다. 국내에서 서식하는 흰개미들은 젖은 나무만 갉아먹고, 무엇보다 사람들에게 직접 피해를 주지는 않는다.

2023년 5월 서울시 강남구에서 발견되었던 흰개미는 '마른나무흰개미'로 북중미와 동아시아, 호주 등에서 막대한 피해를 입히는 종이다. 개발도상국의 농업 및 환경 문제와 과학 지식의 창출, 선별 및 보급에 초점을 맞춘 비영리기구인 CAB(Commonwealth Agricultural Bureaux) International에 따르면, 이미 중국과 일본에서도 토착화되었다고 한다. 한국 상륙이 불가능하지는 않지만, 추위에 약하기 때문에 상륙한다면 남부 지방이 될 가능성이 높다.

흰개미가 있다는 것은 어떻게 알 수 있을까? 1) 흰개미는 나무를 안에서부터 판다. 외관상 별 문제 없어 보여도 나무를 두드리면 텅 빈 공간음을 들을 수 있다. 2) 흰개미가 목재로 된 문이나 창문틀을 공격하면 문이나 창문이 뻑뻑해져서 열고 닫는 것이 힘들어진다. 3) 벽에서 "딸깍" 하는 소리가 종종 들린다. 병정 흰개미가 나무와 부딪히는 소리다. 4) 바퀴목인 흰개미는 짝을 찾으면 날개가 떨어지는데 이 날개는 약 6~9mm 정도다. 이런 크기의 날개가 무더기로 있다면 주변에 흰개미가 있을 가능성이 높다. 5) '머드 튜브'라고 하는, 연필 정도 굵기의 터널이 바닥에서 목재로 연결되어 있는 것을 발견할 수도 있다.

4. 붉은불개미

농림축산검역본부가 한국 토착화를 막고 있는 대표적인 외래 해충이다. 〈인디아나 존스〉 같은 영화에서 사람을 바로 뼈로 만들어 버리는 괴물로 그려지는 바로 그 곤충인데, 현실에서 사람을 공격할 때는 주로 꼬리의 독침을 이용한다. 독침에 찔린 사람들 중 0.6~6% 정도는 아나필락시스 쇼크를 겪을 수 있으며, 미국의 경우 연간 약 80명 정도가 붉은불개미에 물려 사망한다. 비교적 최근에 방역이 뚫려 토착화가 진행되고 있는 대만에서는 물렸을 때 아나필락

시스 쇼크가 발생하는 경우는 약 2.78% 정도라고 한다.

농림축산검역본부와 지역 항만공사들이 집중적으로 관리하는 이유는 이 개미가 각종 작물은 물론 가축도 공격할 뿐만 아니라 생태계 사슬도 깨 버리며 전선을 갉아먹어 정전도 일으키기 때문이다. 한 국가에 끼치는 영향력으로 보면 전 세계 100대 악성 곤충에 속한다.

일반인이 구별할 수 있는 가장 큰 특징은 1) 검붉은 색깔에 크기가 다른 개미들이 같이 움직이며(우리가 흔히 볼 수 있는 개미는 대체로 일개미들인데, 일반적인 일개미는 그 크기가 비슷하다. 하지만 붉은 불개미는 두 배까지도 차이가 나는 개체들이 같이 다닌다.) 2) 사람이 조금만 방해해도 대단히 공격적이라는 것 두 가지다.

5. 러브 버그

   2022년 이후 도심에서 자주 대량으로 출몰했던 곤충이다. 벌레가 날아다닐 때도, 벽에 붙어 있을 때도 늘 교미중인 형태로 있어서 '사랑 벌레'라고 불린다. 파리과의 이 곤충은 사실 익충으로 분류되며 인체에 무해하다. 그럼에도 '징그럽다'는 이유로 관할 지자체에 방역 요구가 빗발쳤다. 이건 행정력 낭비.

6. 이런 곤충들과 달리 외래종 포유류와 어류, 양서류는 대부분 반려동물로 수입되었다가 키우기 어려운 곳으로 이사가면서 버려진 경우다. 이렇게 버려졌던 개체들이 한국에 적응해서 살고 있는 사례는 의외로 적지 않다. 일례로, 경기도 이천시의 어느 하천에는 열대성 어종인 구피가 살고 있어서 '구피천'이라는 이름이 붙었다. 또한, 아메리카너구리과에 속하는 라쿤(너구리는 개과에 속한다.) 같은 경우에는 라쿤 카페 등에서 탈출하거나 폐업하면서 방생해 정착하고 있다.

7. 야생동물은 기생충이나 박테리아 및 바이러스의 숙주일 가능성이 높다. 따라서 절대로 직접 만지면 안 된다. 북미의 경우 워낙 땅이 넓고 도심지에서 떨어져 사는 사람이 많아 야생동물을 만났을 때 대처법에 관한 기사들이 많은데, 대부분 '먼저 겁을 먹게 하지 않고 야생동물을 존중한다면 그들이 먼저 공격하는 일은 없다.'라는 점을 강조한다.

▶ 실제 상황

1. 빈대

모기나 다른 벌레가 물면 점 단위로 자국이 남는다. 하지만 빈대가 물면 재봉틀로 찍고 지나간 것처럼 긴 줄이 생기고, 무엇보다 훨씬 더 가렵다.

한국에서 물렸다면 통합 민원 번호인 110나 지자체 보건소에 신고하고 병원에 간다. 한국이 아닌 외국에서 물렸다면 약국에 가서 피부 소염제의 일종인 칼라민 연고(로션/크림)(Calamine Ointment)를 구글 번역기에 넣고 돌려 그 나라 언어로 보여 준다. 벌레 물린 데 바르는 약처럼 시원하지는 않지만 가려움은 확실히 줄여 준다.

2. 마른나무흰개미와 붉은불개미

일반인이 국내 토착 흰개미와 마른나무흰개미를 구분하기는 쉽지 않다. 일단 비슷한 개체를 컨테이너 등에서 발견하면 지자체 환경과나 농림축산검역본부(054-912-0616)에 신고한다. 자연생태계(도심지 또는 주택지 등)인 경우 국립생태원(041-950-5300)에 신고한다. 붉은불개미도 마찬가지다. 발견 위치와 붉은불개미 집단의 대략적인 길이, 어떤 이유로 확신하게 되었는지 설명하면 좋다.

3. 직접 채집하거나 포획하려고 해서는 절대 안 된다. 특히 포유류의 경우에는 사진을 찍는 것도 위험할 수 있다. 한국에서 정식 발매되는 스마트폰은 몰카를 막기 위해 카메라를 작동시키면 "찰칵" 소리가 나는데, 거의 모든 동물은 사람보다 훨씬 청각 능력이 좋고 자신들에게 낯선 기계음을 적대적 행위로 이해할 수도 있기 때문이다. 자주 보지 못한 종류의 생명체가 갑자기 주변에 보이기 시작한다면, 지자체 환경과나 환경부 산하 국립생태원(041-950-5300)에 연락해, 조치하도록 하는 것이 가장 안전하다.

4. 집에 흔히 있는 에어로졸 살충제 같은 곤충 방제 약품으로 대응한다. 가정용이기에, 살충력에 제한이 있을 수밖에 없다. 무엇보다, 전문가들이 와서 확인한 후에 방제해야 하는 치명적인 외래종일 수도 있는데 가정용 에어로졸을 뿌리면 달아나 버린다. 전문가들에게 맡겨야 한다.

5. 붉은불개미로 추정되는 곤충을 봤을 때 가까이서 사진을 찍는다. 물리기 쉽다. 가까이 가지 않는다.

6. 곤충 외의 낯선 포유류, 양서류 등을 직접 포획하려 한다. 최소 광견병, 최대 새로운 인수공통전염병의 1차 감염자가 될 수 있다. 아무리 귀여워 보이더라도 절대로 만지면 안 된다.

❓ 위험한 관상식물

실내 공기 정화에도 좋기 때문에 한동안 미니 화단을 만드는 것이 유행하기도 했다. 미세먼지에 대한 완벽한 대책이 없기 때문에 관상식물을 키우는 집들은 계속 늘어날 전망이다. 하지만 아이들이 있는 집이라면, 입에 넣거나 잎을 먹으면 안 되는 식물이 많아 각별히 주의해야 한다. 2009년 9월 17일 abc 뉴스의 기사 〈Handle With Care: 9 Potentially Harmful House Plants〉에 따르면, 미국의 5세 미만 어린이 중독 사고의 10%가 집에서 키우는 식물 때문이었다. 이 식물들은 반려동물에게도 상당히 치명적이다. 식물을 구입할 때 반드시 이름을 확인하고, 온라인 백과사전에서 찾아보는 것이 안전하다.

입에 넣으면 안 되는 관상식물

칼라디움 흰색 바탕에 녹색 잎맥, 혹은 녹색 바탕에 붉은색 잎맥이 특징으로, 여름철 관엽식물로 인기가 높다. 잎을 입에 넣으면 입술과 혀에 화상을 입는다.

디펜바키아 마리안느 오염된 공기를 정화하고 실내 습도를 조절하는 데 효과가 크다. 연두색 잎에 하얀색 잎맥이 특징이다. 어른이 먹으면 혀와 입이 부어올라 말을 할 수 없고, 아이가 먹으면 죽을 수도 있다.

서양 담쟁이 덩굴 늘 초록 잎을 볼 수 있어 실내 관엽식물로 인기가 높지만, 한 잎만 먹어도 죽을 수 있는 대표적인 맹독성 관상식물이다.

서양 협죽도 공해에 강하며 여름부터 가을까지 빨간색, 노란색, 흰색의 아름다운 꽃을 피운다. 하지만 잎부터 가지까지 치명적인 독을 가지고 있다. 몇 년 전에는 서양 협죽도 줄기로 젓가락을 만들어서 도시락을 먹던 초등학생이 사망한 사건도 있었다.

디기탈리스 화원에서 흔히 볼 수 있는 식물로, 나팔 모양의 화려한 꽃이 줄기를 따라 겹겹이 달려 있다. 꽃에 맹독이 있어 한 송이만 입에 넣어도 목숨이 위태로울 수 있다.

칼랑코에 예쁜 꽃을 피우는 칼랑코에 중 몇몇 종류는 부파디에놀리드를 포함하고 있는데, 이 물질은 심장병을 일으킬 수 있다.

아마릴리스 꽃이 예쁘다고 관상용으로 키우는데, 리코린이라는 독성물질이 있다.

수선화 관상용으로 선호하는 꽃들 중 하나로, 역시 독성물질인 리코린이 있다.

안수리움 토란과의 식물로, 특이한 형태의 꽃 때문에 사람들이 좋아한다. 하지만 입에 넣으면 입안에 물집이 생기고 삼킴 장애를 일으킨다.

군자란 아름다운 꽃을 피우기 때문에 많이 키우는데, 역시 리코린이 있다.

크로톤 변엽목이라고도 부른다. 잎이나 줄기를 입에 넣으면 화상을 입으며 수액에 노출되면 습진을 일으키기도 한다.

수국 꽃봉오리를 먹으면 복통, 설사, 호흡 곤란은 물론 혼수 상태에 빠질 수도 있다.

독이 있는 채소

감자 감자 잎에는 솔라닌이라는 독이 있다. 싹이 나거나 빛이 푸르게 변한 감자도 같은 독성이 있으니 먹지 않는 것이 좋다.

토마토 열매는 전 세계인이 건강식으로도 쓰는 재료지만, 가지, 감자 등과 마찬가지로 덜 익은 토마토는 솔라닌을 분비한다.

만지면 안 되는 관상식물

덩굴 옻나무 옻나무과에 속하는 덩굴식물로, 음지에서 잘 자라고 이산화탄소 처리 능력이 탁월하다. 최근에는 산뿐 아니라 도심에서도 자생하고 있는데, 피부에 닿으면 심한 알레르기 반응을 일으킨다.

쐐기풀 한방에서 진통제로 쓰는데, 만지면 벌에 쏘인 것 같은 통증을 느낄 수 있다.

튤립 일반적으로는 큰 문제가 없으나 양파나 마늘에 민감한 분들은 피하는 것이 좋다.

홍콩 야자 가벼운 독성을 가지고 있다. 수액에 노출되면 가벼운 피부 자극을 일으킬 수 있으며 잎을 먹으면 토한다.

브룬펠시아 6개월 이상 강한 자스민 향기의 꽃을 볼 수 있기 때문에 사랑받는다. 하지만 브룬펠시아에는 안면 마비 등을 일으킬 수 있는 성분이 있다.

알로에 베라 약용 젤로 만들어 활용하지만, 피부 염증을 일으키는 물질이 표면에 있다.

세겹독말풀 꽃이 세 겹으로 펴서 아름다운 이 식물은 모든 부위에서 유독성 물질을 만들어 낸다.

꽃기린 꽃이 솟아오른 모양이 기린을 닮았다고 해서 꽃기린이라 부른다. 수액에 독성 화학물질이 있어 피부나 눈에 닿으면 안 된다.

포인세티아 겨울철 관상식물로 인기 있는 포인세티아의 수액이 닿으면 피부염을 일으킨다.

철변경 브리오필룸 칼랑코에과로, 잎에서 부파디에놀리드 성분을 분비해 심장병을 일으킬 수 있다.

몬스테라 봉래초라고도 불리는데, 옥살산칼슘 성분이 있어 생으로 먹으면 혀가 아리고 따가우며 맨손으로 만지면 가려움증이 나타난다.

필로덴드론 브라질과 서인도제도가 원산지로, 잎에서 옥살산칼슘이 분비된다.

진달래속 진달랫과이며 네팔의 국화이기도 하다. 그라야노톡신이라는 독성물질을 분비해, 아이들이나 반려동물에 닿지 않는 것이 좋다.

홍두 상사자라고도 하며, 덩굴식물인 홍두 꼬투리에는 아브린이라는 맹독 물질이 있어 화살독으로 활용하기도 한다. 중독 증상으로는 메스꺼움, 구토, 경련, 간부전이 이어지다 며칠 뒤에 사망한다.

열매를 먹으면 안 되는 관상식물

서양호랑가시나무 가을에 사과와 비슷한 모양의 열매를 맺으며 정원수로 인기가 높지만 열매에 독이 있다.

겨우살이 다른 나무에 기생해 산다. 잎과 가지를 이용한 추출물이 암 치료에 사용되고 있는 것으로 알려졌으나 열매에는 독이 있다.

나팔꽃 나팔꽃의 씨앗은 한방에서 약재로 사용하나 맹독이 있어 의사만 다룰 수 있는 재료다.

란타나 3~4cm 크기의 흰색, 분홍색, 주황색, 노란색, 붉은색 등의 아름다운 꽃을 피우는 관상식물이지만 검은색의 열매에는 강한 독이 있다. 먹을 경우 호흡장애를 일으키며 죽을 수 있다.

예루살렘 체리 열매가 구슬만 하고 오래 달려 있어서 예쁘다고 키우는데, 스테로이드 알칼로이드 성분인 솔라노캡신이 있다. 맹독성은 아니지만 생긴 것이 방울 토마토와 비슷하기 때문에 아이들은 중독을 일으킬 만큼 먹을 수도 있다.

잎을 먹으면 안 되는 식물

유카 용설란과의 유카 잎에는 스테로이드성 사포닌이 있다. 개나 고양이 등이 먹으면 가볍게 토하고 설사를 일으키지만 큰 동물에게는 위험할 수도 있다.

자넷 크레이그 실내의 휘발성 유해물질, 특히 트리클로로틸렌을 많이 제거한다는 이유로, 그리고 모던한 분위기의 인테리어와 잘 어울린다고 인기 있다. 잎에 스테로이드성 사포닌이 있어 사람이 먹으면 설사, 구토 등을 유발할 수 있다.

국화속 국화과의 다년생 식물인 국화속은 관상용뿐만 아니라 여러 가지 방법으로 약용으로 쓰인다. 꽃을 말린 것은 술을 담가 국화주로 마시며 이불솜이나 베갯속에 넣기도 한다. 하지만 잎과 줄기에는 살충제 성분인 피레트린이 있다. 과도하게 노출되면 팔다리가 저리고 호흡기 장애나 현기증을 일으킬 수 있다.

집과 건물

가스

★ 기억해야 할 사실들

1. 가스안전공사에 따르면, 2015년 가스 사고는 118건이 있었고, 2016년에는 122건이 있었다. 이로 인한 사망자는 매년 100여 명 정도다.

2. 우리가 일상생활에서 활용하는 LPG와 LNG 모두 냄새가 나지 않는다. 그래서 냄새가 나도록 하는 부취제(附臭劑)인 에틸 메르캅탄이나 황화 알킬 등이 섞여 있다. 대기 중 가스 비율이 1/1000만 되어도 냄새로 가스가 누출되고 있다는 것을 알 수 있도록 한 안전장치. 대체로 양파나 마늘 비슷한 냄새가 나도록 한다.

3. 가스 안전 점검원은 여성인 경우가 많다. 여성 혼자서 점검 작업을 하기 때문에 성추행 등에 노출된 직종 중 하나다. 자신의 안선을 보장해 주는 사람을 성추행하는 사회는 비정상이다. 체계적인 안전망이 필요하다.

⚷ 사전 대비

1. 정기적인 가스 안전 점검을 받는다.

2. 가스를 쓰지 않을 때는 항상 가스 메인 밸브를 잠가 둔다.

3. 안전장치가 있는 가스레인지를 쓴다.

4. 한 달에 한두 번 정도는 세제와 물을 섞어 비누풍선이 잘 만들어지는지 확인한 뒤, 붓을 이용해 가스 밸브 연결 부위들에 한 번씩 발라 본다. 배관은 여러 가지 원인에 의해 샐 수 있는 구조다. 발랐는데 기포가 생기면 가스업체에 바로 연락한다.

5. 장마철이 시작할 때마다 미리 점검을 받고 필요한 부품은 바로 바로 교체한다. 특히 LPG 가스 사고는 공기의 흐름이 적은 장마철에 발생하는 경우가 많다.

▶ 실제 상황

1. 음식 냄새와는 다른 아주 불쾌한 냄새를 맡았거나, 같이 있는 사람 중에 두통과 현기증 증세를 느낀 사람이 있다. 부취제가 만들어 내는 불쾌한 냄새는 가스가 누출되고 있다는 중요한 신호다.

2. 절대로 불이나 전등을 켜지 않는다. LNG나 LPG는 대기 중에 10%만 혼합되어 있어도 아주 쉽게 폭발할 수 있다.

3. 창문과 현관문 등을 열어 환기를 시킨다. 이때 LNG는 공기보다 가벼우니 자세를 낮춰서 이동하고, LPG는 공기보다 무거우니 똑바로 서서 창가로 다가가 허리를 펴고 선 상태에서 가스를 쓸어 내보낸다.

4. 가스레인지, 난방기 등의 잠금 장치를 확인한다.

5. 가스 중독 증세를 보이는 사람이 있으면 바로 신선한 공기가 있는 곳으로 옮긴다. 몸을 조이는 옷과 넥타이, 허리띠, 속옷 등을 느슨하게 풀어 줘서 환자의 호흡과 혈액 순환을 도와준다.

▶▶ 이후 할 일들

1. 119에 신고해 병원에 가서 추가로 이상이 있는지 확인한다. 가스 중독은 뇌의 산소 공급을 떨어뜨리기 때문에 당장 몸을 움직일 수 있어 괜찮은 것 같아도

뇌에 상당한 문제를 일으켰을 수도 있다.

━ Bad

1. 침수된 적이 있는 방의 가스 보일러를 점검도 받지 않고 사용한다.

   침수된 적이 있으면 보일러의 배관, 전기 부품 등이 고장났을 가능성이 크다.
   낡고 고장난 보일러 역시 가스 사고의 주된 원인 중 하나다. 가스 보일러를 계
   속 사용해야 한다면 반드시 안전 점검을 받고 사용한다.

2. 가스 새는 냄새가 난다고 환풍기를 튼다.

   가스는 대기 중에 10%만 혼합되어 있어도 전기 기구를 사용하면 스파크가 생
   겨 폭발할 수 있다.

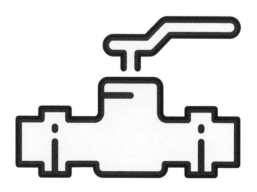

엘리베이터

★ 기억해야 할 사실들

1. 중앙소방본부의 구조활동 통계에 따르면, 2006년까지 전국의 엘리베이터는 30만 4,324개소였다가 2016년에는 59만 8,489개소로 거의 2배 가까이 늘었다. 시설이 늘어난 만큼 119 출동 건수도 폭증하고 있다. 엘리베이터를 이용하다 갇혀 119 대원에게 구출되는 사례는 2011년 한 해에만 9,000건이 넘었고 2015년에는 1만 5,987건에 달했다.

2. 대부분은 엘리베이터의 단순 고장으로 잠시 동안 엘리베이터 안에 갇힌 경우였다. 심각한 수준의 안전사고는 2008년에 154건으로 가장 많았고, 그 이후로는 계속 줄어드는 추세다.

3. 큰 사고는 대부분, 엘리베이터에서 119나 건물 관리실의 도움 없이 자력으로 탈출하려다 추락한 경우, 문틈으로 옷가지가 빨려 들어간 경우, 출입구에 기대있다가 고정 장치가 풀려 문이 뒤로 밀리면서 사람이 떨어지는 경우 등이다. 안전 규칙에 따라 엘리베이터를 이용해서 큰 문제가 된 일은 없다.

4. 엘리베이터는 2000년대 이후 승강기 시설 안전 관리법, 승강기 제조 및 관리에 관한 법률 등 엄격한 법적 관리 대상이다. 따라서 기본적인 안전 원칙만 지킨다면 사고가 날 가능성은 아주 낮다.

5. 엘리베이터는 구조적으로 문 쪽이 가장 취약하다. 문에 기대지 말라고 하는 것

은 그냥 경고가 아니다. 문에 기대면 뒤로 밀리면서 추락할 가능성이 높다. 옷이 말려 들어가서 층 사이에 낄 수도 있다. 또한 들어 올리고 내리는 과정에서 센서가 작동하기 때문에 아이가 엘리베이터에서 뛰면 정확한 층에 내리지 못할 수 있다. 정확한 층이 아니라고 판단하면 오르락내리락 하다 사고가 날 수 있다.

6. 문이 닫힐 때 손이나 발을 집어넣거나 물건을 넣는 경우, 보통은 안전장치가 작동하면서 문이 열리지만 안전장치가 고장 났다면 그 상태에서 바로 올라가게 된다.

☒ 사전 대비

1. 스카프나 머플러 등 엘리베이터 문에 끼일 수 있는 옷을 입고 있으면 옷차림을 다시 한 번 매만지고 탑승한다.

2. 승객용 엘리베이터와 화물용 엘리베이터의 핵심적인 차이는 단순히 크기의 문제가 아니라 최대 적재 용량이 다르다는 점이다. 대체로 화물용 엘리베이터가 더 많은 짐을 싣는다. 승객용 엘리베이터만 이용할 수 있는데 아주 특별하게 무거운 짐을 옮겨야 한다면 반드시 관리사무소와 협의한다.

▶ 실제 상황

1. 엘리베이터가 멈추면 비상용 인터폰으로 관리실에 상황을 설명한다.

2. 관리실에서 인터폰을 받지 않으면 119에 신고한다.

3. 몸을 낮추고 구출될 때까지 기다린다. 한국에서 엘리베이터 사고가 인명 사고로 이어지는 경우는 대부분 이 상황에서 기다리지 않고 독자적인 탈출 시도를 하다 추락하는 것이다. 엘리베이터는 고장이 나도 2.1m 이상 움직이지 않도록 하는 안전장치가 되어 있다. 조금씩 움직일 수 있지만 2.1m는 넘지 않는다.

하지만 2.1m라고 하더라도 사람들이 충분히 놀라서 다칠 수는 있다.

4. 구출하러 온 안전요원의 지시에 따른다. 요즘 엘리베이터는 여러 단계의 안전 장치와 여러 개의 센서가 달려 있으며 케이블은 3중으로 연결되어 있다. 케이블이 떨어져 엘리베이터가 추락할 일은 없다.

➕ Good

1. 뒤에 오는 탑승자를 위해 항상 '열림' 버튼을 눌러 준다. 뛰어 들어오지 않게만 해도 안전사고의 가능성은 많이 떨어진다. 대부분은 옷이나 신체 부위가 문 사이에 끼여 발생하기 때문이다.

➖ Bad

1. 문틈에 다른 사람의 옷이 걸리거나 신체 부위가 끼였을 때 바로 비상 정지 버튼을 누른다.
   열림 버튼을 누르지 않고 비상 정지 버튼을 누르면 안전장치가 망가지기 쉽다.
   옷이 걸린 상태에서 움직일 때 비상 정지 버튼을 눌러야 한다.

회전문

★ **기억해야 할 사실들**

1. 회전문은 냉난방 효율을 상당한 수준으로 높이고 방음 차단 효과가 있어 많은 건물에서 활용하고 있다. 그런데 회전문에 끼여 다치는 사고가 종종 일어나고 있다. 2014년 11월 서울의 한 주상복합 빌딩에서 한 노인이 회전문에 끼여 갈비뼈 골절 등의 중상을 입고 4개월간 입원했다. 2014년 1월에도 서울의 한 쇼핑몰 회전문에 2세 유아가 끼여 팔이 부러지는 등 2011년부터 2015년 사이에만 회전문을 이용하다 다친 사람이 120명이 넘는다.

2. 일본에서는 2004년 3월 26일 도쿄의 록본기힐즈 빌딩에서 사망한 한 소년에 게 사회적 관심이 집중된 적이 있다. 이 건물에서는 그 소년이 숨지기 전에도 32건의 크고 작은 회전문 사고가 있었던 것이다. 이에 당시 국무총리였던 고 이즈미 총리가 현장에 들러 조의를 표하기도 했다.

3. 사실 한국도 2000년에 일어난 어린이 안전사고 941건 중 203건이 회전문과 관련된 사고여서 관련 규정이 생기고는 있지만, 2015년까지는 안전 규정이 만들어지지 않았다. 건축물의 소유자나 관리자가 정기 점검을 하거나 수시 점 검을 하라는 내용만 있을 뿐이었다. 무엇보다 대한민국에서 대부분의 건축 관 련 규제는 준공 연도 당시에만 중요하게 따진다. 이후 만들어진 법들은 따르지 않는 건물이 많다.

⏳ 사전 대비

1. 머플러, 가방, 스카프 등이 있다면 차림새를 가다듬고 회전문을 이용한다.
2. 회전문에 뛰어서 들어가지 않는다.
3. 관리자의 위치를 확인한다. 자동 회전문의 경우 관리자는 수초 내에 비상 개폐 장치를 작동시킬 수 있다.
4. 자주 이용하는 자동 회전문은 비상 개폐 장치가 어디에 있는지 확인한다. 대부분의 회전문은 화재 등의 사태에 대비해 문을 접을 수 있게 만들어져 있다. 다만 건물의 크기와 형태에 따라 다르기 때문에 일반인이 바로 찾기는 어렵다.
5. 아이와 노인이 회전문을 지날 때는 되도록 회전문의 축에 서도록 한다. 특히 아이들은 절대로 회전문 근처에서 뛰지 못하게 해야 한다. 성장기에 기계 장치에 의해 골절상을 입으면 성장판에 문제가 생기기 쉽다.

▶ 실제 상황

1. 내가 사고를 당했을 때
   − 회전문을 멈춘다.
   − 자동 회전문은 대체로 문에 손을 대면 정지 센서가 작동한다.
   − 수동 회전문은 반대 방향으로 밀어 회전문을 멈춘다.
   − 고함을 지르면서 문을 두드려 주변 사람들, 특히 관리자가 알 수 있게 한다.
   − 손이나 발이 회전문에 끼였다 나왔다면 119에 알려 빨리 응급실로 가야 한다.

2. 회전문 밖에서 다른 사람의 사고를 봤을 때
   − 문 옆의 비상 정지 버튼을 찾아 누른다
   − 주변에 사고가 났음을 알리고 관리자를 찾는다.
   − 비상 개폐 장치를 찾는다. 관리자가 오고 있지 않다면 빨리 비상 개폐 장치

를 작동해 끼인 사람이 빠져나올 수 있도록 한다.

 – 오래 끼여 있으면 있을수록 뼈 손상은 심해진다.

3. 회전문 안에서 다른 사람의 사고를 봤을 때

 – 회전문을 멈춘다.

 – 문을 두드리면서 소리를 질러 관리 책임자에게 사고 사실을 알린다.

 – 부상을 입은 사람이 있으면 119에 알려 지시를 받고 응급실로 옮긴다.

에스컬레이터

★ 기억해야 할 사실들

1. 2014년 9월에 발표된 한국승강기안전관리원의 '승객용 에스컬레이터의 관리 부실과 사고' 보고서에 의하면, 지난 5년간 일어난 에스컬레이터 사고 432건 중 이용자 과실이 400건, 보수 부실 12건, 관리 부실 9건, 제조 불량 5건, 기타 5건, 작업자 과실 1건 순이었다. 2008년 자료에 따르면, 사고 피해자는 거의 65세 이상의 노인과 아이로, 잠시 한눈팔다가 사고 당한 경우가 대부분이었다.

2. 2010년부터 2016년까지 서울지하철 1~5호선 역에서 발생한 인명 사고 중 에스컬레이터 사고는 총 1,583건으로 3위였고, 대부분은 경상이었지만 중상도 31건이 있었으며 3명은 목숨을 잃기도 했다.

3. 사고가 발생하면 일단 비상 정지를 시켜야 한다. 물론 반드시 곧 멈출 테니 핸드 레일을 잡으라고 큰 소리로 알린 뒤 버튼을 누른다. 비상 정지 버튼은 에스컬레이터 양쪽 끝에 있다.

4. 무빙워크든 에스컬레이터든 '승객을 빨리 이동시키기 위해 개발된 수단'이 아니다. 순전히 편하게 이동하기 위해 고안된 것이다. 뛰거나 걷는 것을 염두에 두고 설계되지 않았다.

1. 사고 대부분이 한눈팔다 생긴 만큼, 어린이와 노약자는 항상 보호자와 함께 이용하고 한눈팔지 않고 한 손은 핸드 레일을 잡는 습관을 들인다.

2. 뛰거나 걷는 것도 위험하다. 에스컬레이터 사고의 78%는 손잡이를 잡지 않고 이동하던 중 넘어지는 사고다. 2013년 한국승강기안전관리원은 "2012년 발생한 지하철 에스컬레이터 사고 88건 중 65건이 한 줄 서기에 의한 이용자 과실"이라고 밝힌 바 있다. 한 줄 서기가 바쁜 사람을 배려하는 행위라고 생각하지만 사실 사람이 에스컬레이터 위에서 걷도록 하는 것이다. 문제가 있어 급정지시켰을 때 걷고 있었으면 크게 다친다.

3. 에스컬레이터에 타기 전에 옷이 바닥을 닿는지 소매나 스카프가 너무 늘어져 있는지 확인한다. 안전선을 무시하고 서 있다가 옷이 빨려 들어가거나 넘어지는 경우도 많다.

4. 아이들에게 어떤 사고가 생길 수 있는지 설명한다. 아이들은 특히 대형 마트의 무빙워크에서 매달리거나 핸드 레일을 넘어가다가 벽이나 사람과 부딪히는 사고를 내는 경우가 많다. 에스컬레이터나 무빙워크의 입구와 출구에서 다른 사람이 오는 것을 보지 못해 충돌하는 경우도 많다. 안전선 안에서 움직이지 않는 것이 최선임을 수시로 주지시켜야 한다.

5. 짐을 들고 있거나 유모차를 끌고 가야 한다면 에스컬레이터 대신 엘리베이터나 무빙워크를 이용한다. 대부분의 에스컬레이터 앞에는 유모차가 들어가지 못하도록 하는 장치가 있다. 위험하기 때문에 들어가지 말라고 하는 것이다.

6. 에스컬레이터의 안전선을 밟거나 발끝으로 서서 타지 않는다. 움직이는 기계에서는 안정적인 자세로 서 있어야 한다. 안 그러면 무게 중심을 잃고 넘어지기 쉬우며 벽 사이 등으로 빠지면 심각한 수준의 골절상을 입을 수도 있다.

▶ 실제 상황

1. 큰 목소리로 사람들에게 사고가 났음을 알린다. 움직이다 멈추면 관성이 작동한다. 대비시키지 않으면 관성 때문에 더 많은 사람이 다칠 수도 있으니 먼저 경고해야 한다.

2. 에스컬레이터가 멈추니 핸드 레일을 꼭 잡으라고 주의를 준 다음에 비상 정지 버튼을 누른다. 사고가 났기 때문에 에스컬레이터를 멈춘다고 외친 다음에 정지시킨다. 만약 내가 타고 있어서 움직일 수 없다면 아직 에스컬레이터를 타지 않은 사람들에게 비상 정지 버튼의 위치(대체로 출구와 입구에 붙어 있다.)를 알리고 멈춰 달라고 요청한다.

3. 에스컬레이터가 멈춘 즉시 119에 연락하고 119 구급대원이 도착하기 전까지는 119의 지시에 따라 환자를 도와야 한다.

건물 붕괴

★ **기억해야 할 사실들**

1. 다른 나라에서는 전쟁이나 지진 같은 대형 재난에서나 볼 수 있는 빌딩 붕괴를 우리는 순전히 부실 공사 때문에 경험한 바 있다. 1995년 6월 29일 서울 서초동의 삼풍백화점 붕괴다. 무려 500여 명이 목숨을 잃고 900여 명이 부상당했던 이 참사는 여러 면에서 충격적이었다. 20년이 훌쩍 지난 지금이나 당시나 서초동은 대한민국에서 가장 잘사는 곳이다. 잘사는 곳이라면 당연히 안전하리라 믿었는데, 멀쩡해 보였던 건물이 붕괴한 것이다.

2. 어느 건물이든 문짝이 잘 안 맞거나 벽이 휘어졌으면 구조의 안정성에 상당히 심각한 문제가 있다는 뜻이다. 문짝이 잘 안 맞는다면 그 건물은 빨리 구조 보강을 하거나 허물어야 한다. 하지만 문짝이 안 맞아서 문을 열고 닫는 것이 어려운 순간부터 벽에 가로로 금이 가서 무너지기 직전의 상황이 되는 데까지는 상당한 시간이 걸린다. 무너지기 직전까지 견디는 것처럼 보이지만 사실은 무너져 내리고 있는 과정이 있다. 포격이나 지진으로 인한 건물 붕괴는 단지 이 과정이 아주 짧을 뿐이다. 하지만 당시 삼풍백화점의 경영진에 이런 '건축학적 상식'을 가진 이들은 없었다.

3. 하지만 한편으로 이 참사는 건물 붕괴가 어떻게 일어나는지, 그리고 어떻게 해야 살 수 있는지 종합적으로 보여 준 사례이기도 하다. 사고 당시 박승현 씨는

무려 17일 이후에 구조되기도 했다. 부상이 심하지 않고 깨끗한 물만 확보할 수 있다면 사람은 3주 이상 살 수 있다. 용기를 잃지 않고 최대한 에너지를 덜 쓰면서 침착하게 구조를 기다려야 한다.

⧗ 사전 대비

1. 충격을 받았다고 건물이 바로 무너지지는 않는다. 철근과 콘크리트가 가지는 구조적 안정성은 사람들이 생각한 것보다 훨씬 더 크다. 하지만 건축물이 견딜 수 있는 부하를 넘어서면 벽에 수평으로 금이 가기 시작한다. 건물의 각 층에도 심각한 균열이 생기기 시작한다. 그 이후에 건물이 붕괴되는 것은 순식간이다. 삼풍백화점의 경우 20초 만에 지상 5층에서 지하 4층까지 무너져 내렸다.

▶ 실제 상황

1. 당시 강남소방서 소속으로 삼풍백화점 붕괴 당시 첫 번째 대응팀으로 현장에 도착했던 현철호 수서 119 안전 센터 진압 대장은 첫 번째 기억이 "엄청난 먼지 때문에 사물을 분간할 수 없었"던 것이라고 한다. 건물 붕괴 순간에는 엄청난 분진이 발생해 호흡하기도 힘들다. 따라서 가장 먼저 해야 하는 것은 가지고 있는 옷가지 등을 이용해 마스크를 만드는 것이다.

2. 다음 단계부터는, 해당 단계가 불가능하거나 이후 단계로 넘어갈 수 없을 때는 몸이 소모하는 에너지를 최소화해야 한다. 소리를 내지 않고 몸을 움직이지 말아야 한다.

3. 그다음에 해야 할 일은 손으로 짚어 가면서 몸 상태를 확인하는 것이다. 붕괴된 건물 안에 남는 것과 같은 상황에 빠지면 우리의 신체는 살아남기 위해 일시적으로 아드레날린을 뿜어낸다. 거의 모든 생물에서 발생하는 이 현상은 신체 능력을 향상시키기도 하지만 통증을 잘 못 느끼게 한다. 내장이나 뼈가 다

친 경우 움직이면 아주 심각한 2차 부상을 입을 수도 있다. 피가 나는 곳이 있는지 부러진 곳이 있는지 발부터 머리까지 손으로 짚어 가면서 천천히 확인한다. 피가 나거나 부러진 곳이 있다면, 혹은 심한 통증을 느낀다면 움직여서는 안 된다.

4. 전화기 상태를 확인한다. 전화기가 부서지지 않았고 안테나가 떠 있다면 119 및 가장 가까운 지인에게 어느 지역의 어디 어느 건물에 갇혔으며 조금 있다가 연락하겠다는 내용으로 문자 메시지를 보낸 후 전화기를 끈다.

   – 건물 붕괴와 같은 상황에서는 해당 지역에서의 통화량이 급증하고 네트워크는 평소보다 폭발적으로 늘어나는 요구에 빠르게 대응하지 못한다. 또한, 건물 안에 고립되면 전화기를 다시 충전하기 어렵다. 기지국이 같이 파괴된 경우에는 전화기가 근처의 기지국들을 찾느라 배터리 소모량도 늘어난다. 그러니 네트워크에 부하가 덜한 문자 메시지를 보내고 당분간 전화기를 끄는 것이 좋다.

   – 배터리는 충분하지만 안테나가 뜨지 않을 경우도 있다. 주변의 기지국에도 문제가 생겼다는 뜻이다. 통신사들은 이 상황이 되면 근처에 임시 기지국을 만든다. 상황에 따라 임시 기지국 설치에 걸리는 시간은 한두 시간일 수도 반나절일 수도 있다. 따라서 이 경우에는 배터리를 아끼는 것이 급선무다. 구급차 소리가 들린 후 반나절 이후에 전화기를 켜는 것이 낫다.

   – 배터리가 얼마 남지 않았다면 일단 전화기를 끈다. 빨리 연락할 수 있는 방법은 없다. 기지국이 다시 세워지고 통화량이 어느 정도 진정되지 않으면 필요한 정보를 전달할 방법이 없다. 일단 전화기를 끄고 만 하루가 지난 이후에 통화를 시도한다.

5. 갇힌 상태에서는 시간이 흐르는 것을 쉽게 파악하기 어렵다. 시각 정보보다는 음향 정보에 집중한다. 어떤 소리가 들리는지, 지금 들리는 소음이 어떤 소리인지 이해하려고 노력한다. 붕괴 현장은 추가 붕괴 위험이 있기 때문에 바로 중장비 같은 것이 동원되지 않는다. 비교적 가벼운 장비를 가지고 작업하기 때

문에 어느 쪽에서 어떤 작업을 하고 있는지, 거리가 어느 정도 되는지 추정해야 한다. 만약 소리가 아주 크다면 꽤 고통스러울 수도 있겠지만 이는 곧 구출될 수 있다는 뜻이기도 하다.

6. 눈이 어둠에 익숙해질 때까지 천천히 호흡하면서 기다린다. 일상에서 우리는 시각 정보에 의존하지만, 건물 붕괴 상황이라면 빛이 없거나 아주 제한된 정도만 있다. 무엇보다 붕괴된 건물은 날카롭고 위험한 것들에 노출되어 있다. 야영을 해 본 사람은 별빛만 갖고도 꽤 많은 것을 볼 수 있다는 것을 알 텐데, 많은 것이 눈에 보이기 전까진 움직이지 말고 기다린다.

7. 손으로 만져 본 결과 크게 다치지 않아 몸을 움직일 수 있다면, 움직일 수 있는 범위 내에서 깨끗한 물을 찾는다. 사람 몸은 필요한 영양분을 섭취하지 않아도 꽤 오래 버틴다. 하지만 물은 다르다. 엄청난 양의 먼지에 장시간 노출되는 것이기 때문에 숨 쉬기도 쉽지 않다. 이때 오래 견디기 위해서는 수시로 조금씩 씻어야 하고 물을 마셔야 한다. 더러운 물도 흐르지만 깨끗한 물도 흐르는 것이 건물 안이다. 깨끗한 물을 찾았다면 최대한 저장할 방법도 찾는다. 덮을 수 있는 통 같은 것에 넣어 둔다. 엄청난 먼지에 노출된 물을 식수로 쓰기는 어렵다. 목이 타기 시작할 때만 조금씩 입 안으로 흘려 넣는다.

8. 그다음은 파이프나 플라스틱 통처럼 큰 소리를 낼 수 있는 것을 찾는다. 당신의 목은 이미 먼지 때문에 잠겨 있는 상태다. 계속 소리를 질러 위치를 알릴 방법은 없다. 무엇보다 에너지 소모가 심하다. 두들겨서 큰 소리를 낼 수 있는 것을 찾아야 한다.

9. 대략 이 단계까지 왔으면 상당한 시간이 지났을 것이다. 전화기를 켜서 들어와 있는 문자 메시지가 있는지 확인한다. 안테나가 바로 뜨지 않거나 안테나가 떠도 와 있는 문자 메시지가 없다면 다시 끈다.

▶▶ 이후 할 일들

1. 이런 상황은 정신적으로 상당히 깊은 상처를 만들어 낸다. 정기적인 정신과 상담을 받지 않으면 일상생활을 하기 어렵다. 정기적으로 정신과 상담을 받고 의사의 처방에 따라야 한다.

✚ Good

1. 최대한 움직임을 줄여 에너지 소비를 줄인다.
2. 긍정적인 생각을 하고 미리 자포자기하지 않는다.

━ Bad

1. 목이 마르다고 오줌을 마신다.

   바로 탈이 나고 탈수 상태를 경험할 수도 있다.

부실공사 현장

★ **기억해야 할 사실들**

1. 2023년 인천시 검단에서는 한 아파트 지하 주차장이 무너져내렸고, 2022년에는 광주광역시에서 완공이 코앞이던 아파트가 붕괴했다. 또한, 2023년 서울 강동구에서는 아파트 벽의 철근이 외부로 드러나는 일이 벌어지면서, 아파트에 대한 대중의 신뢰는 한없이 추락하고 있는 중이다. 이와 관련해 대부분의 사람들은, 철근을 고의로 빼먹어서 발생한 일이라고 이해한다. 실제로 그렇게 보도되기도 했다. 하지만 사실 관계는 약간 다르다.

2. 검단 아파트의 경우에는 설계 단계에서부터 전단보강근이라는 아주 작은 철근 조각들이 빠져 있었다. 건물 도면은 모두 CAD로 작업하는데, 아파트 도면은 거의 대부분 다른 아파트의 CAD 도면을 그대로 복사해서 붙여 만든다. 새로 그리는 경우는 거의 없다. 그러니 이 과정에서 작은 철근 조각들 정도는 어디론가 사라지기 쉽다. 이런 실수를 하지 않으려면 건물을 올리기 1년 전부터 계속 도면을 확인해야 하는데, 이 단계에서부터 문제가 있었던 것으로 보인다. 심지어 시공사 담당자들도 이걸 확인하지 못했다.

3. 여기서 다음 문제로 이어졌다. 건설 현장에서 민주노총 산하 전국건설노동조합 소속의 철근공들을 제외하고는 대부분 동남아시아 출신 철근공들이다. 기능 면에서 보면 문제가 많다고 할 수 없으나, 의사소통 면에서는 아무래도 한

계가 있을 수밖에 없다. 본인들이 심하게 다쳤거나 사고가 난 상황이 아니라면, 자세히 설명하려고 하지 않는다. 그러면 오히려 욕만 먹는다는 것을 그동안의 한국 생활에서 뼈저리게 배웠기 때문이다. 그러니 전에는 전단보강근 작업을 했는데 이번에는 왜 안 하는지 같은 의문이 들어도 물어보지 않았던 것이다. 그리고 이들을 관리하는 현장 책임자들은 작업 지시를 전달하는 것만으로도 바쁠뿐더러, 자신이 부리는 이들의 언어는 대체로 모른다.

4. 검단 아파트 조사 결과, 실제 콘크리트 강도는 설계 강도 대비 85% 수준이었다고 한다. 비오는 날 작업을 해서 레미콘의 시멘트가 비에 쓸려나갔거나, 교통 체증이 많이 발생해 콘크리트 레미콘이 늦게 도착했던 것으로 보인다. 여기에 원래 설계보다 더 많은 흙을 부으면서 추가 부하가 발생해 무너져내렸던 것이다. 이 모든 일이 하나씩 벌어지기도 쉽지 않은데, 동시에 벌어진 것이다.

5. 철근이 바깥으로 드러난, 이른바 통뼈 아파트의 경우에는 더 처참하다. 철근이 일정한 높이로 올라가면 수평으로 그 철근들을 둘러서 잡아 주는 철근이 들어가야 하는데, 그게 누락된 것이다. 아파트는 지하층을 만드는 데 전체 공사 기간의 절반 정도가 소요되고, 지상층이 올라가면 거의 1주일에 한 층씩은 올라간다. 이 공사에 참여하는 인부들 역시 거의 100% 동남아시아 출신 노동자들인데, 공사가 대단히 빠르게 진행되는 과정에서 철근 작업들이 제대로 진행되지 않았고, 철근 작업에 문제가 있다는 상황이 제대로 전달되지 않았던 것이다. 정리하자면, 대규모 아파트 현장에서 발생하는 문제들은 자재를 빼돌려서 발생하는 것이라기보다는, 의사소통이 제대로 되지 않는 건설 현장에서 속도전을 벌이다가 발생하는 문제들이라고 보는 게 맞다.

6. 광주광역시의 아파트 붕괴 사고는 작업 과정보다는 설계 변경이 문제의 핵심이었다. 주상복합 아파트를 제외하고 일반적인 아파트들은 벽식 구조다. 이러한 구조에서는 벽이 기둥의 역할을 하는데, 최상층의 일부 층에서 벽을 없애고 위치를 임의로 이동시켰다. 다른 것도 아니고, 우리의 생명과 직접 연결된 아파트 구조에서 문제가 발생한 것이다. 이런 구조 변경이 어떤 절차를 통해 허

가가 났는지는 밝혀지지 않았다.

7. 사람들에게 엄청난 충격을 안겨 줬던 만큼 사고 원인이 정확하게 밝혀져 대중에게 전달되고, 재발 방지 대책에 대해서도 언론의 심층보도가 이어졌어야 했다. 하지만 사고 발생 보도부터 난장판이었다. 현대 사회는 어느 영역이든 고도로 발달해 있어 해당 업계 종사자들 중에서도 미디어 관련 훈련을 상당히 받은 사람들이 아니면 정확한 전달을 하기 어렵다. 게다가 한국에서는 미디어를 상대로 하는 일의 중요성을 제대로 이해하고 있는 회사들을 찾기 어렵다. 그러니 해당 업계에 대해 잘 모르는 사람들이 이해할 수 있도록 요점·요약 정리도 못하고, 정치적·정파적 이해관계까지 겹쳐지면 진실은 어디론가 증발되고 만다.

8. 실제로 규모가 작은 상가의 건축 현장 같은 데서는 경비 절감을 위해 정말 말도 안 되는 것들까지 줄이다가 대형 사고가 종종 나고 있다. 이러니 '자재를 빼돌렸다'고 대중이 인식하는 것이 아예 근거가 없다고는 할 수 없다. 무엇보다 일부 브랜드 아파트들이 막판 자재값 상승 등의 이유로 마감을 제대로 하지 않고 분양하고 있는 사례도 꽤 있으니, 건축에 대한 신뢰를 회복하기는 쉽지 않을 듯하다.

9. 또한, 실제로 안전사고가 가장 많이 발생하는 곳은 아파트 같은 대형 건설 현장보다, 유동 인구가 많은 곳에 세워지는 작은 건물들의 건설 현장이다. 이런 곳에서 사고가 나는 이유는 딴 것 없다. 대한민국의 건축물은 거의 대부분 최저가로 입찰한 건설사에서 수주하여 건설한다. 최저가로 입찰한 상태에서 건설사가 수익을 낼 수 있는 방법은 프로젝트 파이낸싱 등을 이용해 땅장사를 하거나, 각종 안전 규정은 완전히 무시하고 현장 경력이 짧거나 해당 작업을 할 자격이 없는 이들을 대거 투입하는 것이기 때문에, 사고가 날 수밖에 없다.

10. 콘크리트가 충분하게 구조 강성을 확보했다면, 자체 구조의 문제 때문에 붕괴할 가능성은 거의 없다. 포격이나 지진 같은 외부 충격이 있을 때 아니면 붕괴하기 쉽지 않다(앞에 있는 '건물 붕괴' 편 참조). 문제는 콘크리트가 충분한 구조 강성을 확보하기 전에 구조 변경 등이 이루어지는 경우다.

11. 원칙대로 운영되는 현장이라면, 주차장 상부 같은 곳에 뭔가 하중이 있는 장비 등이 잠시라도 설치되어야 할 경우, 그 설치 위치에 잭 서포트(Jack Support. 상부와 하부에 돌리는 장치가 있는 전봇대처럼 생긴 철로 만든 구조물)를 지상 바로 밑의 층에서부터 지하 맨 마지막 층까지 집어넣는다. 즉, 무엇이든 지상에서 하중이 추가로 주어질 수밖에 없는 상황이 벌어지면, 그 하중을 기초까지 그대로 전달할 수 있도록 해야 한다. 문제는 이런 작업을 제대로 하고 있는지 아닌지 일반인이 보기는 어렵다. 하지만 이를 유추할 수 있는 징후들은 있다.

☒ 사전 대비

1. 어느 건설 현장이든, 안전 규정들을 철저하게 지키면서 일하는 곳인지는 건물을 둘러싼 가설 비계(飛階) 상태만 봐도 알 수 있다. 가설 비계는 사람이 이동하면서 작업해야 하기 때문에 발판이 있어야 한다. 비계 발판엔 일정한 높이로 낙하물 방지판(가설 비계 자체에 틈이 많아서 그 틈을 매워주는 PVC 재질의 판이 있음)은 물론 방지 그물까지 촘촘히 설치하여 작업자와 건설 현장 주변을 지나가는 행인에게 아주 작은 낙하물도 발생하지 않도록 해야 하는데, 이를 안 지키는 현장이 많다. 이를 발견한다면, 즉시 관할 지자체 건축과에 신고해야 한다. 작업자와 행인도 보호하지 않는 곳인데 다른 규정을 지킬 리가 만무하다. 건설 현장에서 쓰는 자재들은 기본적으로 무게가 꽤 나가기 때문에 고층에서 떨어지면 대형 참사다. 지나가는 길 근처에 공사 현장이 있다면, 다른 길로 돌아가거나 멀찍이 떨어져서 지나간다.

2. 이런 일들이 왕왕 벌어지다 보니, 일부 아파트 입주자 단체는 아파트 건설 현장이 한눈에 보이는 곳에 CCTV를 설치하거나 정기적으로 드론을 날리는 경우도 있다. 자신들의 자산을 보호하기 위한 조치로 이해할 수 있지만, 드론은 거꾸로 안전을 위협할 수 있다. 한국의 건설 현장은 고압의 전기를 사용하는 곳이다. 고압의 전기는 상당한 자기장을 일으키며 동시에 전파에도 영향을 준다.

전자파 공격을 막을 수 있는 군용급 드론이 아닌 민수용이라면 이 영향에서 절대 자유로울 수 없다. 타워크레인으로 무거운 자재를 나르고 있는 곳에 드론이 떨어지면 이동하던 자재 추락으로 인명 사고가 발생할 수도 있고, 자재의 성격에 따라서는 타워크레인 자체가 무너질 수도 있다.

3. 건설 장비들은 고정된 상태에서 사용하는 것이 원칙이다. 일부 철거 현장에서 백호(흔히 포크레인이라고 알고 있는 그 장비)만 투입해서 작업하기도 하는데, 중장비가 기계 높이 이상의 건축 폐기물 위에서 작업하고 있다면 반드시 관할 지자체 건축과에 신고해야 한다.

4. 자재 이동은 이동식 크레인 혹은 고정식 타워크레인으로 하는 것이 원칙이다. 그 외의 건설 장비를 이용해서 무거운 자재를 이동시키고 있는 것을 봐도 사진을 찍고 관할 지자체 건축과에 신고해야 한다. 가장 흔하게 볼 수 있는 것은 백호의 삽에 걸거나 콘크리트를 레미콘에서 받아 쏴 주는 펌프카에 거는 경우다. 이런 작업들이 반복된 결과, 배송관에 부하가 심하게 발생해 타설 중에 펌프카 배송관이 터져서 작업자가 사망하는 사례도 있다.

5. 작업자들이 안전모를 착용하지 않았거나, 건설 장비 밑으로 이동하는 것을 봐도 신고해야 한다. 안전 관리가 안 되고 있다는 증거들 중 하나다. 이건 포상금도 있다.

6. 단, 어떤 경우에든 사진을 찍고 신고해야 한다. 작업하고 있는 이들에게 왜 작업을 그렇게 하고 있느냐고 따지면 안 된다. 현장 작업자들은 한국어가 서툰 사람들이 대부분이다. 그리고 혹시라도 현장 소장과 시비가 생기면 작업방해죄로 고소당할 수 있다.

7. 핵심은 법적으로 정의된 안전 규정을 지키도록 공공의 눈이 작동해야 한다는 것이다. 이게 계속 작동되지 않으면 안전 비용을 누락시키면서 건설 비용을 산정하는 관행이 계속될 수밖에 없다.

— Bad

1. 실제로 붕괴 사고가 일어났을 때, 건물의 코어, 즉 계단과 엘리베이터 쪽이 가장 튼튼하다는 얘기에 그쪽으로 대피한다. 하지만 건설 중 붕괴 사고는 안정 규정 중 어느 하나가 아니라 여러 가지를 무시했을 때 발생하는 일이다. 다른 곳들을 엉망으로 해 놓고 코어만 제대로 만들었을 리는 만무하다. 또한, 코어는 건물의 가운데 깊숙한 위치이므로 탈출하기에 더 불리하다.

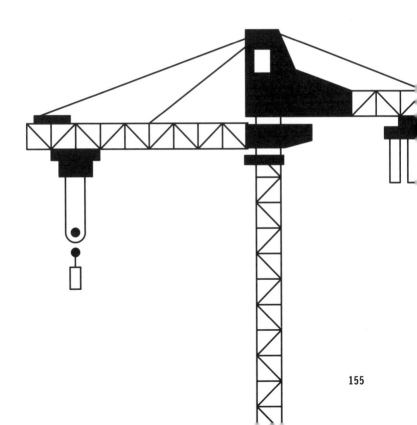

❓ 전기 화재 예방법

소방청 국가화재정보센터에 접속하면 매월 집계되는 화재 형태를 볼 수 있다. 화재 원인을 보면, 전체 화재의 21% 정도(2017년 기준)는 '전기'와 관계된 것이다. 접속 불량, 누전, 합선, 과열, 스파크 등 전기로 인한 화재는 계속 늘어나고 있다. 그런데 사실 몇 가지만 주의해도 이런 원인으로 인한 화재 발생 가능성을 원천적으로 차단할 수 있다. 우리의 소중한 재산과 생명을 지키기 위해 다음의 전기 안전 수칙을 기억해야 한다.

누전 주의

아래의 누전 징후가 있는지 주기적으로 확인하고 징후가 있으면 반드시 한국전기안전공사(1588-7500)에 신고해 누전 검사와 보수 공사를 해야 한다.

□ 전기를 사용하지 않는데도 전기 계량기가 계속 돌아간다.

□ 특별한 이유 없이 전등이 자꾸 흐려진다.

□ 벽이나 수도꼭지 등에 전기가 흐른다.

□ 전기 요금이 갑자기 늘어났다.

□ 집의 특정한 곳에 전기가 잘 안 들어온다.

먼지 제거

전기 제품에는 원래 먼지가 잘 달라붙는다. 달라붙은 먼지는 그 자체로도 지저분하지만 이 먼지가 쌓이면 화재 위험도 급속도로 증가한다. 전기 제품에 달라붙은 먼지를 쉽게 제거해 주는 제품이 많으니 전구는 물론 가전 제품에 쌓인 먼지 청소를 정기적으로 해야 한다.

플러그 분리

가장 기본적인 원칙이다. 모든 전자기기는 플러그가 연결되어 있으면 아주 적은 양이라도 전기를 쓴다. 전기 요금을 아끼는 방법이기도 하며 전기로 인한 화재 가능성도 원천적으로 차단하는 방법이다. 전기 제품을 안 쓸 때에는 플러그를 뽑는 습관을 들인다. 플러그를 뽑을 때는 전선을 당기지 않고 플러그 몸체를 잡고 분리해야 한다. 고열을 내는 다리미 등은 쓸 때만 플러그를 꽂아야 한다.

전선과 반려동물

많은 반려동물이 무엇이든 씹는다. 전선이 반려동물의 동선에 있으면 씹다가 감전사할 우려도 있고, 큰불의 원인이 될 수 있다. 반려동물을 키우는 집이라면 전선이 밖으로 노출되지 않도록 몰딩 처리한다. 릴레이와 멀티탭을 이용할 때도 전선이 노출되지 않도록 해야 한다.

DAILY
LIFE

차량 및
대중교통

터널

★   기억해야 할 사실들

1. 차가 터널 안에서 갑자기 멈춰 버리면 공포에 질려 제대로 된 판단을 하지 못
   할 수도 있다. 특히 최근에 건설된 터널은 10km가 넘는 장대 터널이 많아 휴
   대전화 감도도 좋지 않다. 따라서 보험회사 긴급 서비스를 받기 힘들다.

✗   사전 대비

1. 사람들의 도움을 쉽게 받을 수 있는 시내와 달리 고속로도 등을 달리다가 차에
   고장이 났을 때 가장 먼저 해야 하는 것은 '내 차가 고장 났으니 다른 차선을 쓰
   세요.'라고 알리는 것이다. 반드시 차량용 삼각 표시판을 준비한다.

▶   실제 상황

1. 자동차 비상등을 켠다.
2. 시동이 꺼져도 차는 어느 정도 탄력이 있으니 이 탄력으로 갓길로 들어간다.
3. 갓길로 들어갈 수 없는 경우에는 차를 멈추고 트렁크와 보닛을 열어 차가 고장
   났다는 것을 뒤에 오는 차들에게 알린다. 차에 탄 모든 사람을 조수석 방향으

로 내리게 한다. 터널 벽에 바로 붙어 내릴 수 있어 그나마 안전하다.

4. 모두 내린 다음, 터널 벽에 있는 대피 장소로 간다. 장대 터널은 일정한 거리마다 대피 장소가 있다. 이곳에 가면 사고가 났을 때 필요한 다양한 장비도 활용할 수 있으며 무엇보다 도로교통공사에 도움을 요청할 수 있다.

5. 1~4까지가 기본 처치다. 그다음에 차량 흐름을 확인해야 한다.

6. 차가 많이 지나가고 있을 때

   − 비상등을 켜고 천천히 정지한다.

   − 119와 보험회사에 신고한다. 휴대전화를 사용할 수 없으면 동승한 사람이 터널 벽에 있는 응급전화를 찾아 도로공사에 상황을 전하도록 한다.

   − 고장 난 차에서 약 100m 지점에 삼각 표시판을 세운다. 이때 형광조끼를 입고 터널 벽면으로 이동한다.

   − 사람들에게 도움을 요청해 터널 안에 있는 구난 공간에 차를 밀어 넣는다. 그 뒤에 터널 벽면으로 이동해 표시판을 회수한다.

7. 차가 많이 지나가지 않을 때

   − 차가 많은 때와 같은 요령으로 119와 보험회사에 신고한다.

   − 고장 난 차에서 약 100m 지점에 삼각 표시판을 세운 후, 운전자는 차 핸들을 조작하면서 차를 구난 공간으로 밀어 넣는다. 그 뒤에 터널 벽면으로 이동해 표시판을 회수한다.

   − 동승자가 있으면 그 사람은 터널 벽면에 붙어서 경광등을 계속 흔들도록 한다. 보험회사에서 부른 견인차량이 도착하기 전까지 삼각 표지판 앞의 터널 벽에 붙어 경광등을 계속 흔들어 뒤에 오는 차들에게 경고한다.

➖ Bad

1. 무조건 차를 버리고 몸을 피한다.

   차량 흐름을 방해할 뿐만 아니라 대형 교통사고의 원인 제공자가 될 수도 있다.

호수, 해안, 강변

★ 기억해야 할 사실들

1. 호수와 바닷가 근처의 길에 모래가 밀려 올라와 있는 경우가 많다. 코너를 돌다가 제대로 제어하지 못해 호수 속으로 차가 추락하는 사고가 종종 생긴다. 2004년에는 대구 월드컵 경기장 뒤에 있는 호수에 승용차가 추락해 사망하는 사건이 있었고 2016년에는 해안과 항, 포구, 호수, 강변에서 잇단 추락사고가 벌어지기도 했다.

2. 추락하는 과정에서 정신을 차리고 있으면 차가 물에 잠기는 사이에 빠져나올 수 있으나, 보통 중간에 정신을 잃는다. 그리고 차가 깊은 물속에 빠지면 뒤집히는 경우가 대부분이다. 그런데 이런 사고를 겪으면 아주 당연한 사실 하나를 잊어버린다. 물속에서는 '수압'이 작동한다. 수압을 사람이 힘으로 이길 방법은 없다.

⏳ 사전 대비

1. 자동차 안전 용품을 확보하고 다닌다. 차 트렁크뿐만 아니라 실내에도 소화기와 유리를 깨는 망치는 비치되어 있어야 한다. 요즘은 차량 탈출용 키트를 따로 판매하기도 한다. 안전벨트를 자를 수 있는 칼과 유리를 깰 수 있는 소형 망

치가 붙어 있다.

2. 해안, 호수, 강변 등 모래가 많은 지역에서는 과속하지 않는다. 잘 모르는 길에서 과속하면 위험한 게 당연하다. 해안, 호수, 강변 등의 도로에서 야간에 과속하는 것은 목숨을 남에게 맡기고 달리는 것과 같다.

▶ **실제 상황**

1. 차가 물속에 완전히 잠기기 전이며 정신을 차리고 있다.
   - 빠지는 순간 정신을 차릴 수 있다면, 차가 물에 빠지기 전에 팔을 가슴으로 모은다. 물에 빠질 때 놀라서 팔을 흔들다가 팔이 부러지기 쉽고 팔이 부러져서 탈출하지 못하는 경우가 많다.
   - 창문을 연다. 창문이 열리지 않으면 차의 구조체와 가까운 쪽의 코너들을 소화기 혹은 망치를 이용해 깬다.
   - 동승자를 먼저 탈출시키고 운전자는 맨 뒤에 탈출한다.
   - 동승자들이 의식을 잃었어도 창문은 먼저 열어야 한다. 그러고는 의식을 잃은 동승자들의 안전벨트를 푼 다음 사람들을 창문을 통해 밀어낸다.
   - 차에서 탈출한 다음 밀어낸 동승자들을 구출한다.
   - 물 밖으로 꺼낸 후 심폐소생술을 실시한다.

2. 차가 물속에 잠겼다.
   - 보통 이 상태면 차가 뒤집힌다.
   - 안전벨트를 풀고 거꾸로 매달려 있는 몸을 천천히 중력 방향으로 돌린다.
   - 동승자들의 정신을 차리게 한다.
   - 물이 완전히 들어올 때까지 기다린다.
   - 물이 완전히 들어오면 창문을 열어 동승자부터 탈출시킨다.
   - 창문이 열리지 않으면 창문의 모서리를 깨야 한다.
   - 노약자부터 탈출시킨다.

3. 자동차 유리는 유리와 유리 사이에 필름을 넣은 형태로 되어 있다. 그래서 일반 유리가 깨졌을 때와 깨지는 형태가 다르다. 유리를 깰 때 넓은 면적을 가격하는 것보다 뾰족한 것을 사용해 좁은 면적에 힘을 집중하는 것이 더 수월하다.

▶▶ 이후 할 일들

1. 물속에 잠긴 휴대전화는 보통 쓸 수 없지만, 생활방수가 되는 휴대전화가 혹시 작동되면 119에 신고하고 병원으로 가야 한다.
2. 물속에서 나왔으면 빨리 도움을 받아 병원에 가서 더 다친 곳이 없는지 확인한다. 무엇보다 따뜻한 곳으로 이동해야 한다. 저체온증으로 목숨을 잃을 수도 있다.

— Bad

1. 차 안에 물이 차오르기 전에 유리창을 깨고 탈출하려고 한다.
   사람의 힘은 수압을 이기지 못한다. 무리하게 유리를 깨려다 탈진해 탈출에 실패하는 경우가 많다.

남성 승객

★ 기억해야 할 사실들

1. 2016년 5월 30일, 《파이낸셜뉴스》의 〈지하철 '성범죄 몰카' 3년새 급증〉이 라는 기사에 따르면, 2015년 한 해 동안 지하철에서 발생한 강간 혹은 강제 추행이 788건, 카메라 이용 등 몰카 촬영이 731건으로 2012년 대비 2배 이 상 증가했다. 특히 카메라 등을 이용해 타인의 신체를 촬영하는 몰카 범죄는 2012년 229건에서 2015년 731건으로 3배 이상 증가했다.

2. 대한민국에서 성범죄의 위험도는 범행의 편의성이 높으냐 낮으냐에 크게 좌 우된다. '뉴스타파'가 2015년 5월 19일 공개한 우리 동네 성폭력 위험 지도를 보면, 성범죄자가 얼마나 접근하기 쉬웠는가에 따라 위험도가 다르다. 지하철 에서 성추행과 몰카 범죄가 증가하는 이유는 다른 교통수단에 비해 범죄를 저 지르고 도주하기 쉽기 때문이다.

3. 대한민국에서 성범죄는 더 이상 친고죄가 아니다. 누구든 봤다면 본인이 피해 자가 아니라 하더라도 경찰에 신고할 수 있다. 사실 이게 핵심이다.

4. 2013년 여성가족부가 발표한 '성폭력 실태 조사'에 따르면, 성추행을 당한 피 해자들이 자리를 옮기거나 도망치는 것으로 대응하는 경우가 가장 많고(전체 59.4%) 그냥 있었다는 응답도 27.1%였다. 성범죄 피해자가 순간적인 수치심 때문에 적절한 판단을 하지 못하기 때문이다. 주변에서 적극적으로 도와야 한 다. 특히 남성이 직접 나서는 경우에는 성범죄자를 잡을 확률이 높아진다.

ⓧ 사전 대비

1. 경찰청 공식 블로그에 따르면, 성범죄자를 신고했을 때 지하철의 맨 앞 칸이나 맨 뒤쪽 칸은 쉽게 추적할 수 있기 때문에 대부분의 성범죄자는 해당 칸은 기 피하는 경향이 있다고 한다. 즉, 맨 앞 칸과 맨 뒤쪽 칸이 가장 안전하다.

2. 범죄자들은 항상 앉아서 가장 손쉽게 촬영할 수 있는 대상을 노린다. 카메라가

아무리 알아보기 어려운 것들이라고 하더라도 카메라는 피사체를 향하고 있어야 하며 중간에 방해물이 있으면 안 된다는 점을 기억하고, 그러기 힘든 곳을 골라 앉는다.

3. 호루라기 등의 휴대용 경보기를 항상 몸에 지니고 다닌다. 지하철 성범죄자 대응의 핵심은 성범죄자의 범죄 행위를 노출하는 것이다.

▶ **실제 상황**

1. 가벼운 접촉이 있어도 바로 몸을 45도로 비튼다. 성범죄자는 자신의 범행이 발각되면 바로 범행을 포기한다.

2. "치한이야!"라고 외치는 것이 가장 좋은 방법이다. 성범죄가 벌어졌다는 것을 주변 사람이 바로 알기 때문에 증언을 확보하기도 쉽다.

3. 성범죄자를 공개적으로 노출시키기 어렵다면 자신이 타고 있는 열차, 열차 위치, 열차 번호, 치한과 신고자의 위치, 인상 착의 등을 112에 문자 메시지로 보낸다. 서울지하철 1~8호선의 경우 서울교통공사(1577-1234)로 보내거나 전화해서 신고하는 것도 방법이다.

4. 성범죄자 체포에서 가장 중요한 것은 증거다. 용기를 내서 성추행범과 맞서지 못하더라도 성범죄자의 범죄 행위 사실을 증명할 수 있는 사진이 있다면 체포가 좀 더 용이해진다. 피해자와 가해자가 어디에 있는지 알 수 있을 정도의 전경 사진과 범죄 행각을 증명할 수 있는 접근 사진 두 가지가 있으면 가장 좋다. 카메라 소리가 사방에서 나는 것만으로도 범죄자를 움츠러들게 할 수 있기도 하다.

5. 지하철 역 곳곳에 지하철 수사대가 대기 중이며 주기적으로 열차 순찰을 하고 있다. 성범죄 사실 신고 이후 출동에 범인 검거까지 많은 시간이 걸리지는 않는다.

6. 시민 체포가 가능하지만 체포하다가 몸싸움이 벌어지면 쌍방 폭행으로 엮일

수도 있으니 절대로 폭행해서는 안 된다.

— Bad

1. 호신용 스프레이나 전기 충격기로 대응한다.

　흔들리는 지하철에서 정확하게 맞추기는 쉽지 않다.

자동차 안전 용품 리스트

모든 사고가 마찬가지지만 자동차 사고 역시 언제 어디서 어떻게 일어날지 모른다. 대한민국이 아무리 보험사의 긴급 구조 서비스가 잘 되어 있는 국가라고 해도, 보험회사 직원이 나를 도와주러 오는 데는 시간이 걸린다. 응급조치를 위해 반드시 차 안에 갖추고 다녀야 할 필수 품목을 알아보자.

□ 발광 삼각 표지판과 경광등

고속도로나 국도에서 차가 고장 나서 멈추면 뒤이어 오는 차가 내 차를 보지 못해 대형 사고가 발생할 수 있다. 반드시 100m 뒤에 발광 삼각 표지판을 세워 두고 응급 서비스를 기다려야 한다. 특히 밤에는 삼각 표지판을 세우러 나갈 때도 경광등으로 신호를 보내야 한다. 최근에 출시된 신차에는 기본적으로 제공된다. 혹시라도 없으면 자동차 딜러에게 확인한다. 중고차인 경우에는 없거나 파손되었을 수 있다. 온라인 쇼핑몰이나 대형 마트, 혹은 자동차 용품점에서 삼각 표지판과 경광등을 2만 원 정도에 살 수 있다.

□ 소화기

2개가 필요하다. 간단하게 대응할 수 있는 스프레이형 소화기는 2만 원 내외이며 손이 빨리 닿을 수 있는 곳에 배치한다. 큰 화재에 대응하기 위한 ABC 소화기는 3만 원 내외로 우리가 아는 일반적인 분말 소화기다. 차량 겸용이라고 되어 있는 제품을 구입한다. 보통 차 실내에 두기는 크니, 차 트렁크 안에 넣어 둔다.

□ 사각지대 거울

자동차 운전석에서는 볼 수 없는 사각지대를 볼 수 있게 해 준다. 이 공간에 차나 오토바이가 있는 것을 확인하지 못해 사고가 발생하는 경우도 많다.

□ 안전띠 커버

안전띠가 닿는 어깨가 쓸려서 안전띠를 하지 않는 운전자가 꽤 된다. 마트나 온라인 쇼핑몰에서 1만~2만 원 내에 살 수 있는 안전띠 커버만 해도 안전띠 착용이 많이 편해진다.

□ 점프선

배터리가 방전되어 차에 시동이 걸리지 않을 때 다른 차의 도움을 얻을 수 있다. 가격은 5,000원 정도다.

□ 손전등

1만~2만 원대 제품으로 2개 정도 구해 놓으면 다양하게 쓸 수 있다. 반드시 여유분의 배터리도 챙긴다. 배터리는 포장을 뜯지 않으면 상당히 오래 보관할 수 있다. 정비할 때마다 유효기간을 확인하고 남은 기간이 한 달 이내면 교체한다.

□ 미끄럼 방지 보조 페달

장마철에 액셀러레이터나 브레이크 페달이 미끄러지는 것을 방지해 준다. 겨울에도 쓸 수 있으며 1만 원 정도에 살 수 있다.

□ 생수

폭염이 심한 때에는 사람에게도 도움이 되지만 차 냉각수에 문제가 생겼을 때도 해결책이 된다. 2ℓ짜리 한 병의 유통기한은 대략 1년이며 식구 숫자대로 준비해 두는 것이 좋다. 정비소 등에서 살 수 있는 냉각수는 깨끗한 물에 부동액과 방청제 등이 포함된 것이다. 그러니 여름철에는 생수를 넣어도 차에는 큰 문제가 없다. 하지만 냉각수가 부족한 상태가 되었으면 차에 다른 이상이 있을 수도 있으니 빨리 정비소를 찾아 점검 받아야 한다.

□ 사계절용 워셔액

워셔액이 없어서 오염된 앞유리를 닦지 못하는 경우가 꽤 많다. 가격 차이도 얼마 안 나니 사계절용 워셔액을 준비한다.

□ 장갑과 비상용 공구함, 타이어 리페어 키트

대형 마트의 자동차 용품 코너나 공구 가게 등에서 구할 수 있는 3M사의 작업용 장갑과 드라이버 등이 들어 있는 비상용 공구함도 필수다. 타이어 리페어 키트는 펑크가 난 타이어의 공기 주입구를 통해 액체형 본드를 넣어 주는 장치로, 고속도로같이 바로 자동차 수리점으로 갈 수 없는 곳에서 쓸 수 있는 장비다. 요즘 신차는 스페어 타이어 대신 전동 리페어 키트를 넣어 주는 경우가 많다. 사용법을 제조사의 블로그 등에서 미리 확인해 둔다.

□ **형광 조끼**

고장이 난 상태에서 차를 세우려고 차 밖으로 나갈 때는 형광 조끼를 입어야 한다. 그래야 뒤따라 오는 차의 운전자가 알아보기 쉽고, 도로에 나가는 사람들 뒤에 오는 차가 치는 2차 사고를 방지할 수 있다.

□ **차량용 다용도 망치**

자동차 유리를 깨기 쉬운 소형 망치와 안전벨트를 빨리 끊을 수 있는 작은 칼이 붙어 있는 제품이다. 손이 쉽게 닿을 수 있는 운전석 옆의 도어 맵 포켓 같은 차 내 수납 공간에 테이프로 고정시켜 둔다.

겨울철 안전 용품

□ **체인**

체인은 대표적인 겨울철 안전 용품이다. 요즘은 차를 잘 몰라도 쉽게 끼울 수 있는 제품이 많이 나오고 있다. 몇 만 원대의 저가품부터 수십 만 원대의 고가품까지 있는데, 초보 사용자들의 평이 좋은 제품을 선택하는 것이 좋다. 강원도 일부 도로는 체인이 없으면 아예 통행할 수 없는 곳도 있다. 11월부터는 반드시 챙기도록 한다.

□ **스노우타이어**

최근 신차에 제공되는 타이어는 여름용 타이어인 경우가 많다. 스노우타이어는 11월부터 3월까지 사용하는데, 여름에 구입하면 아주 저렴하게 구할 수 있다.

□ 성에 제거기와 김서림 방지제

겨울철, 혹은 장마철에 차 안에 김이 서리는 것을 막아 준다. 제거기는 대체로 스프레이 형태로 되어 있으며 닦아 내기 위한 천 등과 함께 판다. 대략 3,000원에서 1만 원 사이에 구입할 수 있다.

□ 담요

폭설 등으로 차가 고립되었을 때, 혹은 차에서 불이 났을 때 활용할 수 있다. 집에서 안 쓰는 두꺼운 담요, 혹은 군용 담요 1장 정도는 항상 트렁크에 넣어 두는 것이 좋다.

- 승용차의 연비는 차 안에 얼마나 많이 싣고 다니느냐에 따라 달라진다. 계절별로 필요한 용품을 계절에 따라 넣어 두고, 별도 수납용 박스에 챙겨 두면 긴급 사태가 벌어졌을 때 빨리 대응하기 쉽다.

171

안전한 자전거 타기를 위한 체크리스트

정부와 지자체의 적극적인 자전거 지원 정책에 힘입어, 자전거 인구는 말 그대로 폭발적으로 늘었다. 자전거로 출퇴근하는 자출족이 생기기도 했고, 여름밤 한강의 고수부지는 밤을 달리는 자전거로 장관을 이루기도 한다. 그러나 도로교통법상 '차마'에 해당한다는 이유로 도로도 달릴 수 있는 자전거는 자동차 운전자들에게 악몽이기도 하다. 자동차와 자전거가 충돌하면 대형 사고가 되기 때문이다. 건강에 좋고 환경에도 좋고, 더불어 돈까지 절약할 수 있는 자전거의 장점을 누리기 위해, 자전거 관련 법령과 자전거를 안전하게 타는 상식 몇 가지를 알아보자.

1. 자전거의 법적 지위

도로교통법 제2조 16항에 의거해 자전거는 '차'다. 즉, 차로서의 권리와 의무가 있다. 이것은 한국뿐만 아니라 세계 많은 나라에서도 마찬가지다. 1968년의 비엔나 협정에서 '자전거'를 '차'로 정의했기 때문이다(국제운전면허증은 1949년 제네바에서 체결된 '도로교통에 관한 협약'과 1968년 빈에서 체결된 '도로교통에 관한 협약'에 의거해 발급받는다).

2. 자전거 도로

우리나라에서 자전거 도로는 '자전거 이용 활성화에 관한 법률'에서 정의하는 것으로 모두 네 가지다.

- 자전거 전용 도로: 자전거만 통행할 수 있도록 분리대, 연석 등으로 차도와 보도와 구분된 도로.
- 자전거 보행자 겸용 도로: 보행자도 함께 걸을 수 있도록 분리대, 연석 등으로

차도와 구분된 도로.

‒ 자전거 전용 차로: 다른 차와 공유하면서 안전 표시나 노면 표시 등으로 자전거 통행 구간을 구분한 차로로, 기본적으로 차로의 한 차선을 자전거 도로로 이용하는 것이다.

‒ 자전거 우선 도로: 자동차의 통행량이 대통령령으로 정하는 기준보다 적은 도로의 일부 구간과 차로를 지정해 자전거가 안전하게 통행할 수 있도록 도로에 노면 표시가 된 자전거 도로.

자전거 도로가 아닌 곳에서는 도로의 우측 가장자리에 붙어서 통행해야 하며, 차도와 보도가 구분되지 않는 도로에서는 보행자의 권리를 우선시한 상태에서 통행할 수 있다. 즉, 보행자의 통행에 방해가 되면 자전거가 멈춰야 한다. 또한, 자전거는 두 대가 나란히 갈 수 없다. 자동차의 통행을 방해하는 것이므로 도로에서는 일렬로 달려야 한다.

3. 자전거를 탈 때 안전 장비를 갖춰야 하는 이유

현재 법은 14세 이하의 어린이만 안전 장비를 갖추도록 되어 있다. 그러나 기본 안전 장비가 없으면 위험하다. 도로교통공단의 2009년부터 2011년까지 자전거 사고 통계에 따르면, 자전거 사고 사망자 3,188명의 89%가 헬멧을 쓰지 않았던 것으로 나타났다.

4. 교차로에서 좌회전을 하려면?

도로에서 자동차가 좌회전하려면 신호만 받으면 된다. 하지만 안전사고 등의 이유로, 자전거는 우측 도로의 가장 자리를 달리다가 진행 방향의 직진 신호에 따라 길을 건넌 후, 대기하고 다시 직진 신호가 떨어지면 그 신호를 따라 길을 건너야 한다. 자동차의 좌회전 신호를 받아 그대로 달리면 안 된다. 법규 위반으로 인한 사고의 대부분은 교차로에서 수신호를 하지 않고 직각으로 회전하다가 난다.

5. 건널목을 횡단하는 방법

이전에는 횡단보도를 건널 때 자전거에 타고 있으면 차 운전자로, 자전거에서 내려 횡단보도에서 자전거를 끌고 가면 보행자로 취급했다. 즉, 사고가 났을 때만 다른 대우를 받았다. 하지만 지금은 자전거 횡단도로가 따로 없다면 반드시 자전거에서 내려 자전거를 끌고 지나가야 한다.

6. 자전거 음주운전

아직 자전거 음주운전에 대한 법적 처벌 조항은 없다. 하지만 몸으로 달리는 자전거는 실제 시속 20km 정도로 달려도 그 체감 속도는 상당히 높다. 노출된 상태에서 달리기 때문이다. 또한, 술을 마시면 몸이 이완되어 대응 속도가 현저하게 떨어지기 때문에 쉽게 사고가 나며 그 피해도 크다. 사고의 위험이 높을 뿐만 아니라 피해자가 되었을 때 보험사에서 피해 보상을 받지 못할 수도 있다.

안전하게 자전거를 타기 위한 체크리스트

☐ 전조등, 후미등, 벨 등 안전장비를 자전거에 부착하고 반드시 헬멧을 착용한다.

☐ 긴급 수리 장비와 응급의약품(압박붕대, 밴드, 소독약) 등을 가지고 자전거에 탄다(자전거 용품 온라인 쇼핑몰, 혹은 자전거 숍에 가면 안장에 붙이는 지퍼형 가방이 있다).

☐ 준비운동을 충분히 한다. 특히 스트레칭을 충분히 해야 한다. 스트레칭이 충분하지 않았다면 근육에 상당한 무리가 갈 수 있다.

☐ 무리하지 않고 자신의 체력과 실력에 맞춰 탄다. 자전거를 안전지대 혹은 보행자 도로 안쪽 통행을 방해하지 않는 곳에 세워 놓고 쉬고 있다고 해서 뭐라고 할 사람은 없다.

☐ 보행자와 아이들이 보이면 속도를 줄인다. 아이들은 어느 방향으로 튀어 들어올지 아무도 모른다.

☐ 자전거로 출퇴근을 하려면 먼저 관련 자전거 인터넷 카페에 가입하고 코스 추천을 받는다. 보통 가입 이후에 바로 게시판에 글을 쓸 수 없다. 글을 올릴 수 있는 자격이 될 때까지 자전거 도로에서만 탄다. 카페에서 추천해 주는 코스는 도로로 직접 나가는 구간을 최소화하는 구간들이므로 선배 고수들의 조언을 받아 달린다.

☐ 과속하지 않는다. 한강 주변 도로에는 보통 시속 20km 이하로 달리라는 도로 표지판이 붙어 있으며 한강 지류 대부분은 지역 주민들의 운동코스다.

☐ 자전거 전용 도로가 있으면 반드시 전용 도로만 이용한다.

☐ 교차로에서는 회전 방향으로 수신호를 보내고 주변 여건을 보아 가며 최대한 감속한다.

☐ 술을 마시고 타지 않는다.

☐ 이어폰, 휴대전화 등은 반드시 자전거에서 하차한 다음에 이용한다.

전동 킥보드

전동 킥보드는 대단히 유용한 개인 교통수단 혹은 이동장치(Personal Mobility, PM)다.(도로교통법의 정의와 달리, 일반적으로 영어권에서 킥보드(kickboard)는 주로 수영에서 발차기 연습할 때 잡는 도구를 가리키며, 우리가 보통 '킥보드'라고 부르는 일종의 이륜차는 '스쿠터(scooter)'라고 한다.) 전기를 사용하기 때문에 작은 크기로 비교적 가볍게, 심지어 접는 형태로도 만들 수 있다. 접는 형태는 차에 넣고 다니기에도 좋다. 더불어, 전기 모터로 구동되니까 조용하다.

요즘에는 갈수록 집과 직장 사이의 거리가 멀어져서, 역세권에 사는 사람이 아니라면 출퇴근만으로도 만 보를 훌쩍 넘겨 몇 킬로미터 거리를 걸어야 하는 경우가 많다. 전동 킥보드는 이런 사람들에게 훌륭한 해법을 제공했고, 이는 공유 킥보드 업체들의 매출 증가로도 확인할 수 있다. 따져 보면 이용료가 결코 싸지 않은데도 그렇게 이용자가 폭증했던 것은 그만큼 편리하다는 반증이다. 그러나 안전의 관점에서 바라보면 이런 장점들 대부분은 전동 킥보드가 위험천만한 물건이라는 근거가 된다.

전동 킥보드의 위험성

1. 전기 모터를 쓰니까 작고 가볍게 만들 수 있고 상당한 출력을 낼 수 있다. 하지만 출력이 높은데 크기가 작고 가볍다면 안정적으로 조종하기 어렵다. 전동 킥보드의 구조상, 무게중심이 높게 잡힐 수밖에 없기 때문이다.
2. 접는 형태의 개인형 이동장치는 충분한 구조 강성을 확보하기 어렵다. 자전거 중에서도 충분한 강성을 가지고도 접히는 폴딩 바이크들은 아주 비싸다. 소위 말하는 플래그십 전동 킥보드 가격을 훌쩍 넘는다. 그런데 훨씬 고속으로 움직

이는데도 접히는 전동 킥보드가 폴딩 바이크보다 값싸게 나왔다면, 안정성을 의심할 수밖에 없다.

3. 조용하다는 전동 킥보드의 장점은 보행자 입장에서 보면 전동 킥보드가 고속으로 이동해도 다가오고 있는지 알 수 없다는 이야기이기도 하다. 더불어 꽤 많은 킥보드 사용자의 인도와 차도를 오고가는 평소 운전 행태는 보행자나 차량 운전자의 분노를 이끌어 내기에 충분하다.

당연히 사고가 많이 날 수밖에 없다. 보급 초반기였던 2017년만 해도 연간 117건 정도였던 교통사고 건수가 2022년에는 2,386건으로 20배 이상 늘어났다. 이 정도 수치면 주변에서 어렵지 않게 사고 사례를 찾아볼 수 있을 정도다. 이렇게 사고 건수가 증가하고 있는데도, 전동 킥보드의 법적 지위는 애매하다. 그럴 수밖에 없다. 편의성을 극찬하는 사람들과 이들의 운전 행태에 분노하는 사람들 간의 합의를 이끌어 낸다는 건 결코 쉽지 않다. 이런 상황에서는 정치인들이 정말 열심히 노력해야 하는데, 그들에게는 이것도 처리해야 할 수많은 법안 중 하나일 뿐이다. 더구나 들여야 하는 노력의 양과 일의 난이도에 비해, 얻을 수 있는 결과는 별로 티도 안 나는 법안 하나뿐이니 이 문제를 해결하려고 달려들 정치인은 그렇게 많지 않다.

안전을 위협하는 빈틈

1. 이런 답보 상태에, 전동 킥보드의 애매한 법적 지위로 인해 안전을 위협하는 빈틈이 한두 가지가 아니다. 일례로, 제조자는 시속 25km 이하로만 달릴 수 있게 만들어야 하지만, 그 이상의 속도를 낼 수 있도록 사용자가 개조하는 것을 법적으로 막지는 않는다. 그러다 보니 대부분의 전동 킥보드는 약간만 손을 봐도 시속 30~50km로 달릴 수 있다. 심지어 시속 100km로 달릴 수 있는 기계들도 볼 수 있다.

2. 대부분의 전동 킥보드에는 사이드 미러나 방향 지시등 같은 장치가 아예 없다. 심지어 별도 부착도 할 수 없다. 결국, 기계 자체도 안전하다고 할 수 없는데, 제조와 운행을 사회적으로 제어하는 법도 제 구실을 못하고 있는 상황이다. 사실 법적으로 규제를 강화한다고 해도 제조사들이 이를 피해갈 수 있는 방법은 많다.

공유 킥보드 제공 업체들은 공유 킥보드에 대한 대중의 반감이 커지고 급기야 최근에는 파리에서 공유 킥보드가 금지되었다는 소식을 접하면서, 전기 자전거 대여로 사업 방향을 틀고 있다. 하지만 전기 자전거도 전동 킥보드가 만들어 내고 있는 사회적, 물리적 문제에서 자유롭지는 않다.

무엇보다 이 문제는 한국 사회의 고질적인 한계와 맞닿아 있다. 대한민국이라는 국가는 지구상 어느 나라도 경험해 보지 못한 속도로 경제성장을 이뤘다. 좋아 보이는 남의 것들을 빠른 속도로 자기 것으로 받아들이는 방식이었는데, 어떻게 보면 모든 것을 빠르게 흡수하는 아주 훌륭한 학생이었던 셈이다. 그렇게 남들이 개발한 것을 빠르게 양산하는 방법에 집중해 온 반면, 어떤 갈등이 생겼을 때 그걸 사회 내부에서 스스로 해결하는 능력은 거의 계발하지 못했다. 대한민국에서 가장 공허한 말이 '사회적 합의'다. 이루어 본 적이 없기 때문이다.

물론 아주 불가능한 것은 아니라고 본다. 조금 다른 이야기일 수도 있지만, 2018년 나왔던 코넬 대학교 논문에 따르면, '레딧'이라는 온라인 커뮤니티에서 단 1%의 사용자가 전체 분쟁의 74%를 일으키고 있다는 조사결과가 있었다. 이건 사회의 다른 영역에서도 비슷할 것이라 생각한다. 어떤 제도나 플랫폼에서 그걸 최대한 악용하는 이들의 숫자는 체감하는 것과는 달리 그다지 많지 않다. 공유 킥보드를 사용하면서 보행자나 자동차 운전자 등이 위협을 느끼게 만드는 사용자 역시 극히 일부일 것이다. 극히 일부에 불과한 이들이 공유 킥보드 사용자 전체에 대한 대중의 분노를 일으키고 있다면, 그러한 사용자들을 빠르게 솎아내고 안전하게 운전하는 이들에게 일정한 보상을 하는 방법을 찾아내야 한다.

더불어, 제도적으로 최대한 빠른 시간 내에 정리되어야 할 부분이 몇 가지 있다. 대표적인 것이 작동 방식의 통일이다. 자동차와 자전거, 그리고 모터 바이크의 경우, 작동 방식이 통일되어 있다. 그러나 전동 킥보드의 경우에는 제품에 따라 작동 방식이 천차만별이다. 장착된 배터리의 수명을 감안하면 몇 년 단위로 재구매해야 하는 제품들인데 작동 방식이 다르면 긴급한 상황에서의 대응이 쉽지 않다. 현재의 정치적 지형을 볼 때, 정치권에서 이 문제들을 빠른 시간 내에 해결할 수 있을 것 같지는 않으므로 조심스럽게 타는 방법밖에는 없다.

기본적으로 지켜야 할 사용 수칙

1. 시속 25km 이상의 속도로 운전하지 않는다. 사실 자전거로 평지에서 시속 25km 정도로 몇 시간을 계속 타려면 상당한 심폐 능력과 체력이 필요하므로, 상당수는 이 속도로 타질 못한다. 또한, 사고 위험도 크다는 걸 체감하고 있다. 그런데 전동 킥보드 사용자 대부분은 시속 25km 이상의 속도로 달리는 것이 얼마나 위험천만한 일인지 체감하지 못하며, 잘 모른다. 쉽게 복합골절을 당할 수 있고, 헬멧과 같은 기본적인 보호장비도 안 했다면 몇 달간 정상적인 생활이 어려울 정도로 크게 다칠 수 있다.

2. 개조하지 않는다. 법적으로 제한속도가 시속 25km이기 때문에, 그 이상의 속도를 낼 수 있도록 개조하더라도 제조사는 책임지지 않는다. 서스펜션도 제대로 장착되어 있지 않아, 지정값 이상의 속도를 내려고 개조하면 조종 자체도 어렵게 된다. 당연히 사고 가능성은 폭발적으로 높아진다.

3. 안전 보호장비 착용을 생활화한다. 잘해야 자전거 헬멧 정도를 쓰고 달리는데, 자전거는 전동 킥보드보다 훨씬 더 느리게 달린다. 여기에 또 한 가지 심각한 문제가 있다. 헬멧조차 규격이 없다.

4. 비나 눈이 오는 날과 같이 길이 미끄러울 때에는 운전하지 않는다. 반복하지만 전동 킥보드는 구조적으로 안정적일 수 없는 기계다. 그러니 바닥이 미끄럽

다면 거의 100% 미끄러진다고 생각하면 된다. 미끄러질 경우, 달리던 속도에 기계와 자신의 몸무게가 가중된 충격을 받는다.

5. 충전율 50%를 상시 유지하도록 한다. 배터리 수명을 감안하면 반드시 지켜야 한다. 운전 중 방전되면 기계의 수명에도 안 좋을뿐더러, 조향 장치는 물론 라이트, 경적까지 작동하지 않기 때문에 사고의 위험은 몇 배 더 높아진다.

6. 최소 분기별로 전문점에서 점검을 받는다. 자동차 운전자들은 주행 거리 5,000~6,000km 혹은 분기별로 카센터에 가서 엔진오일 등을 교환하면서 이런 저런 점검들을 받아야 한다는 것을 알고 있다. 기계니까. 전동 킥보드도 마찬가지다. 또한, 전동 킥보드의 배터리 수명이 2년 내외라는 사실 역시 기억하고 있어야 한다. 더불어 공유 킥보드의 경우에는 점검 주기 혹은 일자 및 점검 유효 기간을 표시하는 제도를 도입할 필요가 있다.

7. 실비보험을 들 때는 반드시 이륜차 및 전동 킥보드 특약을 확인하도록 한다. 워낙 사고가 많이 나고 있기 때문에, 실비보험의 경우 관련 특약 가입을 안 하면 보험료 지급을 거부한다. 전동 킥보드 사고에서 가장 쉽게 다치는 부위가 무릎 인대인데, 인대는 MRI를 찍어봐야 총 치료 기간을 산정할 수 있으니 웬만하면 찍게 된다. 하지만 모든 무릎 MRI가 건강보험 적용이 되는 것은 아니므로, 실비의 지원이 없다면 수십만 원을 낼 수도 있다.

8. 물건을 들고 타야 한다면 반드시 배낭에 넣어 둔다. 그러지 않으면 손목이나 조향 장치에 거는 수밖에 없는데, 갑자기 차나 아이가 튀어나왔을 때 조향 장치 조작에 문제가 생길 수밖에 없어 제대로 피하지 못한다.

9. 기장이 긴 롱패딩이나 코트, 흘러내릴 수 있는 머플러, 스카프 등을 입고 타지 않는다. 바퀴로 감겨 들어갈 수 있기 때문이다.

2

어린이

아이들이 위험하다!

잘 알려졌듯이 군대를 두 번 다녀온 '월드 스타' 싸이는 워낙 낙천적이라 그런지 아니면 방송용 멘트인지는 알 수 없으나 '군대 두 번 갔던 이야기'를 하면서 늘 "재미있었다."라고 당시를 회상했다. 남들은 훈련소 입소 후에 무슨 일이 벌어질지 몰라 두려워하지만, 자신은 두 번째였으니 두려울 것이 없었다는 이야기다.

아이를 기르는 것도 이와 비슷한 측면이 있지 않을까 싶다. 초보 엄마 아빠는 아이가 울기만 해도 가슴이 철렁 내려앉고, 병원에 달려가야 하는 건지, 아니면 집에서 간단하게 해결할 수 있는 문제인지 판단 못 하고 우왕좌왕한다. 그러다가 둘째, 셋째를 낳으면 너무도 태연하게 자가 처방을 하고, 혹 병원 갈 일이 생기더라도 시간 맞춰 여유 있게 준비해서 간다.

두 세대 전만 하더라도 대한민국의 아이들은 마을 전체가 키웠다. 하지만 핵가족일뿐더러 한 자녀 가정이 다수인 지금, 아이에게 어떤 문제가 생기면 그것을 해결해야 하는 것은 육아에 대한 어떤 경험도 없는 부모의 몫이다. 어쩌면 첫 아이 때 우왕좌왕 허둥지둥하는 것은 당연한 일일지도 모른다.

하지만 사실 인간의 몸에서 작동하는 면역 체계는 아주 강력하다. 그래서 적절한 지원만 받으면 많은 경우 아이는 저절로 낫는다. 12시간 교대로 일하는 응급실 의사들의 처지에서 보면, 대부분 '아픈 환자'가 온 것이 아니라 '부모가 호들갑을 떨어서 환자처럼 보이는 아이'가 온 거다. 그래서 새벽에 별것도 아닌 일로 뛰어왔다고 툴툴거리면서 진료할 수도 있다. 거기다 요즘 병원은 사실 거대한 공장 라인처럼 돌아간다. 아이가 같은 병으로 다시 병원에 오지 않으려면 어떻게 해야 하는지 물어보지도 못하고, 그저 처방전만 받고 병원 문 밖으로 밀려 나오는 일을 부모라면 한두 번쯤은 경험해 봤을 테다.

불신을 낳을 수밖에 없는 사회

이런 경험이 차곡차곡 쌓이면 어느 틈엔가 의사에 대한 불만이 커지고, 이 불만을 대체의학이나 자연주의 육아법으로 해결하려는 사람이 상당히 늘었다. 2017년을 떠들썩하게 한 '약 안 쓰고 아기 키우기'(일명 '안아키') 커뮤니티에서는 화상을 입은 아이를 따뜻한 물에 담궈 두라 하고, 수두를 앓는 아이를 병원에 가지 못하게 하며 숯가루를 먹이도록 했다고 한다.

물론 그런 커뮤니티 가운데 나름 자기 소신을 가진 이들도 분명 있을 테지만, 어쨌든 결과적으로 아동 학대 측면이 있음을 부인하기는 어렵다. 문제는 지극히 비상식적으로 보이는 이 커뮤니티에 5만 명 가까운 회원이 있었다는 것이다. 2016년 출생자가 약 40만 명이라는 점을 생각해 보면, 적지 않은 수다. 영유아의 연령대를 감안하면, 대한민국 영유아 중 1~2% 정도가 현대의학을 적극적으로 배척하는 부모에게서 크고 있다는 뜻이기도 하다. 이는 단순한 해프닝이 아닐 수도 있다. 어쩌면 그간 한국 사회 자체가 키워 온 문제들도 이런 불신 풍조에 한

못했을 것이다.

첫째, 사회 체제에 대한 불신이 커졌다. 이건 지난 정부 탓이 크다. 2015년 메르스 대유행 당시 정부의 방역은 속절없이 뚫렸다. 그 정부는 심지어 권위주의적이기까지 했다. 국민의 안전은 나 몰라라 하면서 의전과 사진만 신경 쓰는 모습에 배신감 느꼈던 국민이 어디 한둘이었을까. 거기다 국가 권력을 이용해 대통령의 지인이 사리사욕을 챙길 수 있었다는 것도 국가에 대한 신뢰를 심각하게 깨뜨렸다.

두 번째 이유는 매스미디어에 있다. 대한민국에서 가장 의학 정보를 많이 다루는 곳은 매스미디어다. 동시에 딱히 과학적이지도, 신뢰할 수도 없는 의학 정보를 가장 많이 다루는 곳 역시 매스미디어다. 신문과 방송에서 한국 전통 된장으로, 혹은 특별하게 만들어진 소금으로 암을 고쳤다는 이야기는 너무 흔하게 듣는 이야기다. 그런데 비슷한 소리를 하던 매스미디어가 어느날 갑자기 정색을 하고 민간요법을 따르는 커뮤니티에 대한 비판 보도를 시작하면, 당사자들이 납득할 수 있을까?

셋째, 두 세대 전만 해도 마을 전체가 키웠던 아이를 이제는 단 둘이 키워야 한다. 아니, 사실 육아는 엄마가 모든 책임을 져야 한다. 아는 것이 아무것도 없는 상태에서 혼자 막대한 책임을 지면 어마어마한 불안감에 시달릴 수밖에 없다. 예를 들어, 《워싱턴 포스트》의 진 바인가르텐 기자가 특종으로 보도해 2010년 미국의 퓰리처상 특종 기사상(Feature Writing)을 받은 기사와 같은 상황일 게다. 이 기사는 잠깐 방심하고 자신의 아이를 차 안에 방치했다가 아이를 잃은 부모들의 이야기였다. 이런 사건은 미국에서 연간 15회에서 25회 벌어진다고 한다. 사람들은 어떻게 부모가 아이를 차 안에 놔두고 내릴 수 있느냐고 하지만, 남플로리다 대학의 분자생물학 교수이자 퇴역 군인 병원 자문인 데이비드 다이아몬드 교수는 이렇게 말한다. "기억이란 일종의 기계입니다. 완벽하지 못한 기계죠. 우리의 의식은 중요한 것부터 우선순위를 정합니다. 하지만 세포 단위에서 우리의 기억은 그런 우선순위를 갖지 못하죠. 그래서 당신의 휴대전화를 집에 두고 나올 수 있다면, 당신의 아이를 차에 두고 나올 수도 있는 겁니다." 라고.

항상 스트레스에 노출되어 있고 피곤하며 감정적으로 고통스러운 상태에 있는 사람들은 다른 일 때문에 순간적으로 아이의 존재를 잊어버릴 수도 있다. 심지어 사람을 우주로 보내는, 아마도 지구상에서 똑똑하기로는 정점에 있을 미국항공 우주국 NASA의 연구원도 이 참극을 겪었다.

아이들 안전에서 가장 핵심적인 문제는 결국 이거다. 대부분의 사람은 자기가 그런 "멍청한 짓"을 할 리가 없다고 믿는다. 기계가 제대로 작동하지 않을 수도 있다는 가정에는 쉽게 동의하지만, 인간 개인의 능력은 딱히 근거 없이 과대평가 된다. 사회가 육아에 개입해야 한다는 주장은 아직도 소수의 주장일 뿐이다. 아이 하나를 키우기 위해서는 마을이 하나 필요하다는 이야기가 남아 있는 나라에서 말이다.

아동 성폭행마저 무방비인 나라에서 아이 키우기

요즘 대한민국에서 영유아에게 성추행, 성폭행을 하는 이들은 성인만이 아니라 미성년자도 많다. 2015년 대검찰청이 발표한 아동 성폭력 통계 자료에 따르면, 13세 미만 아동 대상 성폭력 범죄자 중 가장 높은 비율을 차지하는 연령대는 18세 이하로 전체 발생 범죄의 21.8%를 차지한다. 그래서 13세 미만의 아동이 성폭력을 당해 범인을 체포하면 부모들끼리 치고박고 싸우는 일이 다반사다.

인터넷이 보편화되면서 전 세계 어디서든 성인 영상물을 구해 보는 일은 십수 년 전과 비교할 때 어처구니없을 정도로 쉬워졌다. 대한민국에서 성인 동영상에 대한 접근이 제한적인 것은 인터넷 활용 능력이 떨어지는 장년층밖에는 없을 정도다. 범람하는 성인 동영상을 차단할 방법도 없다. 사이트 몇 개를 차단할 수는 있지만 원래 인터넷의 기술 자체가 성인 대상 서비스를 중심으로 발달했기 때문에 우회하는 것은 일도 아니다. 이 상황은 단순히 아동에 대한 사회적 방어의 수

단을 조금 더 늘린다고 해결할 수 있는 수준이 아니다. 사실 가장 확실한 방법은, 아래처럼 지역사회가 함께 나서는 것이다.

- 지역 주민의 자발적 등하굣길 안전 도우미 조직화 지원.
- 등하교 시 비슷한 주소지의 학생들이 3인 이상 그룹으로 같이 이동하도록 규정.
- 성추행 및 성폭행 등에 대한 교육 강화.
- 등하교 시간대에 지역 경찰의 주요 통학로 순찰 강화.

이 정도가 기본일 테다. 그런데 수도권의 월세 생활자는 한곳에서 2년 이상 사는 경우가 드물다. 지역 주민이라고 할 사람이 얼마 안 된다. 따라서 이 방어책도 사실 무용지물일 수 있다. 이런 문제들을 하나씩 따져 보면 대한민국에서 아이를 낳는다는 것 자체가 어마어마한 모험이나 다름없다. 당연히 출산율이 OECD 국가 중 최저 수준일 수밖에 없다.

상황은 정말 난해하다. 사회적으로 해결해야 할 문제도 많다. 하지만 재난 상황에서 잘 견디는 사람의 일반적인 특징은 '자신의 일상을 지키기 위해 최선을 다한다.'라는 것이다. 사실 모든 재난 대비 훈련의 목적도 비슷하다. 하루 정도만이라도 진지하게, 재난이 벌어지기 전에 재난 상황을 상상해 보면, 그 상황을 준비해 보면, 할 수 있는 다른 여러 가지 것들도 생각해 볼 수 있다.

이 장에서 다룰 내용은 이 나라에서 아이들이 가장 많이 당하는 사고의 리스트이기도 하다. 이 상황들을 하나씩 진지하게 따져 본다면, 어떤 위험한 상황에 노출될 수 있는지 조금 더 생각해 볼 수 있다. 모쪼록 아이가 세상에 나오기 전에 부부가 함께 하임리히법과 심폐소생술을 배워 두고, 이 장의 내용들을 꼼꼼히 따져 보기 바란다. 아이들이 부상이나 사고를 당할 경우, 사안에 집중하기란 쉽지 않다. 대비를 해 본 사람만이 재난 상황을 맞이해도 침착하게 대응할 수 있다.

2-01

입술과 혀

★   기억해야 할 사실들

1. 아이들은 늘 뛴다. 뛰어다니는 아이들이 가장 많이 다치는 곳은 입이다. 부딪
   혀서 입술이나 혀가 찢어지거나 이가 피부를 뚫고 나가거나 빠지거나 박히기
   도 하며, 최악의 경우에는 혀가 잘리기도 한다. 입술과 혀는 워낙 연한 조직인
   데다, 입 안은 동맥의 여러 부위가 연결되어 있어서 다쳤을 때 피가 많이 난다.
   어른이라 해도 당황하는 경우가 많다.
2. 아이가 입이나 혀를 다쳤을 때 제대로 응급처치를 하지 못하면 평생 발음 장애
   를 갖고 살아가야 할 수도 있다.

⌛   사전 대비

1. 아이가 다니는 곳에는 항상 구급약과 식염수를 준비한다.

▶   실제 상황

1. 아이가 입을 다쳐서 피가 많이 나고 있으면 임시로라도 소독해야 한다. 소독약
   이 없다면, 가볍게 거품이 날 정도로 묽은 비눗물로 상처를 닦아 내 감염의 가

능성을 줄이는 것이 최우선이다. 비눗물이 입 안에 남아 있으면 아이가 토하면서 괴로워할 수 있으니 식염수 혹은 묽은 소금물로 헹궈 내도록 한다. 아이가 비눗물이든, 피든, 소금물이든 일단 삼키지 않고 무조건 뱉어 내게 한다.

2. 입을 지나치게 크게 벌리지 않도록 주의한다. 턱관절에 문제가 생길 수 있다.

3. 부상 부위를 확인하고 119에 전화한다. 다른 경우보다 상세하게 설명해야 한다. 언제 어떻게 얼마나 다쳤으며 얼마 동안 피를 흘렸고 확인한 손상 부위가 어떤지 침착하게 설명한다. 바로 수술이 필요할 수도 있는데, 그때 이러한 설명이 큰 도움이 된다.

4. 얼음 조각을 깨끗한 거즈로 싸서 아이의 부상 부위에 대 준다. 이러면 아이가 피를 삼키기 어려울 뿐만 아니라 지혈도 빨라진다. 피가 멎기까지 최소한 5분은 걸리니 바로 지혈이 안 된다고 당황하지 말자.

5. 치아가 깨졌으면 깨진 치아를 우유나 식염수에 넣어 119의 안내에 따라 치과가 있는 병원으로 간다. 1시간 내에 치과에 도착해 운이 좋으면 접합 수술을 할 수도 있다. 하지만 깨진 치아보다는 피부 조직, 그러니까 혀나 입술 같은 부위를 살리는 것이 우선이다.

6. 혀나 입술 부위가 잘렸으면 먼저 잘린 부위를 깨끗한 수건으로 싼 다음 비닐봉지로 밀봉한다. 이 밀봉한 비닐봉지를 물과 얼음이 들어간 봉지에 넣고 병원으로 간다. 잘린 부위가 물이나 알코올, 얼음 등에 직접 닿으면 안 된다. 장비가 없다면 119와 상의해 구급대가 도착한 후 차갑게 포장하는 것도 방법이다. 조직이 얼거나 상하면 접합 수술을 할 수 없다.

▶▶ 이후 할 일들

1. 가벼운 부상이라도 아이를 병원에 데리고 가서 검사 받는다. 열이 심하게 나거나 부상 부위에 발진과 고름 등이 생기면 바로 병원으로 달려가야 한다.

치아

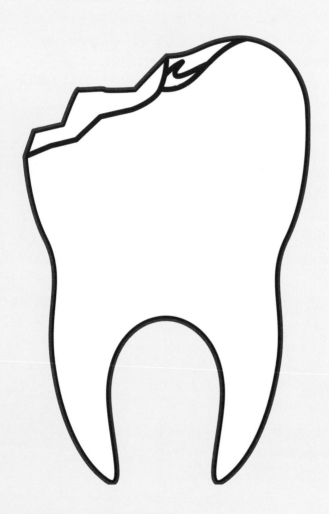

★ **기억해야 할 사실들**

1. 경기도학교안전공제회의 2016년도 경기도학교안전사고 통계에 따르면, 가장 많은 사고 유형은 관절염좌(삠)로 총 8,305건, 골절 5,806건, 열상(피부 손상) 4,418건, 치아 손상 1,704건 순이다. 특히 치아를 다치는 사고는 남자아이가 여자아이에 비해 2~3배 많다.

2. 보통은 유치는 다쳐도 크게 신경 쓰지 않는 경향이 있는데, 유치가 일찍 빠지면 양 옆의 치아가 빈 공간으로 기울어져 영구치가 나올 공간을 좁혀 부정 교합이 될 가능성이 높다.

3. 치아가 뿌리까지 빠지는 경우도 있는데, 치아의 신경 조직이 괴사하기도 한다.

4. 빠지거나 부러진 치아를 30분, 늦어도 1시간 내에 병원에 가서 치료를 받기 시작하면 다시 심거나 접합할 수 있다. 치아가 더러워졌다고 해서 절대로 씻어서는 안 된다. 치아를 잡을 때는 상아질 부분을 잡아 냉장 보관된 우유에 담아 가져가는 것이 좋다. 치아의 뿌리 부분을 잡거나 씻으면 뿌리의 조직 세포를 파괴할 수 있기 때문이다.

⚱ **사전 대비**

1. 어른이든 아이든 운동할 때 이를 악무는 경우가 많은데, 치아 건강의 측면에서 아주 좋지 않은 습관이다. 이를 악물지 않으면 힘을 쓰기 힘들어하는 경우, 마우스 가드 혹은 마우스 피스를 쓰면 많은 도움이 된다. 온라인 쇼핑몰 등에서 2만 원 내외로 구할 수 있다.

▶ **실제 상황**

1. 부러진 치아 조각을 모두 찾는다.

2. 파손된 치아는 상아질 부분을 잡아 들어 올리고 물에 씻지 않고 우유나 식염수에 담는다. 우유나 식염수를 도저히 구할 수 없는 경우 혓바닥 밑에 넣고 가는 방법도 있으나 삼킬 가능성 등도 있으니 유의한다.

3. 다쳤으니 잇몸에서도 피가 난다. 깨끗한 거즈로 피가 나는 부분을 지혈한다.

4. 최적의 시간은 30분, 길어도 1시간이 넘어서는 안 되니, 자주 가는 치과가 아니라 현장에서 가장 가까운 치과를 찾아가야 한다.

5. 토요일, 혹은 공휴일이라 어느 병원으로 가야 할지 알 수 없을 경우, 119에 문의해 가장 가까운 곳을 찾는다.

▶▶ 이후 할 일들

1. 외견상 치아가 부러지지 않았어도 눈에 보이지 않은 금이 생겼을 수 있다. 얼굴에 강한 충격이 있었다면 외상 여부에 관계없이 반드시 치과를 찾는다.

➖ Bad

1. 아이를 일단 혼낸다.

주어진 시간은 30분, 최대한 1시간밖에 없는데 혼내느라 지체하면 안 된다.

동상

★ 기억해야 할 사실들

1. 한 세대 전에 비해서도 겨울철 야외 활동은 늘어난 편이다. 동시에 동상 환자
   도 늘어나고 있다. 유명한 대학병원 피부과에는 매년 12월과 1월 사이에 수백
   명의 동상 환자가 몰리기도 한다.

2. 무엇보다 아이들은 신진대사 활동이 아주 활발해 자신이 동상을 입었는지 못
   느끼는 경우가 많다.

3. 아이들의 피부 상태에 따른 동상 수준은 다음과 같다.

   ☐ 아이의 피부가 빨갛다가 시간이 지날수록 연해진다: 살이 에인 상태

   ☐ 피부가 창백하면서 반들반들해 보인다: 동상을 입은 상태

   ☐ 피부가 단단하나 피부 밑은 말랑말랑하다: 동상을 입은 상태

   ☐ 피부에 반점이 나타나고 청회색 빛을 띠고 있다: 동상보다 정도가 심한 언
   상태

⌛ 사전 대비

1. 겨울철에 아이를 밖으로 데리고 나갈 때는 방수가 잘되면서 보온성이 높은 재
   질의 옷을 입힌다. 방수 장갑과 신발을 신기고 옷과 양말 등이 젖으면 바로 바

로 갈아입혀야 한다.

2. 아이가 밖에서 운동할 때는 얇은 옷을 여러 겹 입혀 체온의 변화에 따라 벗었다 입었다 할 수 있도록 한다. 땀이 찬 상태로 내버려 두면 동상을 입을 확률이 높아진다.

3. 통이 좁은 바지를 입힌다. 바람이 들어가는 것을 막아 준다.

4. 마스크와 귀마개, 장갑을 반드시 쓰게 한다. 딱 맞는 것을 쓴다. 헐렁하면 찬바람이 계속 들어가고 작으면 혈액 순환에 문제가 생길 수 있다.

5. 영하의 날씨라면 아이들만 밖으로 내보내서는 안 된다. 아이들은 자신의 몸 상태가 어떤지 잘 모른다. 상당히 심한 동상을 입고 나서야 어른들에게 알릴 수도 있다. 반드시 어른과 함께 밖에 나가고 일정 시간마다 실내로 들어오는 것을 반복해야 한다.

6. 겨울에 땀을 많이 흘리면 체온이 빠르게 변한다. 몸의 저항력도 빠르게 떨어지기 때문에 동상부터 바이러스 질환에 이르기까지 다양한 병에 걸릴 확률이 높아진다.

7. 유모차에 비닐 덮개만 해서는 찬바람을 완전히 막을 수는 없다. 돌 전의 아이들은 포대기로 품에 안고 부모의 외투로 항상 감싸 아이가 느끼는 기온을 부모가 체감할 수 있어야 한다.

▶ **실제 상황**

1. 동상이나 언 상태가 되면 즉시 119에 연락해 병원으로 옮겨 전문 치료를 받는다.

2. 아이의 코 끝, 귀 끝, 손가락, 발가락, 손, 발 등만 빨개진 상태라면 따뜻한 물수건을 대 준다.

3. 산간 지방에서 고립된 경우에는 119에 전화해 환자 상태를 상의한 후 조치를 추천 받는다. 가지고 있는 장비와 병원에 도착할 수 있는 시간이 얼마인가에 따라 대응 조치는 달라질 수밖에 없다.

코피

★ **기억해야 할 사실들**

1. 코피가 나는 일은 비교적 흔하지만, 잘못 대처하는 경우가 많다. 사고를 당해 코피를 흘릴 확률보다 실내 온도와 습도 조절에 실패해 코를 파다가 코피 나는 경우가 더 많다.

2. 봄과 가을, 그리고 겨울에는 실내가 너무 건조하지 않도록 신경 쓴다. 특히 황사철에는 습도를 높여 주는 것이 훨씬 호흡하기 좋다.

3. 별다른 이유 없이 코피를 자주 흘린다면 바로 병원을 찾아야 한다. 아주 심각한 증상의 전조일 수도 있다.

⧗ **사전 대비**

1. 손톱을 짧게 깎는다.

2. 실내 습도는 40~60%대로 유지한다. 겨울철에는 결로 현상을 피하기 위해 40% 정도로 유지하더라도 봄과 가을에는 60%까지 올리는 것이 좋다. 실내 기온은 17~20도를 유지한다. 아이가 계속 코를 파면 실내 온도를 조금 내리고, 온도를 내린 만큼 습도를 올린다.

1. 아이가 코피를 흘리면 우선 진정시키고 입으로 숨을 쉬게 한다.
2. 의자에 편안하게 앉힌 뒤, 고개를 앞으로 숙이게 한다. 뒤로 젖히면 혈액이 기도로 넘어가 심하면 폐렴을 일으킬 수 있다. 또한, 피를 삼키면 토하거나 설사할 수 있다.
3. 양쪽 콧등을 엄지와 검지로 4분 이상 지그시 눌러 준다. 코피가 멈췄는지 확인하느라 자꾸 손을 떼면 지혈이 안 된다. 한 번에 4분 이상 누르고 있어야 한다.
4. 턱밑에 휴지를 대 주고 목으로 넘어가는 피를 혀로 밀어내서 뱉어 내게 한다.
5. 이마나 양쪽 눈 사이에 찬 물수건이나 얼음주머니를 대 준다.
6. 10분 이상 지혈해도 코피가 멈추지 않으면 심각한 상태다. 소아과나 이비인후과로 가야 한다. 코피가 멈췄어도 아이가 어지럼증이나 두통을 호소하거나 토하면 빨리 병원으로 옮겨 전문의의 진단과 치료를 받는다.
7. 신생아가 코피를 흘리는 경우도 마찬가지다. 응급처치하지 말고 바로 병원으로 간다. 특정 비타민 등의 결핍 때문에 발생하는 출혈성 질환일 수 있다.

✚ Good

1. 아이가 코피 흘리는 것을 봐도 놀라지 말고 평소의 말투로 말하며 조심스럽게 응급처치를 시작한다. 어른이 당황하면 아이는 곱절로 놀란다.

➖ Bad

1. 휴지를 말아 코를 막는다.
  아이들을 코피를 흘리는 이유는 대부분 코 안의 점막이 상했기 때문이다. 휴지로 막으면 점막은 더 상한다. 더불어 아이들이 코 안에 이물질을 넣어도 된다고 생각해 더 큰 사고로 이어지기 쉽다.

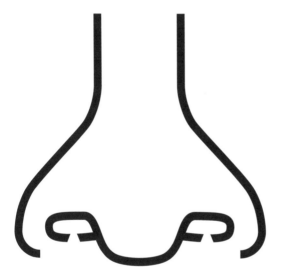

표백제

★ 기억해야 할 사실들

1. 2017년 4월 13일 YTN '수도권 투데이' 보도에 따르면, 생활화학제품군 중 가장 많은 문제을 일으키는 것은 접착제로 전체 사고의 25%, 그다음으로 표백제가 18%, 세정제가 12.9%였다.

2. 표백제나 살균제 등은 사람들이 생각하는 것보다 농도가 높다. 피부가 약한 아이들에게 직접 노출되면 상당히 큰 사고가 될 수 있다.

⚡ 사전 대비

1. 표백제, 살균제, 소독제는 물론 주방 세제와 오븐 클리너 등의 세정제도 아이의 손이 닿지 않는 곳에 보관한다. 특히 산소계 표백제와 염소계 표백제는 같이 보관하지 않도록 신경 쓴다.

2. 청소할 때는 항상 환기를 한 상태에서 아이들이 접근하지 못하도록 한다. 가능한 한 아이들이 자거나 집에 없는 시간대에 하는 것이 좋다. 아이가 보는 앞에서 생활화학물질을 사용하면, 어른이 안 보는 순간에 아이들은 따라 한다.

3. 공동주택의 경우 소독을 정기적으로 하는데, 이때 아이들이 쉽게 접근할 수 없는 곳에 살충제 등을 놓도록 협의한다.

▶ **실제 상황**

1. 아이가 화학물질을 마셨는지, 몸에 튀었으면 어느 부위에 튀었는지, 냄새를 맡았는지 확인한다.
2. 의식이 있는지 확인한다.
3. 아이가 화학물질을 마셨을 때
   - 아이가 토한다면 토사물이 기도를 막지 않도록 머리를 옆으로 돌리고 119를 불러 병원에 간다.
   - 병원에 갈 때 아이가 마신 화학제품의 라벨을 휴대전화로 찍어 간다.
4. 아이의 몸에 화학물질이 튀었을 때
   - 화학물질이 튄 부위를 졸졸졸 흐르는 물에 15분 이상 씻긴다.
   - 119를 불러 병원에 간다. 아이에게 상처를 입힌 화학물질의 상표와 성분표를 휴대전화로 찍어 간다. 찍기 힘들면 그 통을 함께 가져간다. 어떤 화학성분이냐에 따라 처치법이 다르다.
5. 아이가 화학약품을 호흡기로 들이마셨을 때
   - 아이에게 신선한 공기를 마시게 한다.
   - 의식이 없다면 119를 불러 응급실로 간다.

— Bad

1. 생활화학물질을 마셨다고 토하게 한다.
   질식이나 2차 손상을 당하기 쉽다.
2. 물을 많이 마시게 한다.
   구토를 일으켜 아이들이 더 힘들어하게 된다. 빨리 응급실로 달려갈 수 있는 방안을 찾는다.

❓ 놀이공원

2014년 6월 22일 미국의 《보스턴 글로브》에 〈놀이공원은 당신의 뇌를 어떻게 납치하는가?(How amusement parks hijack your brain)〉라는 기사가 실린 적이 있다. 우리가 놀이공원을 찾아 줄을 서는 단계에서부터 놀이 기구를 즐기고 내려오는 것은 물론 긴 대기줄을 기다리면서 이것저것 군것질을 하는 단계에 이르기까지, 놀이공원은 다양한 심리학적 장치를 동원해 즐거움을 배가하려고 만들었다는, 즉 사람의 정신을 빼앗기 위해 최적화된 것이 놀이동산이라는 기사였다.

놀이 기구는 대체로 당대 엔지니어링의 총화이기도 하다. 사람을 흥분하게 만들기 위해 정교하게 만들어진 놀이 기구들은 사람들을 순간적으로 시속 200km가 넘는 속도로 달리는 느낌을 주기도 하며, 상당한 중력가속도를 느끼도록 만들기도 한다.

사실 이 즐거움은 엔지니어들이 설계한 조건에 들어가는 사람들만 누릴 수 있다. 미국 소비자 제품 안전위원회에 따르면, 1990년부터 2004년 사이에 놀이 기구를 타다가 52명이 사망했다. 미국의 NBC는 이 통계를 근거로 놀이 기구의 안전에 대한 기사를 낸 적이 있는데, 이 기사에 따르면, 미국도 모든 놀이 기구가 안전 규제 대상은 아니라고 했다. 이것은 좀 참담한 결과로 이어지는데, 1990년부터 2010년 사이에 18세 미만의 아이들이 놀이 기구를 타다가 다친 사례가 9만 3,000건에 달한다("Amusement-ride injuries can happen on 'mall rides' too", USA TODAY, 2013년 5월 1일). 그나마 다행은 이 사건들에서 응급환자는 1.5% 내외에 불과했다.

미국보다 각종 안전 규정이 허술한 한국에서 놀이공원에서 사고가 많은 것은 어쩌면 당연하다. 더군다나 한국의 부모들은 아이들과 함께하는 시간이 다른 어느 나라의 부모보다 짧은 관계로 아이들을 떼를 쓰면 그걸 들어주려는 경향이 강한 편이다. 안 된다고 쉽게 하지 못해 몸무게 45~100kg인 사람만 탈 수 있도록 설계된 놀이 기구에 아이를 태워 달라고 요구하는 부모도 종종 있다. 아이 키가 작아서 탑승 시 안전을 보장할 수 없다는 안전요원의 이야기에 "안고 타면 된다."라고 탑승 허가를 요구하는 경우까지 있다.

하지만 키가 일정한 범위 안에 들어야 탑승이 가능한 놀이 기구들은 특정 지점에서는 최소 3G 이상의 중력가속도가 걸린다. 부모의 체중이 60kg이라면 놀이 기구의 움직임에 따라 순간적으로 180kg이 뒤에서 압박하는 경험을 할 수 있다는 뜻이다. 이 상황만 해도 최소한 아이는 내장 손상을 입을 수 있다. 또한, 몸무게가 15kg인 아이라면 순간적으로 45kg으로 체중이 불어나는 경험을 하게 된다. 순간적으로 이렇게 되면 아이를 놓기 쉽다. 시속 100km가 넘는 속도로 달리면서 아이를 던져 버리게 되는 것이다.

미국의 가장 큰 어린이 병원인 국립어린이 병원의 어린이 부상 연구와 정책 개발 센터에서는, 놀이공원에서 다음의 안전 규정을 지키는 것이 좋다고 권고했다.

— 놀이 기구가 안내하는 키, 나이, 체중, 건강 상태에 대한 규정을 따를 것
엔지니어들이 놀이 기구를 설계할 때는 특정한 키, 나이, 체중, 건강 상태의 범위 내에 있는 사람들을 조건값으로 해 놓았다. 설계된 조건에 미달하는 아이들의 경우에는 놀이 기구에 걸리는 중력가속도를 몸이 견디지 못한다. 신체 조건이 규정을 넘어서는 경우도 마찬가지로 안전하지 않다.

— 안전요원들이 지정하는 특별한 의자에 앉거나 탑승 장치만 사용하도록 할 것
보조 장치가 있으면 탈 수 있으리라 생각하기 쉽다. 하지만 놀이 기구가 움직이는 속도를 보조 장치 따위가 이길 수 있으면 애시당초 그 놀이 기구는 연령이나 신체 조건 제한을 두지 않는다.

— 안전벨트와 안전바 같은 안전 장치를 함께 이용할 것

놀이 기구들은 대부분 안전벨트와 안전바를 같이 써야 한다. 이중으로 안전 장비가 필요한 것은 주어지는 운동 조건이 두 가지 안전 장비를 필요로 하기 때문이다. 어느 하나만 했다고 해서 안전할 것이라고 생각하면 추락하기 쉽다.

— 놀이 기구를 타는 동안 손과 발은 놀이 기구 안에 둘 것

미국 소비자 제품 안전위원회에 신고된 놀이 기구 관련 성인의 부상 혹은 사망 사건은 대부분 손과 발을 놀이 기구 밖으로 내밀었다가 대형 사고가 발생한 사례들이었다.

— 아이가 이런 안전 규정을 지키지 않을 것 같으면 절대로 태워서는 안 된다.

안전 규정을 지키기 않아서 아이의 신체 일부가 절단될 경우, 놀이공원 내에서 찾을 수 있는 확률은 거의 없다. 어른이라면 크니까 눈에 띄지만 다들 흥분한 공간에서 작은 아이의 신체 부위를 발견할 가능성은 거의 없다.

— 본능을 믿어야 한다. 만약 어떤 놀이 기구의 안전성이 의심된다면 다른 기구를 타거나 다른 활동을 한다.

놀이공원에 따라서는, 안전요원이 충분히 배치되어 있지 않거나 위기 대응 교육을 전혀 받지 않았다는 것을 볼 수 있는 몇 가지 지표가 있다. 아이들의 움직임에 집중하지 않거나, 놀이 기구가 돌아가는 동안 자리에 없거나, 놀이 기구가 가동되는 동안 스마트폰을 보는 경우가 이에 해당한다.

— 쇼핑몰 등에 있는 간이 놀이 기구가 충격 방지용 패드 등이 없이 맨 바닥에 설치되어 있는 경우, 혹은 안전벨트 같은 안전 장치가 작동하지 않는 경우라면 아이를 태우지 않는다.

한국에서는 동네마다 차로 끌고 다니면서 아이들을 태우는 간이 놀이 기구도 있다. 한 가지 간과해서는 안 되는 것은, 대부분의 간이 놀이 기구는 안전 장비가 충분하지 않지만 조종하는 어른이 아이들을 계속 보면서 작동시켜서 사고가 나지 않는 것일 뿐이라는 점이다. 저속으로 움직인다고 해도 기구 자체의 무게가 있기 때문에 아이의 팔 정도는 쉽게 으스러뜨릴 수 있다. 그러니 순서를 기다리며 봤을 때, 놀이 기구 조종하는 어른이 아이들에 집중하지 않는 듯하다면, 아이가 아무리 떼를 써도 태워서는 안 된다.

❓ 어린이 성폭력

아이들이 성폭력을 당하면 몸에 직접적인 증상이 나타날 것이라고 흔히 생각한다. 실제 조두순 사건 같은 경우에는 명백하게 심각한 상해가 남았기 때문이다. 그러나 교활한 어린이 성폭력범은 아이들의 몸에 전혀 상처를 주지 않기도 한다. 아래의 체크리스트에서 해당 사항이 있는지 확인하고, 혹시라도 해당 사항이 있다면 반드시 해바라기센터로 연락한다. 전국 조직의 해바라기센터는 여성가족부가 지원하는 아동 성폭력 전담 센터로, 상담과 조치 모두 무료로 받을 수 있다. 산부인과는 물론 정신과 전문의의 의료 지원, 자문 변호사의 법률 지원 및 소송 지원도 받을 수 있다. 경찰에 신고하기에 앞서 이곳부터 방문하기를 권한다.

신체에 직접 나타나는 학대의 증거

- ☐ 임신, 성병 같은 직접적인 변화가 있다.
- ☐ 생식기에 상처가 있다.
- ☐ 항문 주변에 상처나 착색이 있다.
- ☐ 입천장에 상처가 있다.

사회적 행동으로 나타나는 학대의 증거

- ☐ 아이가 알기 어려운 성적인 내용을 무심코 말한다.
- ☐ 성적 행위를 묘사하는 그림을 그린다.
- ☐ 또래와 성행위를 연상케 하는 행동을 한다.
- ☐ 동물이나 장난감을 대상으로 성행위 같은 행동을 한다.
- ☐ 성기에 상처가 생길 때까지 자위를 한다.
- ☐ 성폭행 당했다고 주장한다.

심리적으로 나타나는 학대의 증거

□ 악몽을 꾸거나 잘 때도 불을 끄지 못하게 한다.

□ 오줌을 싸거나 손가락을 빤다.

□ 밥맛을 아예 잃거나 폭식을 한다.

□ 화를 잘 내고 불안해하며 신경이 예민하다.

□ 부모 주변을 떠나지 않으려고 한다.

□ 계속 두려움을 호소한다.

□ 낮에도 혼자 있는 것을 무서워하며 문을 꼭꼭 닫으려고 한다.

□ 친구들과 어울리지 않으려고 하며 특정한 장소나 물건을 겁낸다.

□ 집중력이 현저하게 떨어진다.

□ 자해를 한다.

최근 아이들을 상대로 하는 성폭력 사건의 범인 1순위는 미성년자인 경우가 많다. 그렇다고 해서 성인을 경계할 필요가 사라지지는 않는다. 미국 최대의 성폭력 피해자 단체인 RAINN은 아이들에게 성폭력을 하는 성인의 93%는 아이를 아는 이들이며, 대략 다음의 특성이 있으니 특별히 조심하라고 권한다. 만약 주변의 지인이 다음과 같은 행동을 보인다면 아이와 지내지 못하도록 해야 한다.

□ 누군가의 "안 돼요!"라는 말, 혹은 사람들 간에 지켜야 하는 행동 범위를 무시하는 성향이 있다.

□ 아이들의 부모나 보호자가 하지 말라고 해도 계속 아이들을 만지려고 한다.

□ 통념상 어른으로서 아이들을 가르쳐야 할 때도, 지나치게 아이의 '친구'가 되려고 한다.

□ 연령에 맞는 사회적 관계를 잘 맺지 못하는 것으로 보인다.

□ 아이들과 개인적인 문제나 개인적인 관계를 이야기하기를 즐긴다.

□ 혼자 아이들과 함께 밖에서 지내는데, 어른으로서 아이들에게 해야 할 역할을 하지 않거나 아이들과 지내기 위한 변명거리를 만들어 낸다.

☐ 아이들의 성적 발달에 기괴할 정도로 관심을 보인다. 성징이나 성행위 묘사 등을 어떠한 고려도 없이 아이 앞에서 말한다.

☐ 아이에게 이유 없이 자주 선물을 준다.

☐ 당신의 아이, 혹은 당신이 알고 있는 다른 사람의 아이와 시간을 많이 보낸다.

최근에는 경찰이 순찰 등을 자주 돌지 않는 지역에서 아이를 납치하는 사례도 종종 발생하고 있다. 납치를 피하기 위해서는 다음의 내용을 아이들에게 주지시켜야 한다.

1. 도움이 필요하다며 접근하는 경우가 있다. 아이들에게, 어른들은 자신에게 실제적 도움이 될 수 있는 사람에게 도움을 요청하지 아이들에게 도움을 요청할 리가 없다는 것을 미리 가르쳐야 한다. 따라서 어른들이 아이들에게 도움을 구한다면 다음과 같이 답하도록 한다. "저는 잘 몰라요. 저기 지나가는 분(저기 슈퍼 사장님)에게 물어보세요."

2. 부모가 위급한 일을 당했다고 자신을 따라오라고 하는 경우도 마찬가지다. 부모는 아이들과 잘 아는 사람에게 무엇을 부탁하지 낯선 사람에게 아이를 데리고 와 달라고 하는 일은 없다는 것을 미리 가르쳐야 한다. 낯선 사람들이 부모에게 데려가겠다고 이야기하면 "우리 부모님은 우리를 낯선 사람에게 데리러 오라고 할 리가 없어요."라고 분명하고 큰 목소리로 대답하게 한다.

3. 어른들이 아이들을 끌고 가려고 하면 주변 사람 중에서 특정인을 지정해 도와 달라고 해야 한다. "저는 이 사람을 모르는데 저를 끌고 가요. 거기 키 큰 아저씨 도와주세요."

4. 차를 타고 있는 사람이 아이를 불러서 말을 해야 할 경우, 차와 자신의 사이가 키보다 조금 더 떨어진 곳에 있어야 한다고 가르친다. 아이를 납치하려는 이들의 팔 길이보다 떨어져 있어야 하는데, 사람의 팔 길이가 아이의 키보다 긴 경우는 거의 없다.

내 아이에게 안전한 집 만들기

사고는 사람이 가장 오랜 시간을 보내는 곳에서 일어난다. 아이들이 사고를 당하는 곳도 집 밖보다는 집 안 그리고 자가용 안인 경우가 많다. 세계 각국의 재해 대비 기관은 사고 통계에 기반해 다양한 해법과 예방법을 만들어 놓고 있다. EU에서는 다음의 것들만 준비해도 집과 차에서 발생하는 사고의 90%가 줄어든다고 적극 추천하고 있다.

EU 기준의 안전한 집 만들기

1. 아이 나이에 맞는 카시트
한국도 2007년 6월부터 만 6세 미만의 어린이에 대한 카시트 사용을 의무화했다. 하지만 아직도 카시트 고정 장치를 하지 않은 차량이 많다. 카시트 구매에 앞서 차 구입처나 정비소에서 고정 장치가 있는지 확인해야 한다. 카시트 고정 장치가 없는 차량이라면 안전벨트로 부착하는 방식의 카시트를 사야 한다. 보통 1세 미만의 영아는 어깨 벨트가 달려 있는 5점식 카시트를 많이 사용한다.

2. '차 안에 아이가 있어요' 스티커
대부분의 차량에는 이 스티커를 뒷 창문에 부착한다. 이 스티커를 부착하는 가장 큰 이유는, 아이가 있으므로 아이를 먼저 구조해 달라는 것이다. 자동차 사고에서 가장 먼저 깨지는 곳인 창에 붙이는 것은, 사고가 났을 때는 볼 수 없는 곳을 장식하는 패션 아이템으로 쓰고 있는 셈이다. 아이가 타고 있는 쪽 문이나 트렁크에 부착한다. 그리고 몇 초, 몇 분의 차이가 삶과 죽음을 가르는 사고 현장에서 "미래의 판사가 타고 있어요." 같은 스티커가 "아이가 타고 있으니 아이를 구해 달라."라는 의미로 전달될 가능성은 아주 낮다.

3. 연기 감지기

한국은 연립주택보다 큰 건물에는 대부분 다 설치되어 있다. 만약 연기 감지기가
없는 집이라면 온라인 쇼핑몰에서 '단독 경보형 감지기'를 구입해 천장에 붙이면
된다. 불이 나는 것을 알려주는 간단한 기계로 1만 원 정도다. 건물 신축 때 설치
된 제품이 아니라면 배터리 작동형을 쓸 수밖에 없으니 대략 3~4개월마다 배터
리를 교환해 줘야 한다. 다음 교환 일자는 반드시 달력에 표시해 놔야 한다.

4. 베란다와 창문에 안전 창살

아이들의 행동은 예측할 수 없다. 베란다에서 놀다가 위험한 상황에 빠지기 쉬우
므로 천장까지 창살을 치는 형태가 좋다.

한국 기준의 안전한 집 만들기

1. 문턱을 없앤다.

요즘은 인테리어 과정에서 많이 없애는 추세지만 옛날 집에는 모든 공간을 구분
하는 '턱'이 있어 아이들이 이 턱에 걸려 넘어지는 경우가 많다. 턱이 있는 집이라
면 턱을 제거하는 공사를 고려해 본다.

2. 미끄럼 방지 타일을 욕실과 화장실에 깐다.

최근의 아파트나 신축 연립주택은 대부분 미끄럼 방지 타일을 사용하고 있고,
건축법에서도 미끄럼 방지 타일을 사용하도록 하고 있지만 처벌 규정은 없다.
욕실과 화장실의 타일이 미끄럽다면 온라인 쇼핑몰이나 대형 마트에서 미끄럼
방지 테이프를 사서 부착한다. 테이프는 대체로 3만 원에서 5만 원 사이에 구할

수 있다.

3. 주방의 가스레인지와 조리 기구를 아이들의 손이 닿지 않게 설치한다.
또한, 조리가 끝났을 때 항상 가스 밸브를 잠그는 습관을 들이면 수많은 형태의
사고를 예방할 수 있다.

4. 집 안의 모든 콘센트에 안전 덮개를 한다.
아이의 손이 닿을 수 있는 모든 콘센트에 안전 덮개를 하는 것만으로도, 콘센트
에 젓가락이나 손가락을 집어넣어 감전되는 사고를 확 줄일 수 있다.

5. 선풍기에 망을 씌운다.
선풍기가 돌아가고 있을 때 손가락을 집어넣어 다치는 사례가 꽤 된다. 선풍기에
안전망을 씌우고 먼지 청소를 자주한다.

6. 전열 기구에 아이가 접근할 수 없도록 한다.

7. 외부 계단으로 나갈 때는 항상 난간을 잡도록 한다.
유독 한국의 건물에는 계단이 많다. 아이가 습관적으로 난간을 잡지 않다가 미
끄러지는 사례가 종종 있다. 계단은 반드시 난간을 잡고 오르내리도록 가르친다.
만약 난간이 너무 높아 아이가 잡을 수 없다면 보조 난간을 추가로 설치한다.

8. 집 안에서는 바닥이 고무로 된 슬리퍼를 신기고 스펀지 블럭을 바닥에 깐다.
아이는 항상 뛰어다닌다. 뛰어다니다가 넘어지면 상당히 크게 다칠 수 있다. 아
이의 발 크기에 딱 맞는 슬리퍼를 신기면 넘어지는 사고뿐만 아니라 층간 소음도
조금은 줄일 수 있다.

3

여행

즐거운 만큼 안전해야 할 여행

상황에 따라 같은 사안도 다르게 보인다. 국외 출장을 가는 사람이라면 즐거울 일들보다는 무엇에 대비할지를 중심으로 생각하니 국외에서 실수하는 경우도 적다. 반면, 여행을 가는 사람이라면 출발 전부터 들뜬다. 그 결과, 치명적인 실수를 할 확률이 크다.

무엇보다 위험한, 방문지에 대한 몰이해

어느 나라든, 외국인이 자국의 문화를 잘 몰라서 벌이는 실수에는 대체로 관대하다. 이 말은 언제든 관대하지 않을 수도 있다는 이야기다.

   2017년 8월 25일, 파키스탄은 인구 조사를 통해 인구가 2억 777만 4,521

명이라고 발표했다. 통상 10년 단위로 인구 조사를 하는 것과 달리, 1988년 조사 이후 19년 만에 실시한 인구 조사였다. 그간 인구 조사를 하지 못한 것은, 인구 조사원이 너무 많이 죽었기 때문이다. 이번 인구 조사 과정에서도 조사원이 폭탄 테러를 당해 6명이 죽고 17명이 다쳤다. 외간 남자가 집안 여자의 얼굴을 확인하고 생년월일과 이름을 확인한다는 것 자체가 이슬람 국가에서는 반감을 일으키는 행위이기 때문이다. 그래서 방탄 조끼를 입은 인구 조사원이 소총으로 무장한 군인들과 함께 다녔다.

자국의 공무원이 공무 수행을 위해 여자 얼굴 봤다고 죽여 버리는 나라에서, 한국에서처럼 사진을 찍다가는 상상도 못할 일이 벌어질 수도 있다. 여행을 가서 사진을 찍을 때는 의외로 신경 써야 할 것이 많다. 특정 종교의 교리만 신경 쓴다고 해결될 일이 아니다. 사실 거의 대부분의 국가에서 셀카 말고 현지인을 사진에 담으려면 상대의 허락을 받아야 한다. 물론 허락 안 받고 사진 찍고도 별탈없이 넘어갔다고 할 사람도 꽤 된다. 아마 패키지 여행이었다면 관광지만 돌아다녔거나 가이드가 무마했을 테고, 자유여행이었다면 피사체가 된 현지인이 그날 기분이 좋았을 뿐이었을 가능성이 높다. 오히려 사진 잘못 찍다가 치도곤 당하는 사례가 많다.

종교와 관련된 금기는 이슬람에만 있는 것이 아니다. 최근 인도는 힌두교 원리주의 정당인 BJP(Bharatiya Janata Party. 인도 인민당)의 세가 커지면서 소와 관련된 많은 것이 불법이 되고 있다. 쇠고기를 못 먹는 것은 물론 쇠가죽을 이용한 제품의 이용도 금지하고 있다. 또한, 미얀마와 스리랑카의 경우에는 스님들이 극우파 정치 세력을 형성해 소수 종교를 믿는 마을을 불태우고 있다. 그런데 이들 앞에서 그런 행위가 야만적이라는 이야기를 대놓고 하면 살아남기 힘들다.

전 세계 곳곳이 테러

무엇보다 전 세계적으로 상황이 너무 나빠졌다. 정치적인 이유로 인질극을 벌이거나 폭탄을 터트리는 일은 20세기에도 전 세계 외신을 종종 달구던 사건이었다. 다만 그게 지역 현안인 데다 테러의 목표물이 정부 기관이나 군사 시설처럼 방어 능력을 갖춘 대상(Hard Target)이었다. 그러나 21세기 들어서는 아무런 죄 없는 민간인(Soft Target)이 목표가 되었다. 소수로 다수를 죽여 자신의 능력을 과시할 수 있으니 비용 대비 효과가 크기 때문이다.

지난 2016년 3월 22일 벨기에의 수도 브뤼셀의 공항과 지하철에서 자살 폭탄 테러로 31명이 목숨을 잃었을 때 샤를 미셸 벨기에 총리는 "암흑의 시대에 직면했다."라고 토로했다. 암흑의 시대라기보다 야만의 시대라고 부르는게 더 나을 것 같다.

2016년 7월 1일 방글라데시 다카에서는 '자마에툴 무자헤딘 방글라데시(JMB)'라는 조직이 외교관들이 주로 이용하는 지역 안에 있던 식당을 공격했다. 그리고 이들은 식당에 있던 22명의 손님을 차례로 죽였다. 이 중 7명은 방글라데시의 발전을 위해 헌신하던 일본국제협력기구(JICA) 단원이었다. 방글라데시 국민의 삶의 질을 향상하려고, 평생 일해 얻은 노하우를 나누려고 했던 고령의 기술자들이 살해된 것을 본 일본인의 충격은 컸다. 좋은 일을 하러 가서 고생하고 있는 사람들을 살해한 것이니 말이다. 더군다나 방글라데시는 그동안 테러가 많이 일어나던 국가도 아니었다.

20세기까지만 하더라도 테러는 지역에서 맹주 역할을 하는 국가들에서 주로 벌어졌던 일이다. 따라서 영국과 서방 국가들에서는 심심치 않게 벌어지던 일이었다. 이게 횟수가 더 늘어나고 테러 표적이 하드 타깃이 아니라 애먼 관광객 같은 소프트 타깃으로 이동한 것이다. 사실 선진국 입장에서는, 표적이 민간인이 되었다는 것 말고는 달라진 것이 없을 수도 있다.

하지만 우리에게는 이 변화가 상당히 중요하다. 우리 역시 테러의 대상이 되었기 때문이다. 더 심각한 문제는 이전까지만 하더라도 테러와 딱히 상관 없었던 국가들이 점점 테러 공격의 대상이 되고 있다는 것이다.

예를 들어, 한국인이 많이 찾는 필리핀만 하더라도 민다나오섬을 제외하면 관광객이 사고를 치지 않는 이상 문제가 될 것은 크게 없던 곳이다. 그런데 2017년에는 민다나오섬에 계엄령이 내려졌고, 수도 마닐라의 카지노 호텔도 공격받았다. 이 배후에는 IS(이슬람 국가)가 있다. 이들은 소프트 타깃을 공격하는 다양한 방법을 개발해 의지가 있는 이들이라면 누구나 테러리스트가 될 수 있도록 만들었다. 즉, 테러를 일종의 프렌차이즈로 만들어 버린 것이다.

물론 아직까지 대한민국이 IS의 테러 대상이 될 가능성은 낮다. 하지만 수출로 먹고사는 나라에서는 수많은 사람이 국외로 나간다. 요즘에는 국내 여행과 비슷한 예산으로 갈 수 있는 국외 관광지도 늘어났다. 문제는 이들 국가 상당수에 IS의 현지 테러 지점이 차려져 있다는 것이다. 이제는 살아남기 위해서라도 전에는 필요 없던 것들을 숙지하고 있어야 한다. 정복을 입은 경찰이 아니라 전투복을 입은 군인이 총으로 무장한 상태에서 거리를 지키고 있다면 그 나라는 사실상 계엄령 상태라고 이해해야 한다. 주로 낮에 움직이고 밤에는 호텔 밖으로 나가지 않는 것이 좋다. 원래 많은 선진국은 저녁 늦게 할 일이 별로 많지 않다. 호텔 안에서 쉬는 것이 가장 좋다.

공식적으로 가장 믿을 만한 대한민국 정부의 안내 지침은 외교부 해외안전여행 사이트 www.0404.go.kr다. 일단 2017년 12월 현재, 가장 강력한 여행 금지 4단계 지역은 아프가니스탄, 필리핀 민다나오 지역, 리비아, 시리아, 예멘, 이라크, 소말리아 등 7개국이다.

국내 여행이라고 안전할까?

한국은 산과 바다를 동시에 즐길 수 있는 나라다. 그런데 2015년에만 총 623건의 산불이 발생해 여의도 면적 2배에 달하는 418ha가 없어졌다. 산불 발생 빈도도 계속 증가하고 있는데, 대부분은 산에 간 사람들의 실수로 발생한 것들이었다. 섭씨 800~900도가 넘어야 녹는 범종을 흔적도 찾을 수 없게 녹여 버리는 위력의 산불은, 아까운 산만 태우는 것으로 끝나지 않고, 인근의 생태계까지 그야말로 초토화시킨다.

무엇보다 주목해야 할 것은, 행정안전부 재난관리실의 재해연보에 따르면 2011년부터 2015년까지 총 3만 3,139건의 등산 사고가 있었으며 이 중 486명이 목숨을 잃었다는 점이다. 인간이 8,848m의 에베레스트산에 도전장을 처음 내밀었던 1921년부터 2016년까지 총 282명이 목숨을 잃었던 것과 비교하면, 최고 높이의 산인 한라산이 1,950m로 에베레스트산의 4분의 1도 안 되는 대한민국의 산이 33배 이상 위험하다는 것은 아이러니다.

하지만 이는 무엇보다 사전 대비를 충분하게 하지 않고 안전 수칙을 무시했기 때문에 벌어지는 일이다. 무엇을 어떻게 해야 안전하게 산행을 하는지도 모르고 너무도 방만하게 산에 덤비기 때문에 생긴 사고들이다. 당연히 조난 사고도 많다. 매년 송이철이면, 혹은 계절이 겨울에서 봄으로 바뀌는 나물철이면 산마다 조난 신고가 이어지며 어처구니없이 목숨을 잃는 사람도 많다. 산은 자신의 체력 수준을 알고 가면 참 운동하기 좋은 곳이지만, 자신의 체력 수준을 모르면 잔인하기 그지없는 곳이다.

여름철 계곡에서 수박을 담가 놓고 물놀이를 즐기면, 남는 것이 새카맣게 탄 피부 정도여야 하는데, 상당히 심각한 사고를 당하기도 한다. 안전용품이라고 믿고 산 것이 안전을 보장하지 않기 때문이다. 강으로 가도 비슷하다. 딱히 위험할 것이라고 생각하지 않았던 곳에서 물에 휩쓸려 목숨을 잃는 사람들의 안타까운 소식을 매년 여름마다 뉴스에서 보게 된다.

겨울철 스키장도 사고 소식이 끊이지 않는 곳이다. 한참 붐이 일던 시절만큼은 아니지만, 여전히 많은 사람이 겨울철을 알차게 보내기 위해 스키장을 찾았다가 이런저런 부상으로 병원으로 직행한다.

바다라고 다를까. 지구 온난화의 영향으로 해파리 피해가 급증하고 있다. 또한, 이전에는 좀처럼 없었던 이안류 때문에 위험에 빠지는 사람도 늘어나고 있다. 생선을 잡으니 술이 한 잔 따라오고, 그렇게 해서 위험해지는 바다낚시도 있다. 한국의 다도해는 참 아름답지만, 이 많은 섬의 풍광을 즐기기 위해 연안 여객선이나 유람선을 탔다가 사고를 당하기도 한다.

사실, 대부분의 사고는 막을 수 있다. 뭔가 거창한 자격증이 필요한 것이 아니다. 안전 수칙을 철저하게 지키고 자신에게 필요한 보조 장비가 무엇인지 알고 그것을 준비하는 것만으로도 막을 수 있는 사고는 많다. 하지만 나 혼자 이 모든 것을 지킨다고 안전해지는 것도 또 아니다. 안전에 무심한 사람은 어디에나 있다. 이들이 사고를 일으켜 피해를 입을 수도 있다.

그럼에도, 어떤 일이 왜 벌어지는지를 안다면, 그리고 그 문제를 대비할 방법을 안다면 위험할 일은 거의 없다. 무엇을 준비하고 어떻게 대비해야 안전하게 더 즐거운 여행을 할 수 있을지 알아보자.

강과 바다

물놀이 사고

★ **기억해야 할 사실들**

1. 통계청이 발표한 2015년 사망 원인 통계에 따르면, 인구 10만 명당 익사 사고는 1.2명으로 2005년 1.8명에 비하면 상당히 많이 줄어들었다. 그래도 해마다 여름이면 익사 사고 소식이 끊이지 않는다. 2017년 6월 충북에서만 5명이 익사 사고로 목숨을 잃었다.

2. 익사 사고는 물속에서만 발생한다고 생각하기 쉽지만, '마른 익사'도 있다. 4세 이하의 아이들이 물놀이를 하다가 마신 다량의 물이 폐로 흘러들어가, 나중에 물에서 나온 뒤에 염증과 경련을 일으키는 것이다.

3. 구조의 원칙 중 하나는 KISS다. Keep it simple and safety. 자신이 안전한 상태에서 활용 가능한 가장 간단한 방법을 찾아야 한다. 예를 들어, 2ℓ 페트병 2개에 물을 조금 채운 다음 줄로 묶으면 멀리 던지기도 쉽고 구조를 위한 상당한 부력도 동시에 제공할 수 있다. 물에 빠진 사람에게 위급 상황에서 필요한 부력은 붙잡고 떠오르는 수준이 아니다. 사람 몸 자체가 가지는 부력이 있기 때문에 조금이라도 더할 수 있는 것이 있으면 물 밖으로 스스로 얼굴을 밀어 올릴 수 있다.

⚠ 사전 대비

1. 물놀이 사고의 82%는 안전 수칙을 제대로 지키지 않아서 발생한다. 물에서 놀 때 구명조끼와 경량 레포츠화는 필수다. 레포츠화는 바닷가 백사장이나 계곡 등에서 미끄러짐을 막아 주고 발바닥도 보호해 준다. 모래사장에서 레포츠화를 신으면 모래 속에 있을 수 있는 뾰족한 물체로부터 발을 보호할 수 있을 뿐만 아니라 물속에서도 안전하다. 만약 갯벌이나 모래사장이 아니라 날카로운 바위 위를 걸어야 한다면 스쿠버 신발이 낫다.

2. 물속에서 하는 운동은 생각보다 운동량이 많다. 급격히 체력 소모가 되는 데다 체온보다 낮은 물속에 있기 때문에 에너지 소모도 많은 편이다. 1시간 물속에 들어가 있었다면 10분 이상은 쉬도록 한다.

3. 준비운동을 안 하거나 술을 마시고 물에 들어가는 일은 어떠한 경우에도 위험하다.

4. 대한적십자사(www.redcross.or.kr 02-3705-3704)나 대한인명구조협회(www.klsa.kr)에서 수상 인명 구조 강습을 받을 수 있다.

▶ 실제 상황

1. 119에 신고한다. 119가 도착하기 전까지 일단 최대한 물에서 건져 내는 것이 좋다. 마른 익사 등을 방지하려면, 일단 끌어낸 다음 병원에 가서 검진을 받아야 한다.

2. 물에 빠진 사람에게 소리를 질러 어느 방향에 무엇이 있으니 그것을 잡고 나오라고 전한다. 직접 들어가는 것은 수상 인명 구조 훈련을 받은 사람만 한다. 허리 깊이 이상의 물속으로는 들어가지 않은 상태에서 간접 구조만 해야 한다.

3. 약수통이나 플라스틱 페트병, 튜브 등 물에 빠진 사람에게 부력을 제공할 수 있는 것이 있는지 확인한다.

4. 119 구조대원의 지시에 따라 구조를 진행한다.

✚ Good

1. 수상 인명 구조 강습을 받은 적이 없다면 물에 빠진 사람에게 직접 다가가지 않는다. 수상 인명 구조는 수영장에서 수영을 잘하는 것과는 아무 상관이 없는 다른 문제다.
2. 허리 깊이 이상의 물속에는 들어가지 않고 간접 구조를 시도한다. 물에 빠진 사람은 본능적으로 구조하려는 사람을 물에 밀어 넣고 자신이 위로 올라가려고 하기 때문이다.

➖ Bad

1. 물에 빠진 사람을 보자마자 별도의 장비 없이 바로 물속에 뛰어든다.
   다중 익사 사고의 대부분은 구하러 들어간 사람이 같이 익사하는 형태다. 구조대원이 도착하기 전의 구조 원칙은, 자신의 안전을 확보한 상태에서 위험에 처한 사람을 구할 가장 간단한 방법을 찾는 것이다. 사람의 몸은 원래 물에 뜨기 때문에 부력을 조금만 더 높일 수 있는 어떤 것이든 도움이 된다.

쥐

★ 기억해야 할 사실들

1. 우리가 흔히 쥐가 났다고 하는 증상은 근육 경련으로, 근육을 너무 많이 써서 발생하는 경우가 많다. 따라서 주로 운동하는 동안 발생한다. 근육 경련이 아주 심하거나 지속되면 의사의 전문적인 처치가 필요하지만, 일반적으로 우리가 '쥐가 났다.'라고 표현하는 현상은 2분을 넘지 않는다.

2. 수영장에서 쥐가 나면 익사 사고로 이어지기도 한다. 통증 때문에 도움을 제대로 구할 수 없고, 물속에서 패닉 상태에 빠지면 2분 동안 호흡을 제대로 하는 것도 힘들기 때문이다.

3. 만성적으로 근육 경련을 경험한다면 반드시 의사를 찾아 치료법을 상의해야 한다. 근육 경련이 일어나는 원인은 아주 많기 때문에 절대로 자가 진단이나 민간요법에 의지해서는 안 된다.

⌛ 사전 대비

1. 운동을 시작하기 전에 충분히 워밍업과 스트레칭을 하면 근육 경련은 예방할 수 있다. 하지만 워밍업의 정도는 계절과 운동하는 곳의 상태에 따라 꽤 다르다. 피트니스 센터에서 트레이너가 가르쳐 주는 방식을 써야 한다. 유튜브 검

색으로도 많이 찾아볼 수 있다. 통상 1시간 운동한다면 스트레칭은 운동하기 전 15분, 운동이 끝난 다음 10분 정도 하는 것이 좋다.

2. 특히 수영장에 들어가기 전이라면 준비운동은 필수다. 물놀이 기구를 이용할 때도 마찬가지다. 물놀이 기구를 이용하는 경우라면 제공하는 구명조끼를 착용법에 맞춰 입는다. 30분에서 1시간 간격으로 물 밖에 나와서 15분 이상 쉰다.

3. 쉴 때마다 음료수를 마신다. 커피나 술은 절대로 안 된다.

▶ 실제 상황

1. 주변에 도움을 요청할 사람이 있을 때
   − 다리에 쥐가 났다는 것을 알리고 도움을 요청한다.
   − 수영장 안에서 쥐가 났다면 도움을 받아 수영장 밖으로 빨리 나간다.
   − 수영장 밖으로 나가 통증이 있는 부위를 잘 주물러 준다.

2. 주변에 도움을 요청할 사람이 없을 때
   − 침착하게 숨을 고른다. 근육 경련이 이어지는 시간은 최대 2분이라는 점을 상기한다.
   − 수영장에서 쥐가 나면 부력에 의지하도록 노력한다. 고개를 뒤로 젖히고 팔을 최대한 넓게 펴서 배영을 하는 자세를 유지하기 위해 애쓴다.
   − 수영장 밖으로 나왔으면 쥐가 난 부위를 잘 주무른다.
   − 경련이 생긴 곳에 따뜻한 찜질을 해 주면 대체로 통증은 없어진다.

━ Bad

1. 빨리 나가려고 근육에 힘을 준다.
   통증은 더 격화된다.

2. 모든 것을 혼자 해결하려고 한다.

남의 도움을 받아야 통증을 빨리 벗어날 수 있다. 위험한 상황은 대체로 혼자서 빠져나가는 것이 쉽지 않다.

3. 민간요법으로 바늘을 찌르거나 아스피린을 녹여 먹는다.

근육 경련이 일어날 수 있는 원인 중 혈액순환이 원활하지 않는 경우도 있어서 그렇게 이해하는 것 같다. 이 두 가지 민간요법을 쓰면 2분은 지나간다. 시간이 지나서 나아졌는데 민간요법을 써서 나아졌다고 착각하기 쉽다. 바늘을 찾고 소독하는 데도 2분은 충분히 지나간다. 소독한 바늘로 찌른다고 하더라도 근육 손상을 입을 수 있으며 소독하지 않은 바늘로 찌르면 감염의 위험도 있다. 아스피린은 혈전 예방 효과가 있지만, 근육의 경련과 혈액순환이 직접적으로 관련 있는 경우에만 효과가 있다. 사실 아스피린 역시 입안에서 녹는 데 2분 정도가 걸린다. 즉, 이 방법들은 모두 쥐가 자연적으로 풀리는 시간만큼 소요되는 것들이다. 또한 cramp 상황에서 아스피린이 효과가 있다는 영어 사이트도 종종 볼 수 있는데, cramp는 우리말로 '쥐가 났다'는 뜻으로도 쓰이지만 아스피린을 쓰라는 문서를 자세히 보면 cramp 앞에 menstrual이라는 단어가 붙어 있는 것을 볼 수 있다. 즉, 생리통 처방이다.

계곡 급류

★　기억해야 할 사실들

1. 계곡은 워낙 좁은 공간이라 상류에서 물이 조금만 불어나도 물살이 엄청나게 세지기 때문에 위험하다. 특히 거주 지역이나 자주 물놀이를 하던 지인 집 근처 계곡이라 마음 놓고 물놀이를 즐기다가 갑자기 세진 물살과 갑자기 떨어진 수온 때문에 당황하는 사례도 꽤 많다.

2. 계곡 급류는 빨라진 물살 때문에 부력이 적게 작용해서 특히 위험하다. 그래서 구명조끼만 믿다가는 큰 사고로 이어질 수 있다. 계곡에서는 충분한 부력을 제공하는 스포츠용 구명복 B형을 입어야 한다. 우리가 통상 구명조끼라고 부르는 것의 정식 명칭은 '스포츠용 구명복'이다. 국가기술표준원(KATS)에서는 부력 보조복과 스포츠용 구명복을 합쳐서 Life Jacket, 구명조끼라고 부르는데, 둘의 차이는 부력이다.

대략 자기 체중의 10%의 부력이 있어야 가슴까지 뜬다. 그런데 시판 중인 구명조끼 대부분은 '부력 보조복'으로, 50kg이 넘는 성인에게는 의미 있는 부력을 제공하지 못한다. 성인용 부력 보조복이 제공하는 부력은 부력이 있는 낚시조끼만도 못하다. 물론 어린이들에게는 부력 보조복도 의미 있는 부력을 제공하지만 제대로 입지 않는 경우가 많아 구명조끼를 입고도 사고를 당하는 경우가 있다.

- 구명조끼는 사이즈보다 부력이 중요하다. 자신의 몸무게와 비슷하거나 그 이상의 부력을 제공하는 것을 산다.
- 안전 용품은 패션 용품이 아니다. 몸에 약간 낀다는 느낌의 사이즈를 착용해야 한다.
- 조끼 착용 후 다리끈을 이용해서 몸에 밀착시켜야 한다.
- 옆구리 조정끈과 다리끈은 조끼가 몸에 밀착하도록 조여야 한다.

3. 계곡에서 수영을 할 만한 공간을 '소'라고 부른다. 이곳은 눈에 보이는 것보다 훨씬 깊고 소용돌이가 일어 몸이 잘 뜨지 않을 뿐만 아니라 물이 차가워서 사고가 일어나기도 쉽다. 수박을 시원하게 식힐 만큼 찬 물이므로 체온을 33도 이하로 떨어뜨리는 것은 순간이다. 체온이 33도에서 35도까지 떨어지면 제대로 걷지 못하고 판단력도 떨어지는 저체온증 초기 단계에 진입한다.

⌛ 사전 대비

1. 일기예보를 항상 확인한다. 호우주의보가 있거나 2~3일 전에라도 비가 많이 내렸다면 계곡에서 물놀이는 가급적 피한다.

2. 반드시 구명조끼를 착용한다. 수영을 잘하는 사람이라도 부력이 약한 계곡에서는 움직이기 어렵다. 어른 아이 할 것 없이 스포츠 구명복 B형을 선택하고 부력을 확인한다.

착용자 체중 (kg)	자율안전확인기준에 따른 최소 필요 부력(N)		
	부력 보조복	스포츠용 구명복	
		A형	B형
~20	사용 불가	30	45
21~30		40	60

31~40	35	50	75
41~50	40	60	90
51~60	40	70	110
61~70	45	80	130
71~	50	100	150

- 계곡에서는 스포츠용 구명복 B형을, 강에서는 A형을 착용한다.
- 낚시 조끼는 단위가 N이 아니라 kg/24 등으로 표기되기도 한다. 이는 해당 kg의 부력을 24시간 동안 제공한다는 뜻으로 kg 앞의 숫자에 10을 곱하면 N값이 된다.

3. 슬리퍼보다는 레포츠용 신발을 신는다.

4. 정오부터 오후 3시를 피해 물놀이를 한다. 햇볕이 강하기 때문에 방수 기능이 있는 자외선 차단제를 2시간 단위로는 발라야 한다. 식품의약품안전청은 방수 기능이 있는 자외선 차단제를 방수 효능에 따라 '내수성'과 '지속내수성'으로 인증한다. 내수성 기준에 미달하는 제품에 '롱 래스팅', '워터프루프' 등의 유사 문구를 붙여 판매하는 경우도 있으므로, 꼼꼼히 살펴봐야 한다.

5. 햇볕이 강하기 때문에 아이들이 계속 물속에만 있으려 하는데, 물속에 오래 있으면 저체온증에 걸리기 쉽다. 최소 60분 단위로 물 밖으로 나와야 저체온증에 시달리지 않는다.

▶ 실제 상황

1. 119에 신고한다.
2. 부력이 있는 것에 줄을 묶어 던져 준 다음 끌어낸다.

3-04

이안류

★ 기억해야 할 사실들

1. 이안류(離岸流, rip currents)는 파도가 아니다. 갑자기 한두 시간 동안 아주 빠른 속도로 해안에서 바다 쪽으로 흐르는 좁은 표면 해류다. 보통 폭이 10~30m 정도로 아주 국지적으로 발생한다. 발생 원인은 다양하지만 가장 많은 형태는 해저에 쌓인 퇴적물이 시간이 흘러 둑 형태로 만들어졌다가 갑자기 일부가 무너지면서 순식간에 고인 물이 빠져나가는 것이다.

2. 이안류는 초속 2m 이상으로 흐르기 때문에 사람의 수영 실력으로 해변으로 돌아갈 방법은 없다.

3. 2012년 국립해양조사원과 한국건설기술연구원은 이안류 감시 장치를 개발해 국내 특허를 등록했고, 역시 비슷한 피해가 많이 발생하는 호주와 미국에도 특허를 출원했다. 이 감시 시스템은 관심(희박), 주의(가능), 경계(농후), 위험(대피)의 4단계로 나누어 해양경비안전본부, 소방본부, 관할 지자체에 제공하는 체제인데, 2016년 현재 해운대, 대천, 중문, 그리고 경포대 해수욕장에서 제공되고 있다.

✗ 사전 대비

1. 바닷가에서 물놀이할 때는 안전지대 밖으로 나가지 않는 것이 가장 안전하다.
2. 이안류 감시 장치가 작동 중인 해수욕장에 주의 이상의 단계라고 하면 가급적 물속으로 들어가지 않는다.
3. 이안류는 일반적으로 수심이 깊고 유입 파도가 적은 곳에서 발생한다. 따라서 바닷가에서 물놀이할 때 수심이 깊은 곳으로 가지 않는다.
4. 튜브 등의 물놀이 기구를 항상 사용한다. 부력만 충분히 있어도 바다에서 사고 에 대응할 방법은 많다.

▶ 실제 상황

1. 유속이 갑자기 빨라지며 갑자기 바다로 빨려 들어가는 느낌이 들면, 다음의 각 상황에 맞게 침착하게 행동한다. 사실 10m에서 30m 정도는 침착하게 대응 하면 금방 벗어날 수 있는 거리니 당황하지 말자.
2. 도움을 청할 상대가 바로 옆에 있거나 튜브 등 부력이 있는 기구를 사용하고 있을 때
   - 손을 흔들어 도움을 요청한다.
   - 빠른 유속 때문에 물에 빠지지 않게 조심한다.
3. 도움을 청할 상대나 부력이 있는 기구가 없을 때
   - 침착하게 숨을 고른다.
   - 해류의 방향을 확인하고 해류 방향의 90도 방향으로 헤엄치기 시작한다. 해 변이 해류 방향의 반대 방향이라고 그쪽으로 향하면 벗어나지 못한다. 이안 류의 폭은 10~30m 정도이기 때문에 이 폭만 넘어서면 안전하다.
   - 힘들면 물에 뜬 상태에서 계속 손을 흔들어 구조 신호를 보내는 것을 반복한 다. 힘을 빼고 팔을 벌려 누우면 상당한 부력을 확보할 수 있다.

해파리

★ 기억해야 할 사실들

1. 지구온난화 때문에 해수면 온도가 높아지면서 해파리가 증가하고 있다. 제주 도와 남해안에 나타나기 시작하더니 이제는 동해안에서도 볼 수 있다. 당연히 그 피해도 증가하고 있다. 어떤 해파리의 촉수는 20m가 훌쩍 넘기도 하니 해 파리는 구경도 못한 상태에서 쏘일 수도 있다.

2. 해파리마다 독성이 달라 단일한 대응법을 제시하기도 어렵고, 해파리의 종류 와 상태에 따라 중독 증상도 많이 다르다.

3. 따끔거리는 수준에서 지나갈 수도 있지만 호흡 곤란이 오거나 의식을 잃을 수 도 있고 쓰러질 수도 있다.

⌛ 사전 대비

1. 지자체별로 해파리 떼가 나타나면 해파리 주의보를 발령한다. 해파리 주의보 가 발령되면, 물에 다리가 잠기는 정도 이상은 들어가지 않는 것이 좋다.

▶ 실제 상황

1. 해수욕장 안전요원에게 사고 사실을 알리고 119를 부른다.

2. 최대한 천천히 나오도록 한다. 모든 처치는 쏘인 사람이 완전히 물 밖으로 나 와 편안하게 누워 있는 상태에서 진행한다. 움직이면 몸에 붙은 해파리 촉수가 계속 움직여 독이 더 넓게 많이 들어간다.

3. 한 사람은 바닷물을 계속 상처 부위에 부어 준다. 그것만으로도 많은 촉수가 제거된다. 생수나 알코올은 해파리 독을 더 번지게 한다.

4. 수건이나 장갑으로 손을 보호하고 몸에 붙어 있는 해파리를 떼어 낸다.

5. 몸에 촉수가 박혀 있는 것이 보이면 신용카드 같은 것으로 촉수를 밀어낸다.

6. 응급실로 옮기고 구급대원과 응급의사에게 어떤 응급처치를 했는지 알린다.

– Bad

1. 알코올이나 찬물로 상처 부위를 닦아 낸다.

   촉수가 독을 뿜기 시작한 이후에 알코올이 닿으면 더 많은 독을 뿜기 시작하고 환자가 더 고통스러워한다. 찬물을 뿌리면 촉수의 독소가 더 활성화된다.

2. 오줌을 뿌린디.

   인기 있는 미국 드라마에서 소개되어 한동안 민간요법으로 많이 활용되었던 방법이다. 일부 해파리의 독에는 오줌이 효과가 있지만 대부분은 없고, 환자에게 심리적인 모멸감을 준다.

3. 식초를 뿌린다.

   해파리의 종류에 따라 촉수가 더 많은 독을 뿜어내기도 한다.

4. 통증이 있으니 손으로 문지르면서 마사지한다.

   상처 부위에 물리적 자극을 주면 독은 더 많이 퍼진다.

바다낚시

★ 기억해야 할 사실들

1. 태안군 해경은 지난 2017년 5월 한 달간 낚시 어선 520여 척을 대상으로 안전 저해 행위 단속을 벌여 24건을 적발했다. 주요 적발 내용은 구명동의(구명조끼) 미착용이 11건으로 가장 많았고, 입출항 신고 자동화를 위한 위치발신장치(V-PASS) 미작동 3건, 출입항 미신고 2건, 승객 음주 1건, 기타 7건 등이었다. 구명동의 미착용은 지난해 23건에 이어 가장 많은 위반 행위였다.

2. 갯바위와 썰물바위는 물론 테트라포드(방파제 블록)도 낚시하기에 안전한 곳이 아니다. 테트라포드와 갯바위에는 이끼가 자라고 바닷물이 들고 나면서 물때도 끼기 때문이다. 그럼에도 테트라포드에서 낚시하다 실족 사고를 당하는 사례는 꾸준히 발생한다. 2017년 5월 4일에도 군산시 옥도면 죽도 방파제에서 테트라포드에서 낚시하던 사람이 골절상을 입었고, 2017년 4월 31일 군산시 비응항 인근 갯바위에서 낚시하다가 물이끼에 미끄러지면서 다리를 다쳐 병원에 후송된 사람도 있다.

3. 바다낚시는 기본적인 안전 규칙만 잘 지키면 큰 문제가 일어나지 않는다.

⚡ 사전 대비

1. 행선지의 일기예보와 밀물과 썰물 때를 확인한다. 태풍이 기상예보의 일기도에 나타나면 낚시 계획을 취소한다.

2. 현지에 대한 정보와 낚시를 다녀온 낚시꾼들이 올린 조행기를 확인하고 주의 리스트를 스스로 작성한다.

3. 가족에게 어느 지역으로 낚시 간다는 사실을 꼭 이야기한다.

4. 출항할 때부터 반드시 부력을 제공하는 낚시 조끼를 착용하고 배의 난간에 걸터앉지 않는다. 바닷가에서 낚시를 즐기다가 파도에 휩쓸리는 경우도 종종 발생하니, 역시 낚시 조끼를 꼭 착용한다.

5. 바위에 물이 올라온 흔적이 있는지 확인한다. 물이 올라온 흔적이 있으면 고립될 위험이 있다는 뜻이다. 되도록 높은 지대에 있는 다른 장소를 찾고 너무 좁거나 미끄러지기 쉬운 장소는 피한다.

6. 절대로 술을 마시지 않는다.

7. 밤 낚시는 피한다. 발밑이 보이지 않아 위험하다.

8. 안전 필수품을 챙긴다:

   ☐ 손전등 ☐ 담요 ☐ 부력이 있는 낚시 조끼 ☐ 아이스박스
   ☐ 휴대용 라디오 ☐ 낚시 신발 ☐ 휴대전화 예비 배터리와 방수팩

▶ 실제 상황

1. 119에 연락해 스마트폰 지도를 사용해 현재 위치를 전송하고 상황을 설명한다. (해경 전용 전화번호는 122번이었으나, 2016년 10월부터 긴급 신고 전화는 119, 범죄는 112로 통합되었다.)

2. 담요와 아이스박스 등 가지고 있는 장비들을 이용해 가장 따뜻하게 버틸 수 있는 공간을 찾는다.

3. 최대한 물을 피하면서 구조를 기다린다.

— Bad

1. 부력이 있는 낚시 조끼니까 어떻게 되겠지라는 생각으로 물에 뛰어든다.
   위치 파악이 안 되기 때문에 구조에 시간이 걸린다. 구조 시간이 늘어나는 만큼 저체온증으로 목숨을 잃을 가능성도 높아진다.
2. 불빛이 보여서 건너갈 수 있을 것 같으니 헤엄친다.
   눈에 보이는 거리라 해도, 웬만해서는 밤에 수영해서 갈 수 있는 사람은 많지 않다.

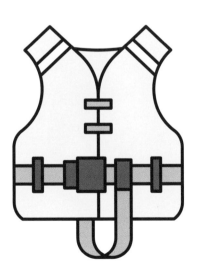

산과 들

뙤약볕

★ 기억해야 할 사실들

1. 해를 거듭할수록 여름은 더워지고 있고, 폭염 환자와 사망자 역시 늘고 있다.

2. 일사병과 열사병을 같은 질환으로 착각하는 경우가 많은데 열사병이 훨씬 위험하며, 열사병 환자가 생기면 119에 연락해 바로 병원으로 이송해야 한다. 차이는 다음과 같다.

일사병	열사병
체온 37~40도	체온 40도 이상
피부가 차갑고 습하며 창백해진다	피부가 건조하고 뜨겁다
엄청나게 땀을 흘린다	땀을 흘리지 않는다

3. 하늘에 구름이 없고 햇볕을 강하게 느낀다면 다음의 자각 증상이 있는지 확인해야 한다. 특히 어린이의 경우에는 이 증상을 느낀다고 하더라도 계속 뛰어다니는 경향이 있으므로 자각 증상을 느끼기 시작하면 바로 그늘지고 시원한 장소로 옮긴다. 유아들은 아래의 증상에 늘어지고 졸립다는 증상이 추가된다.

   ☐ 두통 ☐ 어지럽고 혼란스럽다 ☐ 식욕이 없고 아프다

- □ 땀이 엄청나게 나면서 피부가 창백해지고 차갑다.
- □ 팔, 다리에서 쥐가 난다.　□ 호흡이나 맥박이 빨라진다.
- □ 체온이 37도 이상이다.　□ 극심한 목마름을 느낀다.

⌛ 사전 대비

1. 운동 중에는 차가운 물이나 음료수를 충분히 마시고, 차가운 물로 목욕을 하거나 샤워를 한다.
2. 밝은 색의 꽉 끼지 않는 옷을 입는다.
3. 피부와 옷 위로 물을 뿌린다.
4. 폭염주의보가 내리면 가능한 한 밖으로 나가지 않는다. 나가더라도 오전 11시부터 오후 3시까지의 태양 밑에서는 활동하지 않는다.
5. 술을 마시지 않는다.
6. 몸에 작은 이상을 느껴도 바로 운동을 중단한다.

▶ 실제 상황

1. 시원한 곳으로 옮겨 옷을 풀고, 찬물이나 찬바람으로 체온을 낮춘다.
2. 아래의 상황이 발생하면 바로 119를 불러 환자를 병원으로 이송한다.
   - □ 30분 이상 증상이 지속된다. 열사병 초기 증상이다.
   - □ 뜨겁고 건조함을 느끼기 시작한다.
   - □ 체온이 40도가 넘는다.　□ 짧고 빠른 호흡을 한다.
   - □ 혼란스러운 반응을 보인다.
   - □ 발작한다.　□ 의식이 없다.　□ 대답을 제대로 못한다.

+ Good

1. 119에 전화를 걸어 전문적인 조언을 구한다.
2. 환자가 금방 정신을 차렸다 해도 병원에 데리고 가서 전문의의 진단을 받는다.
   더운 날 갑자기 의식을 잃고 쓰러진다고 해서 모두 일사병은 아니다. 전문의의
   정확한 진단이 필요하다.

— Bad

1. 에어컨 바람을 직접 쐴 수 있는 곳으로 옮긴다.
   급격한 온도 변화는 환자의 몸에 어마어마한 스트레스를 가해 환자가 다른 병
   에 걸릴 수도 있다.
2. 시원한 맥주를 마신다.
   술은 탈수 현상을 유발해 증세가 더욱 악화된다.
3. 의식을 잃은 열사병 환자에게 찬 음료를 먹인다.
   폐로 들어가 위험할 수 있다.

뱀

★ 기억해야 할 사실들

1. 1년에 평균적으로 약 400명 정도가 뱀에 물려 병원에 간다. 뱀은 겨울에 동면하는 동물이니, 주로 봄부터 가을까지 뱀에게 물린다. 특히 가을은 뱀들의 번식기라 상당히 예민해져 있어 야외 활동할 때 주의해야 한다.

2. 뱀을 잡으려고 해서는 안 된다. 뱀을 잡으려고 하다가 다시 물린다.

3. 독사에게 물렸으면 빠른 시간 내에 항독소를 맞아야 한다. 뱀이 자주 나오는 지역의 의료 기관이라면 대체로 항독소를 확보해 놓고 있다. 한국 토종 뱀 중 독사는 그렇게 많지 않다.

4. 독사에 물렸는지는 다음으로 알 수 있다.

   ☐ 한 개 이상의 송곳니 자국이 생긴다.

   ☐ 물린 자리의 피부색이 바뀌며, 그 주변에 통증이 있다.

   ☐ 물린 부위에서 심장 방향으로 부어오르기 시작한다.

   ☐ 메스꺼움을 느끼고 토한다.

   ☐ 물린 쪽의 겨드랑이나 사타구니가 붓거나 통증을 느낀다.

   ☐ 입 주변에 멍한 느낌이 든다.

   ☐ 손가락이나 발가락 끝이 저리거나 온 몸의 힘이 빠지는 느낌이 든다.

   ☐ 물체가 두 개로 보인다.

⌛ 사전 대비

1. 특히 가을에 수풀이 우거진 곳을 걸어야 한다면 발목까지 올라오는 등산화와 긴 바지를 입는다.
2. 약국에서 포이즌 리무버 키트를 사 놓는다. 포이즌 리무버 키트는 설명서, 리무버 본체, 소켓, 솜, 거즈, 밴드 등으로 구성된 세트다. 생긴 것은 주사기처럼 생겼지만 주사기처럼 피스톤을 잡아 당겨야 하는 제품도 있고, 당긴 다음에 밀어 넣어야 압력이 형성되는 제품도 있다. 구매한 후 반드시 사용법을 확인한다. 포이즌 리무버로 독을 완전히 제거할 수 있는 것은 아니다.

▶ 실제 상황

1. 뱀에 물렸으면 바로 119에 연락부터 해야 한다. 신속하게 119 대원들이 환자가 물린 곳까지 찾아와 응급처치를 하고, 항독소가 있는 병원으로 이송하는 것이 최선이다.
2. 하지만 대체로 뱀에게 물리는 곳은 산속으로, 일단은 전화기를 스피커폰으로 돌려놓고 가지고 있는 물건들을 이용해 119 대원들의 지시에 따라 응급처치를 하는 것이 가장 안전하다.
3. 뱀에 물린 환자를 뱀에게서 떨어뜨려 놓고 물린 부위부터 확인해야 한다. 상처에 1cm 정도 떨어진 큰 구멍 두 개와 주변에 작은 이빨 자국이 있으면 독사일 가능성이 크다. 독사가 아니라고 하더라도 뱀에 물렸다는 사실 때문에 충격으로 의식을 잃는 경우도 많다.
4. 몸에서 반지나 시계, 꽉 끼는 옷 등은 제거한다.
5. 물린 부위를 물과 비누로 씻어 낼 수 있으면 먼저 씻어 내야 한다.
6. 씻어 낼 수 없다면 포이즌 리무버 키트 안의 알코올 솜으로 닦아 낸 다음 포이즌 리무버로 독을 제거하고 거즈를 붙인다.

7. 119 구급대의 도착까지 너무 오래 걸린다면 물린 부위 위쪽을 압박해야 한다. 폭이 넓은 끈이나 손수건으로 물린 부위에서 심장 방향으로 10cm 지점을 압박해 묶는다. 너무 꽉 묶으면 안 된다. 압박한 상태에서 바깥쪽을 손으로 짚었을 때 환자의 맥박을 느낄 수 있어야 한다. 두 손가락이 압박대 사이를 빠져나갈 수 있는 정도의 여유는 둬야 피부가 괴사하지 않는다.

8. 물린 부위는 심장보다 낮은 위치에 두고 환자를 이송할 방법을 찾아야 한다. 환자가 자기 힘으로 움직이면 독은 더 빨리 퍼진다. 환자가 움직이지 않는 상태에서 움직일 수 있도록 가지고 있는 도구를 이용해 들것을 만든다.

➕ Good

1. 환자를 문 뱀을 자극하지 않는다.

2. 환자에게 음식을 주지 않는다. 의식이 없는 경우도 많고, 이 상황에서는 소화도 시키지 못한다.

➖ Bad

1. 뱀에 물렸다고 상처에 담배나 된장 등을 바른다.

이 민간요법들은 2차 세균 감염을 일으킬 수 있다. 물린 부위를 칼로 째고 독을 빨아 내도 안 된다. 입안에 상처가 있으면 그 상처를 통해 독이 바로 들어간다.

3-09

벌떼

★ 기억해야 할 사실들

1. 행정안전부 재난 관리실에 따르면, 119에 벌집을 제거해 달라고 요청한 건수가 2013년 8만 6,681건에서 2014년 11만 7,534건, 2015년에는 12만 8,444건으로 2년 동안 50%가량 증가했다. 전문가들은 봄철 기온 상승, 도시 열섬 현상 가속화, 외래종 대처 미흡 등으로 벌이 증가하고 있기 때문이라고 한다.(《경남도민일보》, 2016년 7월 29일, 〈벌들이 도시에 집을 짓는 이유는〉) 경북대학교 최문보 교수는 열섬 현상 때문에 벌들이 도시로 몰려들고 있고, 도심 공원과 같은 환경이 도시 내 서식 공간을 확장하는 역할을 하고 있다고 지적한다.

2. 2003년 이후 한국에서 발견되고 있는 등검은말벌이 상당히 빠르게 개체수를 늘리고 있는 것도 주요 원인 중 하나로 꼽힌다. 등검은말벌은 번식 속도가 빠르고, 일반 말벌에 비해 더 강한 독침을 갖고 있다.

3. 도시에서 119에 벌집 제거를 요청하는 것은 대부분 꿀벌집이 아니라 말벌집 때문이다. 십수 년 전까지만 해도 말벌의 피해는 벌초, 혹은 야산에서 풀베기 봉사를 하던 사람에게 집중되었는데, 이제는 도시에서 공원을 산책하다 말벌의 공격을 받기도 한다.

4. 벌이 반응하는 대상은 어두운 색상의 옷을 입고 있는 사람, 진한 향수나 헤어

스프레이를 뿌린 사람, 음료수를 들고 다니는 사람이다. 즉, 봄의 기운을 즐기는 모두다.

☒ 사전 대비

1. 최근 6개월 이내에 말벌에 쏘인 적이 있다면 의사 처방을 받아 에피펜을 늘 가지고 다니는 것이 좋다. 항체가 형성되어서, 꿀벌에게 쏘이기만 해도 심한 알레르기 반응을 일으켜 목숨을 잃을 수도 있기 때문이다. 에피펜의 유효기간은 약 1년이므로 1년이 지나면 약국에 반납해 의료용 폐기물로 처리한다.
2. 봄철에 공원에서 차나 음료수를 마시다 흘렸을 때 빨리 물티슈로 닦지 않으면 벌을 부를 수도 있다.
3. 봄부터 여름까지는 외부에 나갈때 진한 향수나 진한 향의 헤어 스프레이를 사용하지 않는다. 가능한 한 자외선 차단제 정도만 쓰는 것이 좋다.
4. 야외 활동을 할 때 포이즌 리무버와 핀셋, 항히스타민제 정도를 준비하면 좋다. 포이즌 리무버로는 비교적 쉽게 벌침을 제거할 수 있지만, 그렇지 않다면 생각보다 어렵다. 야외 활동이 예정되어 있다면 거의 모든 알레르기 반응을 완화하는 항히스타민제를 한두 정 정도 준비한다. 항히스타민제는 의사의 처방 없이도 구할 수 있다.

▶ 실제 상황

1. 벌이 날아올 때 소리를 지르며 손이나 신문지로 휘저으면, 오히려 벌이 위협받는다고 생각해 공격하기 시작한다. 움직이거나 도망가지 않는 것이 최선의 대응법이다. 벌의 비행 속도는 시속 40~50km로 사람보다 3배 이상 빠르다.
2. 벌이 날아오고 있다는 것은 주변에 벌이 보호해야 하는 것이 있다는 뜻이다. 왔던 길로 천천히 30m 이상 되돌아 간다.

3. 119에 말벌집 제거 요청을 했다면 적어도 10~30m 정도는 떨어져 있는다. 자신의 둥지가 파괴되기 시작하면 벌들도 대단히 공격적이 된다.

4. 벌에 쏘였을 때는 포이즌 리무버로 독침을 뽑아 올린 다음 핀셋으로 뽑아 버리는 것이 가장 안전하고 손쉬운 응급처치다. 포이즌 리무버와 핀셋이 없다면, 신용카드나 칼끝으로 피부에 박혀 있는 침을 끝에서부터 밀어내는 방식으로 제거한다. 독 주머니를 터뜨려 독이 피부 속으로 더 많이 퍼질 수 있으니 조심한다.

5. 벌에 쏘여 항히스타민제를 먹었다면 반드시 구급대원이나 의사에게 복용 사실을 알린다

▶▶ **이후 할 일들**

1. 얼음으로 상처 부위의 열을 식히면서 병원으로 간다. 이때 상처 부위를 누르면 안 된다. 벌침은 상당한 수준의 알레르기를 일으키는 독성 물질이다. 의사의 전문적 치료를 받는 것이 좋다. 무엇보다 에피펜 처방전을 받기 위해서라도 병원에 가야 한다.

— **Bad**

1. 벌집을 보고 스프레이 살충제를 뿌리거나 벌집을 직접 제거한다.
   말벌은 스프레이 살충제 정도로는 한 번에 죽이지 못한다. 벌집은 반드시 119나 전문가의 도움을 받아 제거한다.

스키장

★ 기억해야 할 사실들

1. 2010년부터 2014년까지 한국소비자원 위해 감시 시스템에 접수된 스키장 슬로프 내 사고는 총 1,178건이었다. 대부분은 혼자 미끄러지거나 넘어지는 것이었지만 타인과 충돌도 103건으로 8.7%, 시설물과 부딪힌 경우가 55건 4.7%로 충돌 사고만 약 13.4%를 상회했다.

2. 또 다른 조사에 따르면, 스키나 스노보드를 타기 시작한 지 1년이 안 된 초보자의 50% 이상이 사고를 당한다. 스키와 보드가 상당히 고속으로 움직이고 운동량이 많은 운동인데도 제대로 된 강습을 받지 않고 일단 슬로프부터 올라가는 사람이 많기 때문이다. 자신과 다른 사람의 안전을 위해서도 최소한의 스키장 에티켓과 초보자 강습은 받아야 한다.

⚠ 사전 대비

1. 반드시 인증 받은 안전모와 보호 장비를 착용한다. 혹시라도 충격을 받은 적이 있으면 바로 교체한다. 대여할 경우에는 안전모와 보호 장비 안쪽 스티로폼의 상태를 확인한다. 한쪽이 심하게 눌렸거나 스티로폼이 깨지거나 찢어져 있으면 다른 걸로 교체를 요구한다.

2. 스키와 보드 장비는 자신의 몸에 잘 맞는 것을 고른다. 헐렁한 옷은 리프트나 스키 폴대 등에 걸릴 수 있다.

3. 스키나 보드를 타기 전에 바르게 넘어지는 방법과 일어나는 법을 충분히 숙지한다.

4. 겨울철 운동은 몸을 충분히 덥힐 정도로 준비운동을 하지 않으면 근육에 상당한 무리를 준다.

5. 자신의 실력에 맞는 슬로프에서만 움직이고 절대로 과속하지 않는다.

6. 힘들어서 쉴 때는 카페테리아로 이동한다. 절대로 슬로프 중간에 서 있으면 안된다. 사람이 슬로프에 없는 것 같아도 언제 나타날지 모른다. 카페테리아에서 쉬고, 정 힘이 없으면 슬로프 양쪽 끝에서 쉰다.

7. 스키 보험을 들어 둔다. 하루 보험료는 몇 천 원, 시즌은 몇 만 원 정도다.

▶ 실제 상황

1. 스키장에서 아무리 가볍게 부딪혔더라도, 그리고 자신의 잘못이 아니더라도 일단 충돌 사고가 발생했으면 반드시 멈춰서 자신과 상대의 상태를 확인해야 한다. 사고가 났을 때 상대를 확인하지 않고 그 자리를 떠나면 자동차 사고에서 뺑소니를 한 것과 비슷하다.

2. 스키장 안전요원(패트롤)을 찾는다. 사고의 시시비비에 대한 분쟁은 항상 벌어지며 환자 상태에 따라 후송을 요구해야 할 경우도 있다.

3. 자신 또는 충돌한 상대가 잠시라도 의식을 잃었거나 골절이 의심스럽다면 패트롤에게 후송을 요청하고 함께 의무실과 병원을 찾는다. 뇌출혈이 있을 수도 있고, 팔 등이 골절되었을 수도 있다. 이 경우에는 빨리 병원에 가야 한다.

4. 사물이 두 개로 보인다면 즉시 병원으로 후송을 요청한다. 제대로 치료받지 않으면 심한 안구 손상, 혹은 안구 운동 장애, 안구 함몰 등으로 이어질 수 있다.

5. 사고 당사자끼리 연락처를 주고받고 이후 어떻게 할지 합의한다. 법원은 대체

로 스키장에서는 뒤에 가는 스키어가 앞에 가는 스키어의 움직임을 살필 필요가 있다고 본다. 그리고 대체로 쌍방과실로 처리되기 때문에 과실 비중만 조정된다. 기초 에티켓 등을 지키지 않았을 경우에도 과속 등에 대한 책임을 묻는 경향이 있다.

— Bad

1. 스키와 스노보드는 패션이라며 헤드폰을 쓰고 달린다.

   고속으로 움직이면서 소리를 안 들으면 아주 심각한 사고로 이어질 수 있다.

2. 슬로프 꼭대기에서 맥주를 한잔한다.

   추운 날씨에 술을 마시고 상당히 격렬한 운동인 스키나 보드를 타면 평소보다 빨리 취한다. 취한 상태에서 운동하면 다칠 확률은 어마어마하게 올라가며, 무엇보다 맥주 캔을 슬로프에 버리면 캔이 찢어지면서 다른 사람이 다칠 수 있다.

3-11

산길 조난

★ 기억해야 할 사실들

1. 해마다 송이철 혹은 나물철이면 산에서 조난 당해 목숨을 잃는 사람의 안타까운 소식을 자주 들을 수 있다. 2016년 9월 24일 강원도 양양군 현북면 어성전리에서는 버섯을 따러 나섰던 60대가 실종 하루 만에 숨진 채 발견됐다. 장비 없이 산에서 하룻밤을 보내면 저체온증을 피할 수 없다.

2. 이 외에도 봄에 산행에 나섰다가 눈보라를 만나 실종되는 경우도 종종 벌어진다. 한국의 산은 해발 2,000m가 안 되는 낮은 산들이다. 그러나 히말라야 트레킹을 해 본 사람들은 안다. 한국 산의 코스를 그대로 14박 15일 이상 걷는 것이 히말라야 트레킹이라는 것을. 히말라야 트레킹은 전문 훈련을 받은 포터와 가이드의 도움으로 산을 타는데, 한국에서 산을 탈 때는 그렇게 도움을 주는 이들도 없다. 한국의 산이 낮다고 해서 안전 수칙을 지키지 않으면 살아남기 힘들 수밖에 없다.

3. 등산 안전과 관련된 많은 조언은 체력 안배를 잘하라는 것인데, 산에 처음 가는 사람은 자신의 체력 수준을 모르고 산행에 나서서 페이스 조절에 실패하는 바람에 위험을 자초하는 경우가 많다. 미국운동협의회(American Council of Exercise)가 제시한 다양한 체력 측정법 가운데 하나를 참조해 보자. 일반적으로 등산할 때 '평균 성인의 속도'란 다음 표에서 30대 남성의 속도로 보면 된

다. 측정 방법은, 학교 운동장에서 편안한 운동복과 운동화 차림으로 5분 이상 준비운동을 한 다음, 다시 3분간 천천히 걷고 나서부터 측정해 1.6km를 최대한 빨리 걷는 것이다.

남성

연령	20-29	30-39	40-49	50-59	60-69	70+
평균 (분)	13.01 ~13.42	13.31 ~14.12	14.01 ~14.42	14.25 ~15.12	15.13 ~16.18	15.49 ~18.48

여성

연령	20-29	30-39	40-49	50-59	60-69	70+
평균 (분)	14.07 ~15.06	14.37 ~15.36	15.07 ~16.06	15.37 ~17.00	16.19 ~17.30	20.01 ~21.48

본인이 어느 구간에 있는지 확인했으면 30대 대비 얼마나 더 시간이 걸리는지 확인한다. 본인이 30대 남성에 비해 1.3배 정도 더 걸리고 등산 구간이 통상 4시간 걸린다면 당신이 주파할 수 있는 속도는 5시간 10분 정도라고 생각하면 된다.

⏳ 사전 대비

1. 한 시간마다 한 번씩 쉬고 물과 간단한 간식을 먹는다고 생각하고 짐을 꾸린다. 처음 가는 사람이라면, 시간당 초코바 하나, 물(카페인 없는 물) 250ml 정도를 기준으로 잡으면 된다.
2. 일반적으로 등산화는 자신의 발보다 5~10mm 큰 것으로 선택하라고 조언한

다. 등산은 계속 걷는 운동이어서 그만큼 발이 부어오르기 때문이다. 발이 많이 붓는 사람은 더 큰 신발을 선택하고 처음 등산을 시작할 때는 두꺼운 양말 몇 겹을 신었다 구간마다 양말을 벗는 방법을 쓸 수도 있다. 보통은 발의 앞뒤나 양 옆이 닿지 않는다고 느껴지기 시작하는 사이즈를 선택하면 된다.

3. 스틱과 무릎 보호대도 필요하다. 스틱은 올라가는 구간이 아니라 내려가는 구간에 필요하다. 평소 안 쓰던 근육을 많이 써서 쉽게 피곤해지고 근육도 많이 다치기 때문이다. 무릎 보호대는 내려올 때 무릎 뼈를 조금 더 바짝 잡아 준다.

4. 평균보다 조금 더 춥다 생각하고 따뜻한 옷도 한 벌 준비한다. 여름이라고 해도 산은 순식간에 쌀쌀해질 수 있다.

5. 자신의 속도로 2시간 이상 걸을 것 같다면 2시간마다 갈아 신을 양말을 준비한다. 발에 땀이 많이 차는 사람이라면 더 준비한다. 물론 사람마다 차이가 있으니, 경험이 쌓여야 자기 기준을 알 수 있다.

6. 산행 나가는 것을 주변 사람에게 알리고 간다.

7. 일반적으로 산행 가능 시간은 해가 뜬 후부터 해가 지기 2시간 전까지고, 대부분 인기 있는 등산 코스는 성인이 걸리는 추정 시간이 표시되어 있다. 자신의 페이스와 산행 가능 시간을 따져 계획을 세운다.

8. 안전과 산불 예방의 차원에서 만들어진 등산로는 500m마다 표지석이 박혀 있어 사고를 당했을 때 이 표지석의 위치를 알려주면 빠른 구조를 받을 수 있다. 500m 이상 걸었는데 표지석이 없다면 잘못 들어왔다는 뜻이다.

▶ 실제 상황

1. 표지석이 안 보이거나 계속 길이 험해지면 길을 잘못 든 것이니, 우선 등산로를 찾는다.

2. 능선 방향으로 천천히 움직인다. 산행 초보자가 작은 폭포나 골짜기를 따라 가다 추락하는 사고가 가장 많다.

3. 여름과 봄, 가을에는 나무가 별로 없는 작은 언덕, 혹은 봉우리와 봉우리가 연결되는 선을 따라가면 대략 등산로의 위치를 파악할 수 있다.

4. 해가 지기 1시간 전인데 등산로를 못 찾았으면 구조를 요청해야 한다. 119 구급대에 신고할 때, 스마트폰으로 지도상 자신의 위치를 확인할 수 있다면 그걸 알리고, 안 된다면 지나갔던 표지석 중에서 가장 마지막에 봤던 표지석 번호를 알린다. 연락만 되면 보통 몇 시간 안에 구출될 수 있다.

5. 비가 내리기 시작하면 바로 방수 재킷을 꺼내 입는다. 바람까지 불면 방수 재킷 안에 방풍 재킷까지 껴입는다. 목표 지점은 대피소로 잡는다. 산에서 비를 맞으면 평지에서보다 기온이 빨리 떨어진다. 이 상태에서는 평소보다 체력 소모가 훨씬 더 심할 뿐만 아니라 저체온증에 걸리기 쉽다.

3-12

산불

★ 기억해야 할 사실들

1. 산불은 단순히 산에 불이 난 데 그치지 않고, 생나무를 활활 태워 버리는 거대한 화마가 산을 집어삼키는 대형 재난이다. 2017년 6월, 포르투갈에서 대규모 산불이 나 64명이 목숨을 잃은 것도 포르투갈이 가난한 나라라 대응 능력이 떨어져서 그런 것이 아니다. 산불 자체의 화력이 엄청나기 때문이다. 2005년 4월 6일 강원도 양양에서 발생한 산불로 보물 제479호 낙산사 동종이 흔적도 없이 녹아 버리기도 했다. 불길의 온도가 최소한 800도 이상이었다는 뜻이다.

2. 불의 규모가 어마어마해 불길이 산을 넘어 다니기도 한다. 산불 재앙의 33%는 불을 잘못 다뤘기 때문에 발생한다.

3. 산불 진압은 지방 산림청과 해당 지역 지자체가 한다. 산림청의 중앙산불방지대책본부(042-481-4119)에서도 신고를 받지만 119로도 신고할 수 있다.

𝕏 사전 대비

1. 산행 시에는 도시락과 충분한 식수를 준비하고, 불을 쓸 일을 아예 만들지 않는다.

2. 지정된 야영장에서만 야영한다.

3. 쓰레기는 반드시 들고 내려간다. 산불의 8%는 산에서 쓰레기를 태우다가 발생한다. 쓰레기를 산에 버리는 것 자체가 환경오염 유발 행위이므로 반드시 다시 가지고 내려간다.

4. 논두렁이나 밭두렁을 태우지 않는다. 2017년 6월까지 발생한 총 571건의 산불 중에서 15%인 87건이 이 때문이었다. 병충해를 줄인다는 속설도 신빙성은 없다.

5. 산에서 담배를 피우지 않는다. 2017년 6월까지 발생한 총 571건의 산불 중에서 3.8%인 22건이 담뱃불 때문이었다. 담뱃불은 온도가 높으면서 빨리 꺼지지도 않는다. 그래서 잘 껐다고 생각하고 꽁초를 버렸다가 산불로 이어진다.

6. 성묘할 때 향로를 가지고 가서 향로 안에서 신위를 태우고 불씨가 밖으로 나가지 않게 조심한다.

▶ 실제 상황

1. 산불이 난 위치와 상태를 즉시 119에 알린다.

2. 불이 나무에 옮겨 붙지 않은 상태라면, 119에 신고한 뒤 수건이나 천 등을 덮어 직접 진화를 시도한다.

3. 불이 나무에 옮겨 붙은 상태라면, 119에 신고한 후 바로 대피한다. 생나무에 불이 붙었다는 것은 이미 상당한 열기가 나무에서 연소 가능한 가스를 만들어 내고 있는 상태라는 뜻이고, 진화는 불가능하다.

4. 등산객 대피 요령
   - 자신을 기준으로 불이 어디서 시작했는지 판단한다. 산불은 불이 난 곳에서 높은 방향으로 퍼져 나가니, 불이 난 곳보다 아래 방향이 주된 대피 방향이다.
   - 불에 탈 것이 적은 지역이 그다음 선택지다. 도로, 큰 바위 등이 있고 탈 만한

것(나무나 마른 수풀)이 없는 쪽으로 이동한다.

- 완전히 타서 흙이 드러난 지역도 상대적으로 안전하다. 흙이 보이지 않는다면 밑에 있는 낙엽은 계속 타고 있을 가능성이 높다. 반드시 흙이 드러나 있는 방향으로 움직인다.

- 근처에 개울이 있으면 수건이나 겉옷에 물을 충분히 적셔 코와 입을 막고 대피한다.

5. 산에 살고 있는 주민 대피 요령

- 산불이 마을까지 옮겨 붙고 있다면 문과 창문을 닫고 잔가지, 가스, 기름 통 등 불에 잘 타는 물질들을 불길이 번지는 반대 방향으로 모두 옮기고 계속 물을 뿌린다.

- 대피령이 발령되면 이웃집에 사람이 있는지 확인하고 관계 기관 공무원의 안내에 따라 이동한다. 이웃집에 사람이 있으면 대피해야 한다고 알리고 같이 움직인다. 산불이 마을로 오고 있다는 소식이 들리면 가축은 즉시 다른 마을로 옮긴다.

- 마을 입구부터 불이 난 곳까지 소방차 진입이 쉽도록 차를 옮겨 놓는다.

- 불길이 언덕을 넘고 있으면 처음 알려진 대피 장소보다 더 먼 곳으로 대피한다. 관계 기관 공무원들에게 불길이 언덕을 넘고 있다는 사실을 알리고 대피소 위치를 다시 확인받는다.

낙뢰

★ 기억해야 할 사실들

1. 벼락을 맞았다는 사람을 종종 볼 수 있는데, 대부분 낙뢰에 의한 고온의 충격파를 경험한 것이거나 낙뢰가 완전히 형성되지 않은 스트리머 충격(Streamer Shock)에 노출된 경우다. 아주 짧은 순간(10~100마이크로 초) 동안 10~100A 정도의 전류에 노출된 것이다. 실제 낙뢰의 에너지는 10~500kWh로 최대 160가구가 한 시간 동안 사용하는 전력량에 달해, 직격으로 맞으면 살아남기 힘들고 80%는 현장에서 즉사한다. 20%도 응급치료를 받지 못하면 생명을 건지기 힘들다. 한국에서는 주로 7월부터 9월까지 낙뢰로 목숨을 잃는 사고가 일어난다.

2. 사망까지 갈 수 있는 낙뢰의 유형은 4가지다.
   - 직격뢰(Direct Strike): 직접 맞는 것이어서 사망률이 가장 높다.
   - 측면방전(Side Flash): 낙뢰를 맞은 나무나 건물 옆 수 미터 안에 있다가 머리나 어깨를 통해 감전 피해를 입는 경우다. 낙뢰 사고의 50% 이상이 이 경우다.
   - 접촉전압(Touch Voltage): 금속 구조물 근처에 있다가 낙뢰가 금속 구조물에 떨어지면서 감전되는 경우다.
   - 보폭전압(Step Voltage): 낙뢰가 떨어졌는데 그 근처에 있다 땅으로 흐르는 전기에 감전되는 경우다.

3. 위험한 곳과 안전한 자세

- 낙뢰는 높은 곳으로 떨어진다. 골프장에서 낙뢰 사고가 잦은 이유는 페어웨이에서 높은 곳이라고는 사람밖에 없어서다. 골프채나 골프 우산을 들고 있다 낙뢰 피해를 입는 것은 도체이기 때문이 아니라, 높기 때문이다. 비를 피하려면 페어웨이가 아니라 근처 숲속에 우산을 들고 들어가는 것이 안전하다. 페어웨이에 어떻게든 있어야 한다면 우산을 펴서는 안 된다. 여러 사람이 함께 있다면 사람들 간의 간격은 1m 이상 확보해야 한다. 낚싯대, 골프채, 우산 등 긴 물건은 땅바닥에 내려 둔다. 울타리, 배수로, 긴 금속과도 10m 이상 떨어진 곳에 있는다.

- 큰 나무나 큰 건물과 10m 이상 떨어진 곳이 안전하다. 숲의 외곽보다 숲속이 안전하며, 건물 안이 건물 밖보다 훨씬 안전하다. 튀어나온 바위 아래, 암벽 아래 부분으로 나무로부터 10m 이상 떨어진 곳이 안전하다.

- 송전탑이나 다리 같은 금속 구조물은 피한다. 목재, 혹은 콘크리트로 만들어져 있으며 피뢰침이 있는 건물이 가장 안전하다. 건물 외부에서 피뢰침을 확인하지 못했다면 전기기기, 전기선, 접지선, 수도관, 가스관, 전원선에서 1m 이상 떨어진 곳에 웅크리고 앉아서 낙뢰가 지나가기를 기다린다.

- 오픈카가 아닌 일반 자동차, 버스, 트럭과 같은 상용차량은 "패러데이 새장"이라는 효과를 제공하는 상당히 안전한 대피소다. 단, 유리창은 모두 닫고 라디오는 꺼 놓아야 하며 차 안의 금속 부분은 만지지 말아야 한다. 골프 카트, 오토바이, 자전거, 콤바인, 잔디깎기 같은 것은 낙뢰를 맞을 가능성을 더 높인다.

- 대피할 곳이 마땅치 않은 운동장 같은 곳이라면, 신발을 신고 신체 부위가 땅과 직접 닿지 않은 상태에서 스탠드 등의 구조물과 10m 이상 떨어진 곳에 1m 간격을 유지한 상태로 낮게 웅크리고 앉아서 낙뢰가 지나갈 때까지 기다려야 한다. 납작 엎드리고 있으면 보폭전압으로 심장과 머리에 직접적인 충격을 받을 수 있다. 웅크린 자세가 더 안전하다.

- 수상 활동 중이었다면, 빠르게 물 위로 올라와 최대한 빨리 육지로 나온다. 육지까지 이동 시간이 1시간 이상이라면 돛대같이 높은 곳에서 떨어져 배 안 가장 깊숙한 곳에서 다리를 모으고 몸을 웅크리고 앉아 있는다. 항해 장비나 금속 물질로부터 떨어져 있는다. 낙뢰가 물속으로 떨어지는 경우도 있으므로 스킨 스쿠버 활동도 즉각 중지하고 배 안으로 들어간다.

⌛ 사전 대비

1. 날이 안 좋은데도 야외 활동을 강행해야 한다면 대피할 만한 곳들을 먼저 확인한다. 골프장이라면 클럽하우스, 산행이라면 산장 혹은 대피소의 위치, 숲의 위치, 수상 활동이라면 등대에서 멀리 있는 건물의 위치를 확인한다.
2. 목이나 팔에 난 털에 소름 끼치듯 솟구치는 느낌이 들어도 낙뢰가 임박했다는 신호다.

▶ 실제 상황

1. 일단 천둥소리가 들리기 시작하면 안전한 곳으로 대피한다. 낙뢰와 천둥소리의 차이가 30초 안쪽이라면, 내가 있는 곳에서 낙뢰 지점까지의 거리가 10km(소리 전달 속도는 1초에 340m) 정도라는 뜻인데, 길이가 수 킬로미터가 넘는 낙뢰도 관측되므로, 즉시 안전한 곳으로 피한다. 마지막 천둥소리 후 30분 정도 기다렸다 안전한 장소에서 나온다.
2. 낙뢰에 맞은 사람이 있다면 그 사람이 있던 곳보다 낮은 곳을 찾으면서 즉시 119에 연락해 스피커폰으로 상황을 설명한다. 전기안전연구원에 따르면 휴대전화에서 발생하는 전자기파(1.5~2GHz)는 낙뢰의 전자기파(10MHz)와 다른 전자기파이며 크기도 작아 휴대전화를 한다고 추가 위험이 발생하지는 않는다. 일어서지만 않으면 된다.

3. 낙뢰를 맞은 사람이 심정지 상태거나 호흡을 하지 못하는 상태라면 돌봐야 하는 사람이 패닉에 빠지기도 쉽다. 반드시 119의 지시에 따라야 한다. 119의 지시에 따라 피해자가 호흡을 하고 있는지, 심장이 뛰고 있는지를 확인한다. 피해자가 호흡을 하지 못하거나 심정지 상태라면 119 구급대의 지시에 따라 안전한 곳으로 피해자를 옮기고 심폐소생술, 혹은 인공호흡을 실시한다. 피해자가 호흡하고 의식이 있지만 흥분한 상태라면 빨리 다독거려 냉정을 찾게 한다.

▶▶ **이후 할 일들**

1. 외상이 안 보이더라도 119를 통해 피해자를 병원으로 보낸다. 낙뢰의 에너지는 160가구 이상에게 한 시간가량의 전기를 공급할 수 있는 수준이다. 피해자의 몸에서 별다른 상처가 없어 보인다고 하더라도 안 보이는 곳에 화상을 입었거나 뼈까지 다쳤을 수도 있다.

2. 피뢰침 유무와 관계없이 배관과 욕실 설비 대부분은 전기가 통하는 도체로 구성되어 있다. 비에 맞아서 춥다고 낙뢰 상황이 완전히 종료되기 전에 샤워나 목욕 같은 것을 하면 절대로 안 된다. 낙뢰 소리가 안 들릴 때까지는 모포로 몸을 따뜻하게 하는 수밖에 없다.

이동

폭설

★ **기억해야 할 사실들**

1. 대한민국 고속도로에는 평균적으로 38.2km마다 휴게소가 있다. 그리고 폭설로 고속도로가 막히기 시작해서 차가 움직일 수 없어 사람이 눈길로 나섰을 때 1시간 동안 움직일 수 있는 거리는 1km 정도며 최대 3시간 움직일 수 있다. 그 이상은 저체온증 때문에 위험하다. 즉, 폭설로 고속도로가 주차장이 되면 걸어서 휴게소에 찾아 들어갈 확률은 아주 낮다.

2. 미국 트럼프 대통령은 기후변화가 '사기'라며 기후변화에 대비한 국제협약인 파리협정을 깼다. 하지만 십수 년 전만 하더라도 폭설로 인한 고속도로 마비는 영동 지방에서만 종종 벌어지던 일이었는데, 요즘은 영남 지역을 비롯한 여러 내륙 지방에서도 종종 벌어지고 있다.

3. 고속도로에서 겨울에 고립되는 것은 단순히 눈 때문이 아니라, 눈 때문에 평소 같았으면 빠른 시간 내에 처리할 수 있는 것을 처리하지 못해 벌어진다. 예를 들어, 2017년 1월 20일 새벽 서해안고속도로가 막혔는데 원흉은 화물차가 싣고 가다가 추돌하면서 쏟아진 소주병이었다. 이 때문에 새벽에 차들이 4시간 이상 고립되었다. 서해안고속도로는 다른 고속도로 대비 휴게소 간격도 넓은 편이다. 그러니 고립된 이들은 속수무책이었다.

4. 고속버스 기사는 계속 도로 상태를 업데이트 받으면서 달린다. 따라서 폭설로

특정 구간이 사실상 마비 상태라는 소식을 접하면 해당 구간으로 진입하기 전의 휴게소에서 정차하고 승객들에게 상황 설명을 해야 한다. 즉, 눈이 내리는 고속도로에서 갑자기 휴게소에 진입하는 대형 차량이 많다는 것은 앞의 구간에 상당히 심각한 문제가 생겼다고 추정해 볼 수 있는 지표가 된다.

⌛ 사전 대비

1. 겨울이 되면 월동 장비를 꼭 챙긴다('자동차 안전 용품 리스트' 참조). 집에서 안 쓰는 담요와 물 1.8ℓ 2병은 항상 차 트렁크 안에 넣어두는 것이 좋다. 더불어 졸음 방지를 위해 사탕과 고열량 에너지바 몇 개를 차 안에 둔다.

2. 눈은 기상청이 항상 예보하는 자연현상 중 하나다. 즉, 특정 구간이 폭설로 마비되는 것은 누군가 예보를 듣지 않고 길에 올랐거나 예보되었던 것보다 훨씬 더 심각한 폭설이 국지적으로 내렸을 때다. 눈이 예보되었다면 반드시 교통방송, 인터넷, 한국도로공사 교통안내전화(1588-2504) 등으로 수시로 날씨와 교통 상황을 확인한다.

3. 고속도로 진입 전에 최대한 가득 주유한다. 고속도로 휴게소보다 시내 외곽의 주유소가 더 싸기도 하지만, 차량 히터는 엔진의 열을 이용하니 폭설로 고립되었을 때 남은 연료의 양은 차 안에서 따뜻한 상태로 버틸 수 있는 시간과 비례하기 때문에도 그렇다.

▶ 실제 상황

1. 차가 멈춘 곳에서 1~2km 안에 휴게소가 있다면 어린이와 노약자를 미리 대피시킨다.

2. 차가 멈춰 있는 시간이 길어지면 시동을 켠 상태에서 사이드 브레이크를 잡고 기어는 중립에 놓는다. 시동을 끄면 열도 없다. 계속 시동을 켜 둬야 한다.

3. 차 안에 월동 장비나 간식, 물이 없다면 가능한 한 빨리 구해 놓는다. 앞이 제대로 보이지도 않는 폭설에 2km 이내의 거리이고 신체 건강한 사람이 있을 경우에만 휴게소에서 식음료를 챙겨 온다. 폭설이 내리는 눈길을 걸을 수 있는 속도는 성인 남자라도 1시간에 1km가 안 된다. 즉, 2km라면 2시간 이상 눈길을 걸어야 하는데, 어린이나 노약자 및 웬만한 사람은 심각한 수준의 동상과 저체온증을 일으켜 목숨을 잃을 수도 있다.

4. 두꺼운 옷과 담요를 몸에 걸치고 차 안에서 조금씩 움직이면서 체온을 유지한다.

5. 차량 주변에 쌓인 눈을 시시때때로 치워 자동차 배기구가 막히지 않도록 한다.

6. 신체 건강한 동승자가 있는 경우에만 2~3시간 간격으로 번갈아 가면서 수면을 취하고 깨어 있는 사람은 수시로 주변 상황을 살핀다.

▶▶ **이후 할 일들**

1. 차가 움직이기 시작하면 다음, 혹은 다다음 휴게소에서 동승자들의 동상 여부를 먼저 확인한다. 고립된 동안 외부로 나간 적이 있으면 최소 1도 동상의 가능성이 있다. 1도 동상이면 피부가 붉어지고 부어오른 상태로 통증과 가려움을 동시에 느낀다. 외부에서 오래 있었으면 2도 동상의 가능성도 있다. 심한 통증과 함께 물집이 생기고 피부가 벗겨지는 단계다. 손과 신발을 벗겨 확인해야 한다. 배고픔 때문에 밥부터 찾을 수도 있겠지만, 동상 먼저 빨리 치료하지 않으면 안 된다.

2. 동상 흔적이 있으면 빨리 119에 신고해 대응책을 논의한다. 휴게소에서 자가 처치를 할 방법은 없다. 도움 받을 수 있는 지역 의료 기관의 정보는 119 구급대가 가장 잘 안다.

✚ Good

1. 차 안에 대기하면서 라디오와 휴대전화를 통해 폭설 대응 행동 요령을 배운다.
2. 차선을 바꾸지 않는다. 눈이 쌓인 상태라면 앞차가 지나간 곳이 그나마 덜 미끄럽다.

━ Bad

1. 주변에 인가가 보인다고 차를 버리고 인가로 가서 도움을 요청한다.
   제설차량과 구급차의 진입을 방해하는 일이다. 적발 시 300만 원 이하의 벌금을 낼 수도 있다.

낙석

★ **기억해야 할 사실들**

1. 겨울 지나 날이 풀리고 얼음이 녹기 시작하면 각종 안전사고가 발생하기 시작한다. 낙석 사고는 겨우내 지표면 사이의 수분이 얼어붙었다가 봄이 되어 녹으면서 지반이 약해져 일어난다.

2. 2012년부터 2016년까지 전국의 국립공원에서는 봄철(2~4월)에 총 11번의 낙석 사고가 발생했다. 이 사고로 3명이 사망하고 6명이 중경상을 입었다. 피해가 없는 경우에는 신고되지 않았을 수도 있다는 것을 감안하면 실제 낙석 사고는 훨씬 더 많을 테다. 2017년 현재 산림청은 전국 10여 곳에 산사태 및 낙석 무인 원격 감시 시스템을 가동 중이고, 2017년 말까지 대피소까지 이동하는 경로 정보를 제공하는 서비스를 준비 중이다. 즉, 아직도 눈으로 직접 확인해야 하는 구간이 더 많다. 낙석 사고를 봤으면 한국도로공사 콜센터(1588-2504)에 알린다.

3. 낙석 사고가 주로 나는 지점은 가파른 도로와 공사장 절개지 주변, 오래된 축대 등이다. 이런 지역을 야간에 지날 때는 뒤차와의 거리를 계속 확인한다. 대형 화물차의 제동 거리는 일반 자동차보다 훨씬 더 길다는 것을 잊으면 안 된다. 사망 사고의 대부분은 낙석에 맞아서가 아니라 급정거할 때 뒤차가 급정거한 앞차를 덮쳐서 발생한다.

조심 지역

1. 비탈면에 낙석 방지벽 혹은 낙석망이 설치되어 있다.

2. 도로에 돌과 흙이 떨어져 있다.

3. 비탈면에서 돌과 흙이 도로로 떨어지고 있다.

▶ 실제 상황

1. 위의 세 경우 중 어느 경우라도, 가장 먼저 자동차 비상등을 켜야 한다.

2. 뒤차와의 거리를 확인한다. 대형 화물차가 뒤에 오고 있다면 반드시 뒤차가 감속하는 것을 확인한 다음 속도를 줄이기 시작한다. 화물차나 대형 버스는 빨리 감속하지 못한다. 바위가 떨어지고 있다고 바로 브레이크를 밟으면 뒤따라오던 차가 덮쳐서 죽는다.

3. 40km 이하로 속도를 줄인 후, 낙석 방지벽 혹은 낙석망의 상태와 무너져 내리고 있는 돌의 크기 등을 확인하면서 운전한다. 뒤차도 비슷한 속도에서 낙석 방지벽이 무너졌거나 낙석망이 굴러떨어졌으면 차를 세운다. 이때 절대로 중앙선을 넘어서 세우면 안 된다.

4. 다친 사람이 있으면 빨리 119에 연락하고, 동시에 한국도로공사에 전화해 낙석 사고를 알린다.

5. 크지 않은 돌과 흙이 떨어지고 있으면 차를 멈추고 차 안에서 대기한다. 차를 버리고 도망가면 더 큰 위험에 처한다.

6. 도로공사와 교통경찰이 사고 현장에 도착해 현장을 수습한 다음, 그들의 통제에 따라 운전한다. 경우에 따라 길이 폐쇄될 수도 있다. 앞에 어떤 일이 벌어지고 있는지 운전자가 혼자서 알 수 있는 방법은 없다. 목적지를 교통경찰의 안내를 받아 수정한다. 임의로 통과하지 않는다. 더 큰 사고를 당하기 쉽다.

3-16

소형 선박 침몰

★ 기억해야 할 사실들

1. 육지와 섬을 연결하는 교통편, 혹은 내해를 관광하는 유람선은 대부분 상당히 규모가 작은 소형 선박이다. 이런 소형 선박은 대부분 FRP(Fiber Reinforced Plastic) 재질로 만들어져서 부력이 상당히 크다. 그리고 운항 거리도 그렇게 길지 않다.

2. 소형 선박 사고의 대부분은 화재다. FRP 자체가 가연성 재질인 데다 선박 엔진 역시 상당한 열을 뿜어내기 때문이다. 침몰 사고 역시 종종 발생한다.

3. 기본적으로 이 선박들은 한 층이라, 당황하지만 않으면 빠르게 탈출할 수 있다. 무엇보다 비슷한 배가 많은 연근해를 이동하기 때문에 구조 속도도 빠르다.

⌛ 사전 대비

1. 구명조끼, 출입구의 위치를 확인한다. 대부분 낡은 구명조끼일 가능성이 크지만, 구출되는 시간은 충분히 벌어 줄 수 있다.

2. 구명조끼 입는 법을 알아 둔다. 옆구리 조정끈과 다리끈의 위치를 확인한다. 다리끈을 연결하지 않으면 조끼만 뜨고 내가 가라앉을 수 있다.

3. 배 안팎에서는 절대로 담배를 피우지 않는다. FRP는 불에 약하다.

1. (승무원 혹은 선장의 지시에 따라) 구명조끼를 입는다. 소형 선박은 모든 상황을 승객과 승무원이 함께 볼 수 있다. 상황이 발생하면 승무원 혹은 선장의 지시에 따라 구명조끼를 입고 대기한다. 짐은 포기한다. 대부분의 연안 선박에 있는 구명복은 부력 보조복으로 부력이 45 정도다. 내가 간신히 떠 있을 정도의 부력만 제공하기 때문에 짐을 챙기면 목숨을 보전하기 어렵다.

2. (승무원 혹은 선장의 지시에 따라) 구명정에 탄다. 소형 선박이니 구명정에 탑승하는 것도 어렵지 않다. 다만 구명정 자체가 워낙 작은 배이기 때문에 물에 빠지지 않게 주의한다.

3. (승무원 혹은 선장의 지시에 따라) 입수한다. 상당수의 연안 선박은 배가 워낙 소형이라 자체 구명정이 없을 수도 있다. 배를 포기하면 바로 입수해 구조를 기다린다.

➕ Good

1. 선장의 판단에 따른다. FRP로 만들어진 선박은 자체의 부력이 상당하다. 화재가 아니라면 쉽게 침몰하지 않기 때문에 구조해 줄 배들이 최대한 접근한 다음에 행동하는 것이 맞다. 선장이 가만히 있으라고 하고 혼자 도망갈 일은 없으니 선장의 지시에 따른다.

➖ Bad

1. 공포에 질려 무조건 물에 뛰어든다.
   모든 구조 기회를 포기하는 것이나 마찬가지다.

3-17

대형 선박 침몰

★ **기억해야 할 사실들**

1. 2014년 4월 16일, 전라남도 진도군 관매도 부근의 해상에서 청해진 해운이 운영하는 인천-제주 정기 여객선 '세월호'가 침몰해 300여 명이 희생되는 사고가 일어났다. 침몰할 것을 알았던 많은 승무원은 승객에게 대피 방송도 하지 않고 탈출했고, 배 안에 얼마나 많은 승객이 있는지 파악하지도 못했던 구조대원은 진입도 하지 못한 상태에서 배를 포기했다.

2. 사실 증축을 두 번이나 해서 배수량 6,835톤이었던 세월호는 큰 배라고 할 수 없다. 현재 인천과 친황다오 혹은 칭다오를 오가는 한중 페리선만 하더라도 1만 2,000톤에서 2만 6,000톤으로 세월호보다 2배에서 4배 이상 크다. 본격적인 크루즈선들은 10만 톤급 이상으로 항공모함보다 크다.

3. 비행기는 비상탈출구로 이어지는 길이 누가 봐도 찾을 수 있게 좌석 양쪽 옆으로 나 있으며 같은 층에서 탈출한다. 2층 비행기인 A380도 2층에서의 탈출은 2층에서 한다. 그래서 90초 내에 모두 탈출할 수 있다. 하지만 배는 다르다. 특히 대형 선박은 여러 층이 있고, 탈출하려면 반드시 갑판을 통해야 한다. 그래서 각 층별로 승객이 빠르게 대피하기 위한 '긴급집합장소(Muster Station 혹은 Appropriate Meeting Location)'가 있다.

4. 대형 선박을 이용할 경우, 출항 전에 긴급집합장소에 모이는 훈련을 실제로 하

3 TRAVEL

는 경우도 꽤 된다. 보통은 비행기처럼 출항 전에 승객들에게 긴급 상황과 대처 방안에 대한 영상을 상영하거나 안내 책자를 비치해 둔다. 안전을 생각한다면 몇 분 안 되는 안내 영상과 안내 책자는 반드시 보고 훈련에도 적극적으로 참여해야 한다. 특히 크루즈선을 탄 경우에는 영어를 비롯한 서방의 외국어에 익숙하지 않으면 긴급 상황에서 제대로 도움을 청하지 못할 수도 있다. 승선한 후, 최소한 한 번 정도는 전체 동선을 직접 걸어 보고 주요한 장소를 확인한다.

5. 대형 선박의 경우 갑판에서 수면까지 최소 20m, 큰 배는 50m가 넘는다. 특수 작전 수행 군인도 이 정도 높이에서 뛰어내릴 때는 '오른손으로 턱과 코를, 왼손으로는 국부를 잡고 수직으로 떨어지는 자세'를 반복해 연습한다. 이 정도 높이면 물에 떨어져도 그 충격이 상당하기 때문이다. 실제로 한강 다리에서 투신 자살한 사람의 시신을 부검하면 대부분 '익사'인데, 충격 때문에 정신을 잃고 나서 익사하는 것이다. 어떠한 일이 있어도 바로 물속으로 뛰어내리면 안 된다.

6. 물속에 바로 뛰어들면 안 되는 또 다른 이유는 저체온증이다. 성인 남성이 물속에서 버틸 수 있는 시간은 아래의 표와 같다.

수온	탈진 혹은 실신 상태에 빠지는 시간	물속에서 생존할 수 있는 시간
21~27℃	3~12시간	3시간 이상
16~21℃	2~7시간	2~40시간
10~16℃	1~2시간	1~6시간
4~16℃	30~60분	1~3시간
0~4℃	15~30분	30~90분
0℃ 이하	15분 이하	15~45분

⌛ 사전 대비

1. 탑승한 배에서 사용할 수 있는 구난 장비에 대한 설명을 충분히 듣고 이해할 수 없으면 질문한다. 대형 선박이 침몰하면 초대형 참사일 수밖에 없으니, 대형 여객선에는 첨단 과학기술이 동원된 구난 장비를 갖추고 있다. 혹시 설명을 이해하지 못했으면 질문을 반복해서 최대한 쉽게 설명을 들어야 한다.
2. 긴급집합장소의 위치는 선박별로 다르고, 큰 배는 어떤 객실을 이용하느냐에 따라 다른 위치를 줄 수도 있으니 꼭 미리 확인한다.
3. 구명정, 구명조끼, 구명구의 위치를 확인한다.
4. 구명조끼 입는 법을 배운다. 크루즈 선박이나 비행기의 구명조끼는 일반 구명조끼보다 부력이 크다. 하지만 제대로 입는 법을 배우지 않으면 몸이 물속으로 빠져 들어갈 수도 있다.
5. 탈출구의 위치 및 구명정 작동 과정을 확인한다.

▶ 실제 상황

1. 긴급집합장소의 위치를 기억했다가 그 장소로 이동한다. 이동 시에 구명조끼는 손으로 들고 움직인다. 승무원의 지시에 따라 이동한다. 만약 승무원의 지시가 없는 상태에서 배가 기울고 있다면 재난 안내책자를 확인한 후 구명조끼는 손으로 들고 움직인다.
2. 구명조끼는 갑판에서 입는다. 배가 기울고 있는 상태라면 갑판으로 이동하는 과정에서 물속을 지나가야 할 수도 있는데, 부력이 강한 조끼를 입고 물속을 지나갈 수는 없다.
3. 구명정으로 이동하는 과정에서 되도록이면 물속으로 들어가지 않는다. 처음부터 끝까지 물에 몸이 닿는 순간은 어쩔 수 없는 경우에 한정해야 한다.

비행기 추락

★ 기억해야 할 사실들

1. 2015년 기준, 미국을 지나가는 승객만 매일 242만 명이 넘는다고 한다. 사실 비행기는 인류가 발명한 가장 안전한 교통수단 중 하나이다. 하지만 비행기라는 폐쇄적인 공간은 많은 영화적 상상력의 원천이 되었고 1970년대부터 다양한 형태의 비행기 재난영화들이 만들어졌다. 무엇보다 강렬한 기억은 2001년 9월 11일 뉴욕 세계무역센터 빌딩으로 날아간 두 대의 비행기였을 것이다.

2. http://www.planecrashinfo.com에 따르면 1960년 1월 1일부터 2015년 12월 31일까지 보고된 비행기 추락 사고는 1,104건이었다. 2006년 10월 3일 BBC는 〈How to survive a plane crash〉라는 기사에서 1983년부터 2000년까지 미국에서만 568대의 비행기가 추락했지만 이 비행기에 탔던 총 승객 5만 3,487명 중에서 5만 1,207명이 살아남았다고 보도했다. 비행기 사고 시 생존율은 95%가 넘는다. 비행기 사고가 발생할 때마다 공항과 항공사, 무엇보다 미국 연방 교통 안전 위원회(National Transportation Safety Board)가 꼼꼼히 조사하고 안전 대책을 보완하기 때문이다.

3. 2013년 7월 7일 샌프란시스코 국제공항에 착륙하던 아시아나 214편이 착륙중 충돌했고 바로 대형 화재가 이어졌다. 자칫 초대형 사고가 될 수 있었지만 승무원들의 냉정하고 침착한 대응으로 승객 291명 중에서 단 3명이 사망하고 모두 살았다. 2006년 10월 3일의 BBC 기사에서도 가장 주의를 줬던 것은 절대로 실내에서 구명조끼를 작동하지 말라는 것이었다.

⏳ 사전 대비

1. 비행기가 가장 위험한 순간은 이륙 후 5분, 착륙 전 5분이다. 스마트폰이나 태블릿 PC, 혹은 노트북 등 전자기기의 작동은 승무원들의 안내에 따라 중단하고 술은 마시지 않는다. 전자기기는 전자파로 인한 안전 문제를 일으킬 뿐만

3 TRAVEL

아니라 승무원의 안내에 집중하지 못하게 한다. 술과 전자기기는 비행기가 완전히 떠서 안전벨트를 풀어도 좋다는 신호가 나올 때까지는 삼간다.

2. 객실 승무원들은 비행기 타면 밥 주고 좌석 안내해 주는 사람들이 아니다. 그들은 비행기에서 대피할 수 있도록 인명 구조 훈련을 받은 전문가다. 비상 상황 대응법 영상을 반드시 보고 승무원의 경고에 집중한다. 비행기의 탈출구를 확인한다.

▶ 실제 상황

1. 몸에서 펜이나 연필 등 날카로운 물건을 모두 앞자리에 있는 주머니에 넣는다.

2. 승무원의 안내에 따라 안전벨트를 매고 무릎에 배를 닿게 하고 팔로 다리를 잡아 최대한 숙이는 자세를 취한다. 비행기가 완전히 멈출 때까지 이 자세를 유지한다. 엄청난 높이에서 내려온 비행기가 활주로나 물 위로 비상착륙할 때 발생하는 충격을 최소화하는 자세다. 이 자세를 따라 하지 않으면 엄청난 충격을 그대로 몸으로 받는다. 이 자세가 불가능하다면 의자 위로 다리를 끌어올려 양반다리로 앉고 최대한 몸을 수그린다.

3. 구명조끼를 입고 비상구로 탈출하기에 앞서 신발이나 날카로운 장신구가 남아 있다면 이 역시 모두 벗어 버린다. 그것들이 비상탈출 튜브를 찢을 수 있고, 물 위에 착륙했을 때 헤엄치기 불편하다. 단, 비행기에서 나눠 주는 담요는 들고 나가는 것이 좋다. 얇으면서도 보온성이 좋아 체온을 유지하기 좋다.

4. 객실 승무원의 안내에 따라 순서대로 비상구로 탈출한다. 연기 때문에 아무것도 보이지 않는다면 옷으로 코와 입을 막고 낮은 자세로 움직인다. 비상구에 앉은 승객의 임무는 이때 먼저 내려가 비상 슬라이드를 타고 내려오는 승객들을 안전하게 받아 주는 것이다.

5. 물 위에 착륙했으면 구명보트가 펴지기 전까지는 물에 뛰어들지 않는다. 물속에 오래 있으면 저체온증에 걸린다. 침착하게 구명보트가 펴지는 것을 확인하

고 구명보트로 넘어간다.

✚ Good

1. 순서대로 침착하게 탈출한다. 객실 승무원의 지시에 따르면 앞사람을 밀지 않아도 충분히 90초 내에 모두 탈출할 수 있다. 자신의 짐을 챙기면 안 된다. 내용물은 모두 보상받는다.

━ Bad

1. 비상착륙 후 연기가 많이 난다고 통로에 엎드린다.
   다른 사람이 밟고 지나갈 수 있고, 사람이 걸려 넘어질 수도 있다. 이러면 탈출 속도를 떨어뜨려 사상자를 늘릴 수 있다.

? 안전한 크루즈 여행을 위한 기본 안내

//

항공사가 운항 거리와 운항 목적에 따라 다양한 회사의 항공기를 구입해 운항하듯, 선사들도 다양한 형태의 선박을 건조하거나 구매해 운항한다. 주로 해상 관광 목적의 크루즈선, 해상 운송 수단이라고 할 수 있는 페리, 화물 운송과 해상 관광도 같이 하는 크루즈 페리 등 운항 목적에 따라 다양한 형태의 선박이 바다 위를 누비고 있다.

이들 대형 선박의 운항 거리도 제각각이다. 최소 몇 시간부터 최대 몇 달 동안 전 세계를 돌기도 한다. 특히 관광 목적의 크루즈선은 일반적으로 2,200명을 태우던 규모를 한참 넘어, 5,000명 이상의 승객을 탑승시키는 메가 선박도 발주되고 있다. 미국에서 가장 인기 있는 휴가 여행 방법의 하나로 크루즈 관광이 꼽히고 있기 때문이다. 미국 운송부에 따르면 2010년에만 1,800만 명이 이용했다고 한다.

사실 배는 가장 오래된 운송 수단 중 하나로, 대항해 시대를 거치면서 무역 서류의 다양한 양식만 나온 것이 아니라 안전과 관련해 수백 년 동안 수많은 규칙과 안전 장비가 개발되어 왔다. 따라서 운항 기간 대비 가장 적은 사고 기록을 갖고 있다.

그러나 몇 시간에서 며칠, 혹은 몇 달씩 육지에서 떨어져 있기에, 일상적으로 경험할 수 있는 것과는 다른 위험에 노출된다. 또한, 바다는 우리가 일상적으로 느끼기 힘든 3차원적인 움직임이 항상 있는 곳이다. 그리고 대체로 재앙적인 인재들은 막을 수 있었던 수백 가지 작은 사건이 연쇄적으로 일어난 후 발생한다. 이는 거꾸로, 그런 작은 사건들을 알아채고 적절한 대응을 하면 대형 참사를 막을 수도 있다는 뜻이다.

해난 사고의 경우 외국을 다니는 외항선과 내항선의 구분보다, 배의 크기에 따라 대응이 달라지는 것이 훨씬 많기 때문에 같이 묶고, 국제/공통으로만 구분했다.

승선 전 사전 준비(국제)

1. 여행자 보험: 오랜 시간 동안 사람들과 함께 있다 보면 사고뿐만 아니라 단순한 분실, 혹은 절도 같은 사건 사고도 경험할 수밖에 없다. 국제선 크루즈를 탄다면 꼭 여행자 보험을 들고, 기존 보험의 약관도 확인해 본다.

2. 선사의 의료 시설 확인: 지병이 있거나 몸이 많이 약한 상태에서는 원칙적으로 여행을 해서는 안 된다. 배에서 제공하는 의료 시설은 응급실 혹은 간단한 약국 정도인 경우가 많기 때문에, 의사가 여행을 권한 경우라면 투약 중인 약을 충분하게 가지고 가는 것은 물론 영문 처방전까지 별도로 발급해서 상륙하는 곳에서 약을 구할 수 있도록 한다.

3. 아이들 안전 대책 확인: 수백에서 수천 명이 함께 있다 보면 잠깐만 한눈을 팔아도 아이들과 떨어질 수 있다. 선상에서 안내방송을 해도 다양한 국적의 다양한 언어를 사용하는 이들과 있으면 찾기 쉽지 않다. 이 때문에 상당수의 선사는 RFID(무선 식별) 밴드 등을 제공하고 있다. 이런 안전 대책 여부를 꼭 확인하도록 한다.

4. 비행기로 여러 나라를 경유할 경우 트랜짓 비자로 며칠 혹은 한나절 정도 관광하고 갈 수 있듯이, 크루즈 여행도 중간에 상륙해서 간단한 관광을 즐길 수 있다. 그러나 대부분 국가의 항구는 민간과 군이 같이 쓰는 곳이 많아 본의 아니게 군사 시설 근처로 가거나 승무원 전용 구역이라 민간인이 가서는 안 되는 곳들로 들어가기 쉽다. 도착하는 항구에서 가까이 가서는 안 되는 구역을 꼭 확인한다.

5. 여권 복사본(스캔본)과 증명사진: 출입국은 물론 여권 분실과 같은 비상 상황 대비용이다.

승선 후 가벼운 부상 혹은 질환 대비(공통)

미국 질병통제국이 1975년부터 선박 위생 프로그램을 가동하기 시작해, 대부분의 국제 크루즈선은 상당한 수준의 위생 상태를 항상 유지하고 있다. 그래도 사람이 많이 모여 있으면, 평소라면 피할 수 있었던 질병을 앓아 여행을 망치거나 가벼운 부상을 입는 경우가 꽤 많다. 미국 질병통제국 통계에 따르면, 가장 많은 질병이 호흡기 질환, 그다음이 미끄러지거나 넘어져서 입는 부상, 마지막으로 위장 장애와 바이러스 감염이다. 이에 대비하는 방법은 다음과 같다.

1. 3분 이상, 하루 3번 손 씻고 양치질하기: 이것만으로도 호흡기 질환이나 바이러스 감염을 꽤 많이 막을 수 있다.
2. 항상 보조물을 잡고 천천히 움직이기: 배는 지상과 달리 3차원적인 움직임이 심할 수밖에 없다. 계단을 이용할 때 잠깐만 흔들려도 무게중심을 잃고 넘어지기 쉽다. 물론 수평 공간에서는 뛰지만 않는다면 어지간한 요동으로 넘어질 일은 없다.
3. 금주, 최소한 절주: 자동차 음주 측정 기준 이상의 술은 마시지 않는다. 배는 언제든지 요동칠 수 있는 바다 위에 떠 있다.
4. 최대한 익힌 것만 먹기: 최근 가장 우려되는 것은 노로 바이러스로, 이는 청결을 유지하고 충분히 익힌 음식만 먹는다면 감염을 피할 수 있다. 발병한 경우에는 선사 차원에서 대응하니 그 지시를 따르도록 한다.

여행 중 주의사항(공통)

모든 여행의 기본 중 기본은, 여행의 목적은 부의 과시가 아니라는 것이다. 명품이나 많은 현금, 혹은 보석을 주렁주렁 달고 다니면 도둑의 목표물만 될 뿐이다. 전 세계의 관광지는 전 세계 소매치기의 주요 영업활동 지역이라는 것을 잊으면 안 된다.

1. 명품, 많은 현금, 혹은 보석으로 치장하지 마라. 치장하는 그 순간 당신은 목표
   물이 된다.

2. 항상 그룹으로 이동한다. CCTV가 아무리 많아도 그것을 쳐다보고 있는 눈은
   제한되어 있다. 가능한 한 2인 이상으로 다니는 것이 좋다.

국외 여행

예방접종

★   기억해야 할 사실들

1. 출국자 수가 매년 기록을 갱신하는 덕에, 현지에서 온갖 전염병이나 풍토병에 걸려 오는 사례도 늘고 있다.

2. A형 간염처럼, 공중 보건과 위생 관념이 철저해진 탓에 한국에서는 사라지다 시피 한 병들이 국외 여행을 계기로 감염되는 사례도 흔해졌다.

3. 어떤 병은 예방접종 등으로 충분히 예방이 가능한 반면, 어떤 병은 접종과 함께 행동에 주의가 필요한 경우도 있고, 어떤 경우는 아예 예방접종이 존재하지 않아 행동을 주의하거나 사건이 발생해야만 발병을 막을 수 있는 경우도 있다.

⌛   사전 대비

— 말라리아

* 모기에 의해 감염된다. 지역에 따라 말라리아 원충의 형태가 다르다.

* 주요 전염 지역: 동남아, 중국 남부, 아프리카, 인도아대륙, 남미 등.

* 예방법: 지역에 따라 예방약의 종류가 다르기 때문에 방문 지역을 정확하게 알려야 하며, 전문 클리닉을 찾는 게 도움이 된다. 모든 약에 내성을 가진 말라리아도 있는데, 이런 지역에서는 행동 요령에 더욱 신경을 써야 한다.

* 안전 수칙

☐ 기본적으로 모기에 물리지 않는 게 중요하다.

☐ 탱크탑이나 핫팬츠 등 피부 노출이 많은 옷은 피한다.

☐ 모기는 일출, 석양 때 가장 활발하게 활동하니 이때 특별히 주의한다.

☐ 40℃ 이상의 기온에서는 모기의 활동력도 떨어진다. 말라리아 창궐 지역이라도 이 정도의 온도가 유지되는 혹서기에는 오히려 상대적으로 안전하다.

☐ 모기장이 설치된 숙소를 찾는다.

☐ 모기 기피제도 상당히 유용한데, 한국에서 사 가는 것보다는 현지에서 판매하는 제품이 더 효과적이다. 대부분의 나라는 화학제품이 첨가되지 않은 오일 형태의 천연 모기 기피제도 판매하니, 피부 트러블을 예방하기 위해서는 이쪽이 더 효과적이다.

— 간염

* B형 간염은 거의 모든 한국인이 접종이 완료된 상태고 A형 간염은 예방접종이 가능하다. 문제는 C형 간염으로, 현재까지 백신이 없다. 그리고 만성으로 진행될 경우 간암으로 발전할 가능성이 정상인의 100배에 달한다.

* 주요 전염 지역: 동남아, 중국, 아프리카, 인도아대륙, 남미 등.

* 안전 수칙

☐ 중급 이하의 식당에서 샐러드를 먹거나 한국인이 운영하지 않는 한식당에서 김치를 먹는 일은 위험하다.

☐ 물은 반드시 생수를 사 마신다.

☐ C형 간염은 체액에 의해 감염된다. 성적인 접촉이나 수혈, 침을 맞거나 문신, 피어싱을 할 때는 반드시 보호 장비나 소독된 도구를 사용하거나 사용 여부를 확인한다.

― 파상풍

* 요즘은 한국에서 쉽게 볼 수 없는데, 금속 물질에 긁히거나 찔려서 상처가 생기면 발생한다. 특히 녹슨 금속에 상처를 입었다면 신경 써야 한다. 초기 증상은 감기와 비슷하지만, 심해지면 손 쓸 길이 없다. 다행히 예방주사가 있고, 10년간 유효하다.
* 주요 전염 지역: 전 세계.
* 안전 수칙
    □ 저렴한 숙소에 투숙할 경우, 문고리, 창틀, 책상 등에 뾰족한 금속 물질이 있는지 확인하고 주의를 기울인다.
    □ 도로가 아닌 거리를 지나다니는 인력거나 오토바이, 삼륜차의 모서리에 긁히지 않도록 주의한다.

― 뎅기열

* 말라리아와 마찬가지로 모기에 의해 감염되는 대표적인 열대병의 하나다. 선진국이라도 안심할 수 없는 것이, 2005년의 경우 싱가포르에서만 1,300명이 감염, 19명이 사망했다.
* 주요 전염 지역: 열대, 아열대 기후의 전 세계.
* 특정 치료약은 없으며 대증 치료만 가능하다.
* 안전 수칙은 말라리아와 마찬가지다.

질병관리본부 홈페이지 해외질병 섹션

(http://cdc.go.kr/CDC/ 콜센터 1339)

국가별 질병 발생 상황을 확인하기에 편리하다. 사이트에 들어가서 방문할 국가명을 치면 바로 해당국을 방문할 때 맞아야 하는 백신 상황이 일목요연하게 정리되어 있어 편리하다. 여행 전 확인은 필수다.

여행자 보험

★ 기억해야 할 사실들

1. 한국인 여행자들에게 여행자 보험은 항공권 구입이나 환전할 때 덤으로 끼워 주거나, 그냥 출국하려니 왠지 찜찜해서 출국장으로 들어가기 직전 급히 가입 하고 내팽개쳐 두는 계륵 같은 존재에 더 가깝다. 사실 한국인은 온갖 보험에 목숨 거는 편인데 유독 여행자 보험에는 인색하다.

2. 한국 바깥에서, 그것도 여행 때 벌어지는 사건이나 사고로 인한 손실은 한국의 손해/질병보험 보상 범위 바깥이다. 이로 인해 손해의 범위 또한 넓고 치명적 일 수 있다.

3. 여행자 보험의 보상 범위 바깥도 꽤나 넓기 때문에 확인해 둬야 할 사항이 있 다.

   − 히말라야 트레킹, 스카이다이빙, 스쿠버다이빙, 행글라이딩, 스키, 스노보 드, 번지점프, 래프팅, 열기구 등은 일반적인 여행자 보험 상해 보상에서 제 외된다. 네팔의 경우, '네팔 여행=트레킹'으로 인식되는지라 아예 네팔이 방 문 목적지에 기재되어 있으면 보험 가입이 거절되는 경우도 있다.

   − 이런 액티비티 스포츠를 즐기려면, 현지에서 함께할 업체가 사고보험을 들 었는지 여부를 확인하는 게 중요하다. 많은 개도국의 액티비티 업체는 기본 적인 사고보험조차 가입하지 않고 영업하는 경우가 비일비재하다. 보험의

가입은 행사 요금의 인상을 뜻하기 때문에 주의 깊게 따지지 않으면 '무보험 =가장 저렴한 가격의 업소'를 고르게 된다. 이런 업체는 안전 장비도 부실하고, 진행자의 숙련도에도 문제가 있기 때문에, 무조건 최저가에 골몰하는 건 위험천만한 일이다.

⌛ 사전 대비

☐ 물건을 잘 잃어버리는 편이면, 여행자 보험에 휴대품 분실에 대한 특약 조항이 있는지 체크한다. 일반적인 여행자 보험에 휴대품 분실에 대한 보상은 지극히 형식적인 금액이거나 제외되어 있기 일쑤다. 마찬가지로 어떤 보험사는 여권 분실 등 특수 상황에 대한 보상이 있는 경우가 있다.

☐ 잔병치레가 많다면, 현지에서의 의료 서비스 보장 요금에 집중한다. 많은 여행자 보험은 죽었을 때 얼마를 준다는 식으로 가장 나쁜 경우의 가장 많은 금액으로 상품을 홍보하는 경우가 많은데, 깊게 따지고 들어가면, 사망 시 보험료가 중요한 보험이 있는가 하면, 현지에서 아플 때 보장액이 많은 보험이 있다. 이 둘은 연동되는 경우도 있지만, 어떤 보험은 분리되어 있기도 하다.

☐ 사건, 혹은 질병으로 인한 재난 발생 시 어떤 서류를 구비해야 보상을 받을 수 있는지 숙지해 둔다.

☐ 보험에 따라, 현지에서 비용을 지불해야 할 때 선지불 후지급이 가능한 곳이 있는가 하면, 현지에서 바로 의료비 등을 수납 대행해 주는 서비스를 해 주는 곳도 있다. 이 둘의 비용 차이는 상당하다. 형편과 여행지에 따라 고려해 볼 일이다. 저개발 국가로 갈수록 이런 서비스를 찾기 힘들다.

▶ 실제 상황

1. 교통사고가 났을 때, 사고 가해자가 피해자를 구조하고 경찰에 신고해야 한다.

이게 원칙이지만 지켜지지 않는 상황도 발생한다. 여행자 보험 회사의 국가별 콜센터를 휴대전화에 미리 저장해 두고 연락한다.

2. 정신이 있다면 사고 즉시 사고 차량의 번호판을 외우거나, 휴대전화로 찍어 둔다.

3. 병원 가기 전 응급처치

상처에서 피가 많이 난다면 일단 지혈이 우선이다. 이동이 가능하거나 부축받아 움직일 수 있다면, 혹은 도와줄 사람이 있다면 근처 약국을 찾아 응급처치를 부탁한다.

4. 병원 찾기

여행자 보험 콜센터를 통해 사고 지점의 지정 병원이 있는지 확인한다. 어떤 여행자 보험은 지정 병원에서만 보험 처리가 가능한 경우도 있다. 만약 여행자 보험 콜센터의 정보 영역을 벗어난 지역에 있다면 외국인 병상 혹은 외국인 환자 카운터가 있는 병원을 수소문해야 한다. 모든 의사가 영어로 의사소통이 원활할 거라 생각하면 안 된다.

5. 병원에서

- 여행자 보험 콜센터와 수시 연락은 필수다. 치료 보상액을 재확인하는 것도 중요하다(설명 책자에 있으니 귀찮더라도 버리지 말고 갖고 있어야 한다).
- 만약 오래된 낡은 차에 긁히거나 상처를 입었다면 일단 파상풍 대비가 중요하니 병원 측에 문의한다.

6. 퇴원할 때

- 여행자 보험 처리용 영문 영수증, 그리고 진단서를 반드시 발급받아야 한다. 보험사도 근거가 있어야 보험료를 지급한다. 물론 영어 외 지역 언어로 된 진단서와 영수증도 인정이 되기는 한다. 영어로 작성하는 이유는 한국에서 보험료 지급을 위한 소요 시간을 단축하기 위한 측면도 있다. 물론 어떤 보험사는 반드시 영어와 현지어로 병기된 진단서와 영수증을 요구하는 경우도 있다. 보험사 콜센터와 수시로 연락하는 게 중요한 또 하나의 이유다.

– 사고의 경우는 현지 경찰의 폴리스 리포트도 함께 받아야 한다. 어떤 나라는 병원에 있을 때 경찰들이 와서 조사해 주지만 어떤 나라는 직접 경찰서로 출두해 사건 보고를 해야 한다. 육하원칙은 어떤 서술을 할 때든 필수다.

▶▶ **이후 할 일들**

1. 귀국 후에도 후유증이 남아 추가 치료가 필요하다면, 역시 보험에 있는 '국내 치료' 보상 규정에 따라 실비 보상이 가능하다. 일반적으로 보험료 환급에는 1~3달가량이 소요된다.

낯선 땅에서 아플 때

낯설고 물선 곳에서, 장기간의 비행과 피로가 겹쳤을 때 신체의 밸런스는 의외로 쉽게 무너진다. 가벼운 감기 몸살이나 설사 정도라면 다행이지만, 이를 가볍게 여기고 계속 무리하면 결국 병원 신세를 지게 된다.

감기, 몸살

- 너무 열심히 돌아다니거나, 더운 나라에서 내내 헤매다 숙소에서 에어컨을 너무 오래 낮은 온도로 켜거나, 결코 에어컨을 꺼 주지 않는 동남아의 여행자 버스를 탔거나 하면 감기, 몸살은 쉽게 온다.
- 감기, 몸살에 가장 큰 보약은 휴식이다.
- 비타민제를 상복하는 건 무리한 일정이 이어지는 여행자에게 아주 좋다. 굳이 한국에서 가져오지 않아도 현지 슈퍼마켓이나 약국에서 쉽게 구입할 수 있다.

설사

- 여행 시작 직후 설사가 시작되었다면 물갈이일 가능성이 크다. 한국에서 준비해 간 지사제로 쉽게 진정시킬 수 있다.
- 비위생적인 현지 음식이 원인이라면 해결법이 조금 더 복잡해진다. 일단 설사하는 동안 이동은 불가능하다. 화장실이 딸린 열차라면 그나마 낫지만, 버스 이동밖에 대안이 없다면 일정을 조정한다.
- 특히 저개발 국가에서의 설사라면 단순 물갈이보다는 박테리아나 바이러스로 인한 증상인 경우가 많다. 병원 갈 상황이 아니라면 약국에서 시프로플록사신(ciprofloxacin) 계열의 약을 사 먹는다. 열이 나거나 몸살 기운이 있다

면, 파라세타몰(paracetamol)이나 이부프로펜(ibuprofen) 계열의 약을 먹는
다. 상습 음주 여행자라면, 간에 영향을 끼치는 파라세타몰(아세트아미노펜)
계열의 타이레놀 등은 특히 피하는 게 좋다.

- 이온 음료는 오랜 설사로 인한 탈진을 막아 주는 데 큰 도움이 된다. 설사가
심해 음식을 섭취할 수 없는 상황이라면 일단 이온 음료를 하루 2ℓ 이상 마
셔 준다. 한국에서는 포카리스웨트류의 이온 음료 분말을 판매한다. 현지 약
국에서도 전해질 보충제(electrolyte supplements)를 판매하는 곳이 있으니
찾아본다.

- 세계 어디를 가도 구할 수 있는 바나나는 설사 증상 개선은 물론, 영양분 섭
취 차원에서도 아주 좋은 대체 식품이다.

고산증

- 일반적으로 해발 3,000~3,500m 지점에서 많은 사람이 고산증 증세를 느
낀다. 고산증 증세는 기본적으로 두통, 식욕 부진, 소화불량, 호흡곤란, 손발
이 붓는 증세를 동반한다.

- 고산증은 기본적으로 치료약이 없다. 이뇨제인 다이나막스, 중국에서 주로
먹는 천연 허브인 홍경천(紅景天), 비아그라 계열의 발기 치료제 등이 증상
개선에 도움을 준다고 알려져 있지만 개인차가 크다.

- 고산증 증세와 동반해, 혹은 며칠 고산증 증세가 계속 지속되며 잔기침이 시
작된다면 상황이 좀 심각하다는 뜻이다. 수단과 방법을 가리지 말고 즉각 저
지대로 대피해야 한다. 고산증으로 인한 가장 위험한 합병증은 폐수종인데
기침은 폐수종의 신호와 같다.

- 걷기나 모든 행동을 평지의 2분의 1 속도로 느릿느릿 움직이면 적응에 도움
이 될 수도 있다. 하루 2ℓ 이상의 수분 보충은 고산지대에서는 가장 기본적
인 건강 상식이다.

개에게 물림

- 단순하게 물린 게 아니라면 상처의 소독 범위가 상당히 넓고 깊다. 개는 물고 흔들어서 살이 찢어지기 때문이다.

- 일단 상처를 즉각 소독한다. 깨끗한 물로 씻되, 상처 부위를 문지르지 않는다. 소독약을 구할 수 있다면 더없이 좋다. 응급처치를 끝낸 후 즉시 병원으로 간다. 의사의 지시를 철저하게 따라야 한다.

- 당신을 문 개를 특정하지 못한다면 그 개가 광견병 예방접종을 받았는지 여부를 알 수 없고, 이 경우 무조건 광견병 면역 글로불린과 백신을 맞아야 한다. 광견병의 잠복기는 약 3주에서 3개월이다. 이 사이에 적절한 조치가 행해지지 않으면 발병하는데, 광견병은 현재 치료약이 없다.

- 두려운 나머지 한국으로 와 버리는 건 좋은 방법이 아니다. 한국은 광견병과 관련한 임상 경험이 풍부한 편이 아니며 광견병 조치는 빠를수록 좋기 때문에 현지의 믿을 만한 병원을 이용하는 게 최고의 대안이다. 무엇보다 바이러스 감염에는 해당 지역의 백신이 가장 잘 듣는다.

- 광견병은 개뿐 아니라, 원숭이, 박쥐 등 모든 동물로부터 감염될 수 있다. 특히 태국이나 인도 같은 경우 원숭이도 광견병을 옮기는 주요 동물이다. 즉 긁혔다면, 무조건 병원으로 간다. 쓸데없이 원숭이를 자극하거나, 원숭이가 관심을 가질 만한 반짝이는 귀걸이나 선글라스 등은 원숭이 주변에서 착용을 피하도록 한다.

병원을 선택할 때

- 외국인 여행자들이 방문할 만한 이름 있는 관광지가 딸린 도시는 외국인 병동이 있는 병원이 한두 군데쯤은 있다. 영어 의사소통도 중요하지만, 개도국의 경우에는 이런 외국인 병상이 딸린 병원의 설비가 월등하다.

- 병원을 방문하기 전 여행자 보험 콜센터와 연락해 머물고 있는 지역에서 추천할 만한 병원의 리스트를 달라고 한다. 어떤 여행자 보험은 보험사와 직접

연결되는 병원을 확보한 경우도 있다.

- 고산증의 경우, 저지대로 대피할 게 아니라면 그 지역의 병원을 이용하는 게 도움이 된다. 고산증 환자를 가장 많이 다뤄 본 의사들은 고지대 관광지에서 수많은 외국인을 다뤄 본 현지 의사들이다.

- 여행자 보험을 들었다면 엄청난 상황이 아닌 이상 보험 보장 안에서 해결되게 마련이지만, 미국 등 의료비가 어마어마한 지역을 여행한다면, 의료비 보장 금액을 최대한 올리는 것도 좋은 방법이다.

도심 축제

★ 기억해야 할 사실들

1. 도시에는 도로 교통, 전기 배전, 상하수도, 도시가스, 지역난방과 같은 물리적인 시스템이 작동하는 곳일 뿐만 아니라, 도시의 기능을 유지하기 위한 각종 행정 시스템도 작동하고 있다. 그리고 어느 시스템이든 과부하가 걸리면 그 시스템은 붕괴된다. 재난 상황이 발생했을 때 모두가 유의해야 할 점은 재난 대응 시스템 자체에 쉽게 과부하가 걸릴 수 있다는 것이다.

2. 대다수 도심 축제는 도시 행정 시스템에 상당한 부하를 유발한다. 전 세계적으로 유명한 브라질의 카니발이나 인도의 홀리(Holi) 축제 때에는 도시민 대부분이 거리로 나와, 치안은 물론 구조 시스템도 거의 한계에 몰려서, 사고가 나면 최소 십수 명이 사망하는 참사로 이어지기도 한다. 그리고 2022년 10월 29일 저녁 한국의 수도 서울 이태원에서 발생한 압사 사고도 같은 궤적을 그렸다. 모종의 이유로 경찰력이 한계선에 있었는데, 한순간에 과부하가 걸리면서 무너졌던 것이다.

3. 축제를 가장 안전하게 즐기는 방법은 축제 장소에 빨리 자리 잡고 앉아 여러 행사에 참여하는 것이다. 그러나 이런 식의 참여는 시간적 여유가 많은 일부에게나 해당할 뿐, 대부분의 사람들은 어떤 축제든 어마어마한 인파와 함께할 수밖에 없다. 다만 이러한 사고가 벌어지기 전에는 항상 몇 가지 징후가 있으니

주의 깊게 살필 필요가 있다.

🗡 사전 대비

1. 축제 기간 중 질서유지에 투입되는 인력을 분산시킬 행사가 있는지, 일례로 인근에서 국제행사 등으로 국가 정상이나 고위급 인사들이 모이는지 확인한다. 이미 세계는 밀접하게 서로 연결돼 작동하므로 세계 곳곳에서 다양한 주제의 국제회의를 비롯한 행사가 열리고 있다. 이런 행사들이 열리면 이들에게 책임을 묻기 위해 전 세계에서 시위대가 몰려든다. 당연히 선진국이든 개발도상국이든 경찰력은 주요 요인들의 경호에 상당 부분 할애될 수밖에 없다. 평소에는 기존 축제의 질서유지에 100이 투입된다면 이런 상황에서는 기껏해 봐야 60 정도만 투입된다.

2. 축제가 열리는 지역과 관련된 뉴스를 확인한다. 축제 인근 지역에서 소매치기, 주차 위반 등 경범죄 발생 빈도가 높아지고 있다는 뉴스가 나온다면, 더욱 조심하는 것이 좋다. 이런 상황들 역시 질서유지 능력이 떨어지고 있다는 중요 지표다.

3. 특히 저개발 국가로 여행을 가면서 축제까지 참석할 계획이라면, 고가의 최신형 모바일 기기 등은 일절 가져가지 않는 것이 좋다. 지역 좀도둑들의 집중 목표물이 되기 십상이다. 사치품으로 분류되는 명품 브랜드 제품들도 마찬가지다. 환금성이 높기 때문이다.

4. 행 전에 소매치기 방지용 물품이나 의류를 준비한다. 흔히 선택하는 것이 복대와 RFID 복사 방지 백, 안전지갑 벨트 등이다. 잘 찾아보면 바지와 셔츠 등도 찾아볼 수 있는데, Pickpocket Proof Clothing으로 검색해 보길 추천한다. 현지 소매치기들도 꽤 진화해서 만 원 이하의 복대 정도는 끊어가는 기술 정도는 갖고 있다. 반면, 소매치기 방지 셔츠나 바지는 비싸지만 그 값은 충분히 한다.

5. 5. 여권과 신분증 등은 숙소 금고 등에 보관하고 복사본을 갖고 다닌다. 현금,

수표, 체크카드 등은 소매치기 방지용 의류가 보호해 주는 곳에 넣고, 당일 쓸 만큼의 현금만 호주머니와 지갑에 넣고 다닌다.

6. 축제를 즐기는 동안 먹을 간단한 음식물도 준비한다. 축제 기간 중에 다른 사람이 주는 음식물이나 음료수에는 마약을 비롯한 다른 많은 위험한 약품이 들어가 있을 확률이 대단히 높다. 특히 대마초가 합법화된 국가들이 많다 보니, 섭취했다가는 나중에 곤욕을 치를 수도 있다.

▶ 실제 상황

1. 들고 있는 모바일 기기나 돈을 강탈당한 경우. 절대 눈을 마주치지 않고 그냥 내준다. 어느 나라에서든 물건을 직접 강탈하려고 하는 이들은 최소 칼 정도는 갖고 다닌다. 저항하면 생명도 위험할 수 있다.

2. 모르는 사람이 주는 식음료는 고맙다고 받아만 두고, 절대로 섭취하지 않는다.

3. 가장 좋은 방법은 적당한 곳에 자리를 차지하고 앉는 것이지만, 대체로 행렬을 따라 다니기 마련이다. 대규모 인파와 함께할 때는 무엇보다 행렬 내에서 어깨가 부딪히는 빈도에 주의를 기울여야 한다. 자각할 정도로 계속 부딪히는 상황이라면 밀도가 대단히 높아졌다는 뜻이다. 그 이상으로 사람이 몰리면 본인의 의지로 몸을 움직일 수 없다. 한국 사람들은 출퇴근 시간대의 지옥철과 대형 집회 및 광장 응원 등을 경험해서 사람들이 몰리는 것에 대해 딱히 위험하다고 생각하지 않는 경향이 있는데, 어깨를 계속 부딪히고 있다는 것을 자각하면 즉각 대열에서 빠져나가야 한다.

4. 빠져나갈 수 없는 상황이 되었다면, 어떻게든 팔을 들어올려 팔짱을 끼거나 권투의 방어 자세를 취한다. 이 자세는 폐가 호흡을 유지할 수 있는 최소한의 공간을 가슴에 만들어 준다.

5. 밀려서 넘어졌다면, 몸을 최대한 웅크리고 손과 팔로 머리를 보호한다.

6. 뒤에서 밀더라도, 절대 앞을 밀면 안 된다. 이러한 극한 상황에 대처할 때 핵심

은 안 밀리고 탈출할 수 있는 소중한 에너지를 최대한 잃지 않는 것이다.

7. 호흡을 유지할 수 있더라도 비명이나 고함을 질러서는 안 된다. 대규모 인파 속에서는 다들 자기 위치의 상황밖에 모르므로, 소리만 질러서는 앞뒤로 상황을 전달할 수 없다. 주변 건물의 높은 곳에 있는 사람들에게 손짓 등으로 위험 상황을 알리고, 그들이 행렬의 앞뒤에 있는 이들에게 해당 상황을 전달할 수 있어야 한다.

8. 이동의 핵심은, 앞에 있는 이들은 좀 더 빨리 이동하고 뒤에 있는 이들은 속도를 늦추는 것이다. 이 원칙만 지켜도 최악의 상황은 피할 수 있다. .

— Bad

1. 밀지 말라고 뒤에서 고함지르거나 욕을 한다. 그 말을 사람들이 들을 가능성도 낮을 뿐만 아니라, 들어도 어찌할 수 있는 상황이 아니다. 불안감만 증폭시킨다.

2. 싸우면 안 된다. 혼란만 가중시키고 이동을 더디게 하며, 앞서 언급한 탈출에 필요한 에너지를 잃을 뿐이다. 넘어져 큰 사고로 이어질 위험이 커진다.

현지 경찰 연행

★ **기억해야 할 사실들**

1. 사법권은 해당국의 주권에 해당하는 것으로 자국민이 범죄를 저질러 연행됐을 때 재외공관에서 해줄 수 있는 일은 공정 수사를 촉구하거나, 당신이 원할 경우 변호인을 알선해 주는 정도가 전부다. 여행이 끝나는 것은 물론이고, 기소될 경우 재판이 끝날 때까지 한국에 돌아오지 못할 수도 있다.

⧗ **사전 대비**

1. 가장 기본적으로, 현지의 관습과 법률을 준수하라는 이야기는 아무리 많이 해도 지나치지 않는다. 때로는 우리의 일반적인 관습이 상대방에게는 모욕이거나 범법이 될 수도 있다.
2. 필리핀 등 부패한 공무원이 많은 몇몇 나라는 외국인의 휴대품에 몰래 마약을 넣고는 현행범으로 체포한 뒤 돈을 요구하는 경우도 있고, 중국에서는 여행지에서 만난 여성 여행자와 동행해 술집에서 음주를 했을 뿐인데 현지 매매춘 관련 사범으로 몰리는 경우도 많다. 개도국을 여행한다면 각 나라별로 경찰과 공모한 대표적인 사기 수법이 있으니, 인지하고 주의하는 것도 여행자의 의무다.

▶ **실제 상황**

1. 순순히 경찰의 연행에 응한다. 한국식으로 경찰의 연행에 비협조적이거나 행여 힘으로 버티거나 하면 즉시 제압당한다. 잘못하면 크게 다칠 수도 있고, 미국이라면 현장에서 사살될 수도 있다.
2. 휴대전화가 있다면 즉각 한국 재외공관에 연락해 상황을 설명한다. 여행 전 여행하려는 나라 한국 영사관의 사건 담당 직통 전화번호를 미리 휴대전화에 저장해 두면 요긴하게 쓸 수 있다. 사건 담당 영사에게 머무는 도시, 경찰서의 위

치, 왜 연행되었는지를 상세히 설명한다. 외국인이 현지 공관과 통화하는 것은 권리에 해당한다.

3. 현지 경찰이 여권을 압수하려 하면 일단 대사관에 문의한다. 나라마다 사정이 다르기는 하지만, 여권을 빼앗기면 그때부터 일이 더 복잡해지는 곳이 많다.

4. 함정수사처럼 음모에 의해 곤경에 처한 상황이라면 대사관 전화 연결 등을 거부당할 수도 있다. 이럴 때에도 결코 흥분하지 말자. 일단 대사관과 연락을 취한 뒤 조사에 응하겠다는 의사표현만 반복적으로 말한다. 경황없는 상태에서 두서없이 진술하다 보면 없던 죄도 뒤집어쓸 수 있다.

5. 사안이 중대할 경우 현지 구치소에 갇힐 수도 있다. 이때도 저항하면 안 된다.

6. 어떤 여행자 보험은 현지 연행 시 긴급 변호사 조력 서비스를 시행하는 곳도 있다. 그렇다 해도 연락의 일순위는 대사관이다. 이후 여행자 보험 콜센터에 연락해 변호사 조력 여부를 문의한다.

▶ **한국인 여행자가 연행되는 주요 사례**

1. 낯선 이의 짐

순식간에 마약 사범 내지는 테러리스트로 몰릴 수 있고, 현행범인 데다 증거도 확실하기 때문에 방어가 불가능하다. 낯선 이의 짐 혹은 대가가 제공되는 짐 운반은 당신의 운명을 송두리째 바꿔 놓을 수 있다.

2. 매매춘

합법인 나라라면 문제가 없을 수 있지만, 불법인 나라에서 매매춘을 했다면 역시 연행될 수 있다. 집창촌이 있어도 법적으로 불법인 나라가 있으며, 이 경우 일제 단속이나 뇌물을 바라는 함정수사에 의해 연행될 수 있다. 함정수사라면 현지 경찰, 혹은 관계자라는 사람이 돈을 요구하고 그 돈을 주면 상황을 해결된다. 진짜 단속에 적발됐다면, 중동 국가를 제외하고는 죄 자체는 경미하게 처리될 수 있다. 최근 한국 국회는 해외 성매수자의 여권 발급을 제한하는 여권법 개정안을 발의했다.

3. 여권 훼손

사소한 문제이기는 한데, 여권을 오랜 기간 복대에 넣고 다니거나 습기에 오랜 기간 노출시켜 여권 자체가 훼손되는 일이 있다. 이 경우 국경을 넘을 때 위조 여권 사용자로 의심받을 수 있고 문제가 되는 경우도 많다.

4. 여권 미휴대

여행자는 원칙적으로 여권을 휴대해야 하며, 현지 경찰이 검문 등의 이유로 여권 제출을 요구하면 이에 응해야 한다. 분실 등의 위험 때문에 호텔 내 금고에 여권을 보관하는데 원칙적으로는 이러면 안 된다. 검문을 당하면 외국인임을 밝히고 호텔에 여권을 두고 왔음을 자세히 설명한다. 어떤 나라는 일단 연행하고 본다.

5. 드론

최근 들어 급증하는 사례다. 개인이 드론을 휴대한 지 얼마 안 되니, 외국인의 드론 비행에 대한 규칙, 드론을 날릴 수 있는 곳의 제한 여부가 나라마다 제각 각이다. 일반적으로 야간의 드론 운행, 공항과 공공시절, 군부대 주변에서의 드론 운행은 최악의 경우 간첩죄나 이적죄로 기소될 수 있다. 인도 같은 나라는 전국에서 드론을 날리는 행위는 물론 외국인의 드론 반입 자체가 불법이다. 하도 문제가 많아서, 최근의 신형 드론은 현재 위치를 파악, 비행 여부를 기계가 판단해 버리는 기능도 있다. 드론을 휴대할 예정이라면 '국가 이름 drone rules' 정도의 검색만 해도 해당 나라의 드론 비행을 위한 제한 사항을 파악할수 있다.

6. 사진 촬영

어떤 나라들은 교량이나 지하철, 항구 등도 군사 시설로 분류한다. 어떤 나라는 전망대에서도 특정 방향으로의 촬영을 금지하기도 한다. 중국, 인도, 파키스탄 등에서 이런 규정들을 제대로 파악하지 않으면 큰일 날 수 있다.

7. 인물 사진 촬영

사진 촬영 자체보다는 사진 촬영으로 인한 시비가 불거지면서 폭행, 쌍방 폭행, 금전 요구 등의 형사사건으로 이어질 수 있다. 항의하면 사과하고, 보는 자리에서 사진을 지운다. 몇 번 사과해서 일이 커지는 걸 막을 수 있다면, 몇 번이고 사과하는 게 좋다. 개도국에서는 한국인 사진가의 촬영 매너에 대해 악평이 자자하다.

8. 현지인 폭행

해외에서 현지인을 폭행해 연행되는 한국인이 꽤 많다. 바가지 요금을 씌웠다거나 상대방이 부당한 행동을 했기 때문이라고는 하지만, 어떤 이유로든 현지인, 아니 사람을 폭행해서는 안 된다. 특히 저개발 국가에서는 외국인에 대한 기본적 설움 혹은 박탈감을 안고 사는지라 다중의 분노가 촉발될 수 있다. 어쩌면 경찰이 와서 당신을 살려 줘야 하는 일이 생길 수도 있다.

3-23
성폭력

★　기억해야 할 사실들

1. 흔히들 여행 중 성폭력을 저개발 국가에서만 발생할 수 있는 문제라고 보는데, 데이터를 들여다보면 전혀 그렇지 않다. 자국민의 관련 사건에 냉정하고 엄정한 법 집행을 한다는 나라들도 피해자가 외국인 여성인 경우, 좀 더 자국민에게 온정적으로 대하는 경우가 많다.

2. 안타까운 이야기지만, 국외 여행 시 성폭력이 발생하면 그러지 않아도 약자인 여성은 더더욱 약자로 내몰릴 수밖에 없는 상황에 처한다.

⚥　사전 대비

1. 데이트 약물

동아시아 어떤 나라에서는 대통령 선거에 출마한 후보도 자신의 과거사와 연관돼 곤혹을 치렀을 정도로(그 나라가 한국 같다면 그건 기분 탓이다.) 전 세계적으로 자주 쓰이는 수법이다. 유럽 등 소위 선진국은 클럽이나 술집에서의 약물 사건이 많은 반면, 남아시아의 저개발 국가들은 식당이나 길거리 찻집, 혹은 기차간에서도 그런 일이 종종 발생한다는 차이 정도다. 데이트 약물을 방지할 수 있는 가장 좋은 방법은 낯선 사람이 주는 모든 음식을 먹지 않는 것이다. 악질적인 경우는 동석 중에 잠시 화장실을 간 사이 술이나 음료에 약을 타는 경우도 있다. 2명 이상이 함께 움직이고, 동시에 자리를 비우지 않는 길밖에 없다.

2. 룸 셰어

경제적인 이유로 혼성인 상태에서 룸을 함께 쓰는 경우가 있다. 룰을 확실하게 해 두는 것이 서로 편하다.

3. 집적대는 숙소 직원

배낭여행자가 많은 동남아시아, 남아시아, 중동에서 자주 발생한다. 여성의 바깥출입을 막는 보수적인 국가는, 여성의 단독 여행 자체를 이해하지 못할 뿐만 아니라, 저런 '정숙하지 않은 여성'은 함부로 대해도 된다는 잘못된 생각을 하는 사람도 많다. 사무적인 태도, 약간의 쌀쌀맞음이 필요하다. 피해자에게는 성폭행인데, 가해자는 '진지'하게 저 여자가 날 유혹했다는 분쟁은 의외로 자주 발생한다. 이런 나라일수록 판사는, 남성의 편에 서는 경우가 많다.

4. 거리에서

만지고 도망가는 성추행이 대부분이다. 대중교통을 이용해야 하는 상황이라면 일단 러시아워를 피한다. 외국인 여성에게 관심을 가지는 이상한 남성은 도처에 깔려 있다.

▶ 실제 상황

1. 한국에서 성폭력을 당했을 때 대응 요령과 같다. 사건 발생 직후 목욕, 샤워, 좌욕은 절대 하지 말고, 당시 입었던 옷을 그대로 착용하고 최대한 빨리 의료기관으로 간다. 동시에 한국 대사관 영사과 사건 담당 부서에 사건의 개요, 그리고 어느 병원으로 이동하는지 신속하게 알린다.

2. 병원에 대한 정보가 전무하다면 대사관으로 먼저 연락하는 방법도 추천할 만하다.

3. 어떤 한국 대사관은 성폭력 사건에 대해 미온적으로 처리하거나 심지어 '시끄럽게 하지 말고 빨리 귀국하라'는 류의 발언을 했다는 증언도 있다. 만에 하나 자국민 보호에 관심이 없다면 녹취를 통해, 이 사람이 자신의 업무를 수행하지 않음을 확인해 놓는다. 이 경우, 녹취본을 가지고 영사콜센터에 다시 연락한다.

4. 대부분의 국가에서는 성폭력을 다루는 특별한 국가기관 및 시민단체가 있다. 해당 국가를 방문하기 전 이런 연락처를 확보해 놓는다면 상황 발생 시 꽤 도움이 될 수 있다. 이들은 외국인 여성 여행자의 불미스러운 피해에 적극적으로 대응하는 편이다.

5. 숙소나 식당 등 여행자 친화적인 공간에서 사건이 발생했고 그 집이 당신이 들고 있는 여행책에 추천된 곳이라면 여행책 저자에게 연락해 다음 개정 시 이 부분을 반영해 줄 것을 강력하게 요청할 수 있다. 제2의 피해자를 막음과 동시에, 해당 업소에 경제적인 보복을 가할 수 있는 방법이다.

대한민국 대사관

★ 기억해야 할 사실들

1. 여권이나 지갑을 잃어버리거나 혹은 복잡한 문제에 휘말려 체포되었을 때 가장 큰 도움을 줄 수 있는 곳은 대한민국 대사관이다. 그럼에도 종종 대사관에 대한 오해와 선입견으로 대사관이 도와줄 수 없는 부분까지 요구하거나, 반대로 몰라서 도움을 요청하지 못하는 여행자가 적지 않다.

2. 통상적으로 테러나 재해 때문에 피해가 발생했을 경우, 담당 영사가 현지에 내려가 기본적인 도움을 준다. 하지만 그 도움도 이 책에서 언급한 사항까지만이다. 이를테면 테러나 분쟁으로 인해 한국인이 긴급하게 그 지역을 탈출해야 할 때 긴급 해외 송금 지원 제도를 통해 한국에서 부쳐 준 돈을 중개하거나, 고립되었을 때 기초적인 음식을 제공하는 정도다. 정말 사안이 긴급해 정부 비행기가 급파됐을 경우, 사태 해결에 들어간 비용은 나중에 개인에게 청구된다.

⌛ 사전 대비

1. 많은 사람이 한국의 재외공관에 분개하는 경우는, 해외에서 테러나 긴급 구조를 요하는 사건이 발생했을 때 재빠르게 대응하지 않는 경우다. 재외공관으로부터 어떤 도움이 필요할 때, 직접 대사관, 정확히는 사건 담당 영사의 반응이

미온적이라면, 외교통상부 해외안전여행 영사콜센터(+82-2-3210-0404)를 통해 직접 문의하는 것도 좀 더 나은 해결을 위한 방법이 될 수 있다. 영사콜센터를 경유할 경우, 외교부에서 직접 해당국 사건 영사와 연결해 주는 데다, 이후의 사건 처리에 대해 본국의 확인이 이루어지기 때문이다.

▶ **실제 상황**

1. 긴급 해외 송금 지원 제도

대사관에서 직접 돈을 꿔 주지는 않는다. 다만 긴급 해외 송금 지원 제도를 통해 가족이 외교통상부 계좌로 돈을 송금할 경우, 이를 확인하는 즉시 1회 미화 3,000달러 한도 내에서 인출 서비스를 제공할 수 있다.

2. 사고 처리

대도시의 경우, 대사관에서는 한국인이 주로 찾는 현지 병원에 대한 정보를 제공하고 본인이 직접 한국의 가족과 연락할 수 없는 상황일 때에는 대신 연락해 줄 수 있다. 긴급한 사안의 경우, 국내의 가족이 현지에 급히 도착할 수 있게 신속한 여권 발급 업무를 지원해 줄 수 있다.

3. 사람 간 분쟁

한국 교민끼리도 종종 있는 일이고, 현지인과 분쟁을 겪는 경우도 있다. 기본적으로 대사관은 사적 분쟁에 개입하지 않는다. 이러한 분쟁은 해당국 법원에서 다뤄야 할 사안이다. 다만 어떤 사건으로 인해 법적 판단을 구하고 싶다면 대사관은 현지 경찰의 연락처를 제공하고 해당국 경찰이나 검찰에 신고하는 방법에 대한 정보를 줄 수 있다. 대사관에 중재나 판단을 구하는 경우가 있는데, 대사관에 그런 권한은 없다.

4. 체포, 구금 시

일반적으로 대사관은 조언자의 역할밖에 할 수 없다. 대사관에서 직접 현지 정부에 압력을 행사한다거나 자국민을 구출하기 위해 변호사를 고용하지는 않는다. 다만 변호사를 소개하거나 한국에 있는 가족에게 당신의 상황을 알려줄 수는 있다. 또한, 향후 법적 진행 절차에 대해 대신 문의해 줄 수 있다. 만약 당신이 외국인이라는 이유로 내국인 수감자에 비해 차별을 받고 있다면 이를 항의해 줄 수도 있다. 이런 항의는 나라마다 통하는 정도가 다르다.

5. 행방불명

대사관은 그 나라에서 행정권을 집행할 아무 권리도 없다. 다만 해당 국가의 내무부에 행방불명자의 위치를 파악할 수 있는지 문의할 수 있다. 현지에서 납치를 당하는 등의 사건에 휘말렸을 때도 대사관은 현지 경찰에 수사를 요청해 줄 수 있다.

6. 전세기

테러나 내전, 혹은 그에 준하는 심각한 재난 상황에서 어떤 나라는 전세기를 보내 자국민을 구출하고 이는 늘 비교 대상이 되고는 하는데, 이런 '전세기 급파 →자국민 구출' 프로세스에는 사후 구상권이 청구된다.

3-25

아이

⏳ 사전 대비

1. 길 건너기

많은 개발도상국의 도로 사정은 혼잡하기 그지없다. 이들 국가에서는 반드시 부모가 손을 잡고 길을 건너야 한다. 일본 등 한국과 도로 체계가 정반대인 곳은 아이뿐 아니라 어른도 헷갈리기 때문에 차 진행 방향의 반대편을 보고 길을 건너다 사고가 나는 경우가 많다. 특히 중국이나 인도 같은 지역에서는 차를 운전하는 사람이 교통 신호를 거의 지키지 않으며, 아프리카 대륙의 어떤 국가는 교통 신호 자체를 아예 없는 셈 치는 경우도 많다.

2. 길거리 음식

특히 동남아, 남아시아의 길거리 음식이나 음료 등을 먹거나 마실 때는 주의가 필요하다. 위생 안전을 100% 보장할 수 없으며 음료 등에 믿을 수 없는 물을 섞거나, 그런 물로 만든 시럽을 첨가한 음료가 많아 아이가 탈이 날 가능성이 크다. 물갈이나 단순한 배탈로 끝나면 다행이지만, 세균에 의한 이질이 발병한다면 가족 여행을 즉시 중단해야 한다. 포장된 음료가 상대적으로 안전하며, 일반적으로 물갈이를 방지하기 위해서는 생수(Mineral Water)보다는 정수한 물(Distillated Water)을 마시는 것이 좋다. 파는 물이라도 뚜껑을 자세히 살펴봐야 한다. 버린 물통을 재활용해서 파는 경우도 많아서, 열린 흔적이 있다면 바로 교체해 달라고 요구한다.

3. 상비약 휴대

어린이용 타이레놀 같은 필수 의약품을 구할 수 없는 나라도 있다. 평소에 먹는 감기약, 소화제, 지사제 같은 필수 의약품은 한국에서 미리 준비해 가고 주요 약품명의 영문 이름을 알아두는 것도 도움이 된다.

4. 유괴, 미아

일반적으로 외국인 어린이의 유괴는 비중이 큰 뉴스고, 경찰력이 적극적으로 대처하는 탓에 흔하게 벌어지는 일은 아니다. 대부분의 부모가 혼잡한 거리에서는 아이에게 주의를 기울이는 데 비해 상대적으로 안전한 공공장소, 이를테면 공항 같은 곳에서 아이를 놓치기 쉽다. 아이를 동반한 여행을 하고 싶다면 가급적 현지 휴대전화를 마련하고, 아이 몸에 현지 통화가 가능한 전화번호가 적힌 이름표 등을 부착한다.

5. 장거리 육로 여행

아이는 어른에 비해 쉽게 피로를 느끼고, 소변 주기가 짧다. 자가 조절이 가능한 렌터카 여행이 불가능한 상황이라면, 버스보다는 기차 여행 위주로 일정을 짠다. 기차는 누울 수 있고, 화장실이 딸려 있어 응급 상황에 대처하기가 수월하다.

6. 어린이 기내식

모든 항공사가 어린이를 위한 기내식을 별도로 마련해 두고 있으니, 비행기 예약할 때 어린이를 위한 특별식을 신청한다.

7. 어린이 출입 금지 식당

식당을 알아볼 때 아이 동반 가능 여부를 살피는 건 꽤 중요하다. 패밀리 레스토랑, 초대형 프랜차이즈가 비교적 이런 문제로부터 자유롭다. 유아의 경우, 유아용 의자 제공 여부도 꼭 체크한다.

돌발 사태와 재난

자연재해

1. 재난 발생 시 외국인은 별도로 관리, 보호되는 경우가 많은데, 아시아권을 여행하고 있다면 외국인 티가 나는 서양인 주변으로 가고, 구호 인력이 도달했을 때 외국인임을 어필하는 게 좋다. 대처가 빠른 나라는 재난이 발생하고 24시간 안에 긴급 대피/구호시설이 설치되고, 체류국 NGO나 당국에서 제공하는 구호물품이 도착한다. 개발도상국일수록 내국인보다는 외국인에게 우선적으로 구호품이 배부되는 경향이 있다. 즉, 외국인으로 보이는 건 때로는 꽤 중요한 일일 수 있다.

2. 원래 3개월 이상 해외에 체류할 경우 강제 조항은 아니지만 현지의 한국 대사관에 본인의 인적 사항을 등록하도록 하고 있는데, 그러면 여러모로 좋다. 예를 들어, 교민을 위한 단체대화방에 가입시켜 주는데, 여기서 상당히 유의미한 정보들을 제공받을 수 있다. 여행 중에 자연재해를 겪게 되면 대사관에 신원을 알려 단체대화방 가입을 요청한다. 가장 확실한 정보들을 제공해 준다.

3. 긴급 대피/구호시설에 재빨리 이름과 국적 등 개인정보를 등록한다. 사건 초기 생존자 명단은 주로 이 자료를 통해 각국의 대사관으로 보내지고, 이 자료가 언론에 노출된다. 이때 당신의 이름이 없다면 당신 집은 쑥대밭이 된다.

4. 외국인은 한곳에 별도 수용될 가능성이 크다. 언제 누가 찾아올지 모르니, 만약 유일한 한국인이라면 주변의 피난 외국인에게 한국인을 찾으면 알려달라고 소문을 내놓는 게 좋다. 물론 당신도 주변 외국인의 국적을 파악하고 그 외국인 국가의 외교관이 방문하거나 하면 잘 알려주도록 한다.

시위, 소요와 폭동

1. 한국의 촛불시위를 생각하고 구경갔다가는 큰일 난다. 한국에서 소요급이라 주장하는 역대급 폭력 시위도, 다른 나라에서는 그렇게 심한 편이 아닌 시위인 경우가 많다. 일단 상점 약탈하고, 자동차 몇 대 모아 놓고 불지르는 것부터 시작한다. 안전한 숙소에 머물며, 현지 보도를 지켜보고 상황을 예의 주시하는 게 좋다.

2. 파업의 경우도 마찬가지다. 한국과 달리 다른 나라의 파업은 해당 직종만 멈추는 게 아니라 도시 전체가 멈추는 경우가 있다. 파업(서아시아에서는 '번다'라고 한다.) 소식이 들리면 일단 숙소 주인에게 여행 안전 여부를 문의한다. 이동은 가능한지, 바깥 출입은 어디까지 허용되는지, 통행금지가 있는지 꼼꼼히 물어본다. 아무리 불친절한 숙소 주인이라도 이 경우 투숙객의 안전을 보장해야 하는 의무가 있어서 잘 구분해 알려 준다.

3. 한국에서 데이터 로밍을 해 갔다면 현지 공관으로부터 안내 문자 메시지가 오지만, 현지에서 심카드를 구입한 경우라면 대사관에서 내가 해당국에 있는지까지만 파악할 수 있을 뿐 연락할 길은 없다. 소요, 폭동급 사태가 발생한다면 대사관 등 재외공관에 연락한다. 심각한 상황이라면 만약의 사태에 대비한 집합 장소 등을 공지해 준다. 일차적으로 대한민국 재외공관의 판단에 따르는 것이 가장 안전하다.

4. 현지 공관에서 관리하는 단체대화방에 등록하면 상황에 대한 정보와 한국 정부의 대응에 대한 안내를 받을 수 있다. 소요 사태가 벌어지면 정확한 판단을 하기 힘들어 밖에 직접 나가서 상황을 보려고 하는데, 약탈이 벌어지는 시위 현장 진압은 고무탄, 혹은 실탄이 동원되는 경우도 많다. 최대한 실내에서 정확한 정보를 받아야 하는데, 이때 대사관의 단체대화방은 아주 많은 도움이 된다.

5. 소요 사태가 일어난 지역으로 이동 중이라면 방문을 취소하고 근처의 다른 도시, 혹은 오던 길을 되짚어 간 후, 한국 재외공관의 판단에 따라 움직인다.

6. 소요 사태가 심각하면 일체의 유선 통신과 무선 통신이 끊어질 수 있다. 최근의 소요 사태를 살펴보면, 유선 전화보다는 무선 전화가, 무선 전화보다는 데이터망이 빨리 복구되는 경향이 있다. 대사관에 연락할 상황이 안 된다면 SNS를 통해 자신의 위치, 현재 상황을 알린다. 국가도 일단 당신이 어디에 있는지를 알아야 도울 수 있다.

7. 종족 간 분쟁으로 인한 전투 상황이라면, 흥분한 사람들의 눈에 아예 띄지 않는 게 무엇보다 중요하다. 그저 누군가가 악의 혹은 재미로 "저 외국인이 앞잡이다." 정도의 말만 해도 심각한 생명의 위협을 받을 수 있다.

8. 외국인이 주로 투숙하는 숙소에 있다면 각자 방에 흩어져 있지 말고 공용 공간 같은 곳에 모여 있는 게 좋다. 한국 공관과 연락이 되지 않은 상태라면, 그중 가장 먼저 공관과 연락된 여행자가 숙지한 내용에 따라 함께 행동하는 것도 좋다. 최소한 이 도시에 머물러야 하는지, 급히 탈출해야 하는지 정도는 파악해야 생존율이 높아진다.

테러나 전쟁

1. 부상을 당하지 않았다면 테러가 난 곳을 신속하게 벗어나야 한다. 요즘 민간인 살상 테러의 특징 중 하나는 작은 폭발로 사람들을 놀라게 하거나 주의를 끈 다음, 사람들이 대피하거나 모여들게 만들어 거대한 2차 폭발을 일으켜 민간인 사망을 극대화하는 것이다. 일단 콘크리트 벽의 뒤나 바닥에 몇 분간 엎드려 몸을 보호한 후, 현지 경찰이 대피 명령을 발동하면 뒤도 돌아보지 말고, 호기심 갖지 말고 일단 현장에서 벗어난다.

2. 한국의 재외공관과 연락을 시도해 무사함을 알리고, 한국에 있는 가족들에게 연락해 달라고 부탁한다.

3. 숙소로 돌아가 현지 보도에 귀를 기울인다. 해당 도시에 한국 식당이 있다면, 그곳에 모여 재외공관의 지시를 기다린다.

4. 만약 다쳤다면 당신의 의지와 상관없이 일단 병원으로 후송될 것이다. 간혹 두려운 나머지 일단 일행이 있는 숙소로 가려고 시도하는 경우가 있는데, 이러면 구조의 손길로부터 멀어질 수 있다.

5. 병원에서 빠져나간 경우, 최악의 경우에는 용의선상에 오를 수도 있다. 치료를 필요로 하는 환자가 도망갔다고 하면 누구나 의심할 수밖에 없다. 언어가 통하지 않아서 힘들다면 통역을 요구한다.

6. 병원에 가면 현지 경찰들이 부상자 명단 등을 작성한다. 이때 적극적으로 자신의 존재를 알려야 도움도 받을 수 있다.

7. 테러나 소요 사태로 인한 손실은 여행자 보험 보상 범위 바깥이다.

8. 테러 등으로 인해 한국인 부상자가 발생하면 한국의 재외공관 담당 영사가 현지로 급파된다. 대사관으로부터 어떤 도움을 받을 수 있는지 문의한다. 이런 경우 담당 영사가 집행할 수 있는 예산이 어느 정도 있다. 식사나 음료 제공 같은 별도의 긴급 구호를 받을 수도 있다.

4

영화 속 재난?

영화 같은 재난은 현실이다

대부분 재난영화는 재난의 징조를 일반인은 알 수 없는 어떤 것으로 처리한다. 그러나 사실 대부분 대형 재난에는 분명한 징후가 있다. 문제는 그걸 사회적으로 용인한다는 점이다. 도로, 철도 등 흔히 '사회간접자본(SOC)'이라고 부르는 시스템들은 그 자체만으로도 상당히 위험하기 때문에 안전과 관련된 다양한 기준을 상시 충족시켜야 한다. 그러나 시스템을 운용하는 조직들에게 경영 합리화를 요구하거나 보다 많은 이윤을 만들어 내야 한다는 압력이 있을 때 가장 먼저 희생되는 게 바로 이러한 사회간접자본이다. 이러면 반드시 지출되어야 하는 유지 경비부터 줄인다. 이게 누적된 상태에서 해당 설비가 버틸 수 있는 한계를 넘어서는 자연재해를 만나면 대형 참사로 이어진다.

미국의 미시시피강은 그 지류를 통해 미국 전체 면적의 2/3에 접근할 수 있다. 미국의 거의 대부분 지역을 미시시피강을 통해 들어갈 수 있는 셈이다. 미국의 남부 도시 뉴올리언스가 미국 초기 이민 역사에서 가장 중요한 도시가 될 수밖에 없었던 이유이기도 하다. 그런데 강 하구는 대체로 습지여서 뉴올리언스 역시 도시로 개발하는 데 문제가 많았다. 그러다 앨버트 볼드윈 우드라는 엔지니어가 1913년에 원심 펌프를 발명하면서 뉴올리언스의 습지들이 택지로 개발되기 시작했다. 하지만 간척 사업으로 뉴올리언스를 만들었던 이들은 기상 조건의 변화가 어떤 영향을 줄 수 있는지 전혀 몰랐다. 결국 2005년 태풍 카트리나가 상륙했을 때, 100여 년 전의 간척 사업으로 대부분의 지대가 해수면보다 낮았던 뉴올리언스는 속수무책으로 무너지고 말았다.

자연재해가 대형 재난이 될 때마다 "인재(人災)다." "막을 수 있었던 사고다."라고 이야기한다. 인간이 건설한 대형 토목 건축물이 작은 자연재해를 통해 재난으로 발전하는 사례는 셀 수도 없이 많다. 바로 지금도 어디에선가 안전 규정을 무시하거나 예산 부족으로 재난 대비 설비를 대폭 축소한 공사가 벌어지고 있다. 이 현장에 자연재해가 닥치면 거대한 재난이 되리라는 것은 전문가가 아니더라도 예상할 수 있다. 그런데도 사람들은 개발 이익이 눈앞에 보이면, 과학자들이 누차 보냈던 경고부터 무시한다.

왜 알면서도 인재는, 전쟁과 테러는 계속될까

자연재해만 이럴까? 전쟁과 테러 역시 마찬가지다. 분명한 징조가 있다. 다만 사람들이 그 징조를 무시할 뿐이다. 20세기까지만 하더라도 테러는 지역 정치의 이해관계 때문에 발생하는 국지적인 사건이었다. 그리고 한국 사람이 이 상황에 노출될 가능성은 그렇게 크지 않았다. 한국에서 국외 여행이 자유롭게 된 것이 1989년으로, 20세기 말이 되어서야 국외로 나가기 시작했으니 테러 현장에 한국인이 있었을 가능성은 아주 낮았다. 하지만 이제 연휴면 가장 붐비는 곳이 공항일 정도로 국외 여행은 일상화되었고, 국가 경제의 대부분을 수출에 의존하는 만

큼 많은 사람이 국외에 나가 있다. 그만큼 타지에서 테러를 경험할 가능성도 높아졌다. 실제로 간발의 차로 테러를 비껴 간 경험담을 어렵지 않게 들을 수 있다.

지역에서의 갈등을 사회적으로, 정치적으로 해결하지 못해 총을 들고 정부와 맞서 싸우는 반(反)정부 조직은 하늘의 별만큼 많다. 정치적인 이유로 인질극을 벌이거나 폭탄을 터트리는 일은 20세기에도 전 세계 외신을 종종 달구던 사건이었다. 다만 그게 지역 현안인 데다, 테러의 목표물이 정부 기관이나 군사 시설처럼 방어 능력을 갖춘 대상이었다. 그러나 21세기 들어서는 아무런 죄 없는 민간인이 목표가 되었다. 그래서 그 위험이 더욱 피부에 와 닿는 것이다.

하지만 잘 살펴보면, 아무 이유 없이 아무 나라에서나 테러가 벌어지는 것은 아니다. 사회적 갈등을 정치적으로 해결하는 데 실패한 국가나, 다른 지역의 갈등에 단초를 제공한 과거의 제국주의 국가에서 주로 테러가 벌어진다. 과거에 제국주의 국가였던 나라는 대부분 지금의 선진국이다. 많은 유럽 국가와 미국은 테러 안전지대가 아니다.

테러에 대처하는 여행 수칙

그런데 가이드를 하는 지인들의 경험담에 따르면, 유럽이 사실상 계엄령 상태라는 것을 이해하지 못하는 한국 관광객이 꽤 된다고 한다. 세계에서 가장 많이 무장한 두 국가가 서로 마주보고 있는 위험한 한반도에 살아서 그런지, 다른 나라에서 군인들을 보고도 본인이 어떤 상태에 있는지 판단하지 못하는 사람이 꽤 된다는 것이다. 1970~80년대 한국에서 대학가 앞에 장갑차가 배치되고 군인들이 총들고 섰을 때 사진 찍자고 했던 외국인이 있었다는 소리는 못 들었다. 그런데 한국인은 남의 나라 군인을 보면서 놀이동산 캐릭터 정도로 여기고 있는 거 아닌가 싶다고 가이드들은 전한다.

더구나 IS가 민간인을 공격 목표로 삼기 시작하면서 테러의 양상도 이전까지

와는 완전히 달라졌다. 그래서 다음 네 가지는 반드시 익히고 있어야 한다.

첫 번째, 실질적으로는 극렬 이슬람 조직이 테러 단체들을 통합한 상태라 할 수 있기에, 국외에 나갈 때 이슬람의 신앙고백인 '샤하다'는 외워 두면 좋다. '알라 외에 다른 신은 없고, 무하마드는 신의 사도'라는 내용으로, 그 발음을 한국어로 옮기면 이렇다. "야슈하두 안 라 일라하 일랄라 와 아슈하두 안나 무함마단 라 술룰라" 좀 더 정확한 발음은 Shahada를 유튜브에서 찾아보면 알 수 있다. 실제로 2016년 나이지리아와 방글라데시 테러에서는 샤하다를 모르는 사람이 가장 먼저 죽었다. 30자도 안 되는 남의 종교 신앙고백을 아느냐 모르느냐가 생사를 결정하는 세상이 된 것이다. 당연히 자신의 종교 상징물은 노출하지 않고 다녀야 한다.

두 번째, IS의 테러는 대체로 라마단 기간(매해 다르니 미리 검색해 확인) 중에 벌어진다는 것을 기억하자. IS는 테러를 순교라고 가르치기에, 자신을 순교자로 받아들인 사람은 종교적으로 가장 의미 있는 시기에 맞춰 죽으려고 한다. 라마단 기간 중 밤 9시 이후, 사람이 많이 몰리는 공공장소가 테러의 가장 집중적인 목표물이었다. 그러니 라마단 기간은 물론 전후 한 달 정도는 역, 터미널, 공항, 공연장, 스포츠 경기장 등 사람이 많이 몰리는 곳을 밤 9시 이후에 찾지 않는 것이 좋다.

세 번째, 요즘은 외국에 도착하자마자 외교통상부에서 영사콜센터 전화번호를 문자 메시지로 보내 주는데, 이를 꼭 저장해 놓는다. 영사콜센터는 24시간 전화를 받고 어떤 대응을 했는지 기록을 남겨야 하는 민원 처리 프로세스다. 한 나라의 공관이 할 수 있는 것은 제한되어 있지만, 무엇보다 사건 직후에 무사하다는 신고라도 해 놓으면 가족의 걱정을 덜 수 있다.

네 번째, 테러 공격이 잦은 국가의 관계 기관들은 운 없이 테러 현장에 휘말리면 어떻게 해야 하는지, 기억해야 할 기본 원칙을 소개한다. 최근에 가장 많은 공격을 받은 국가는 영국이다. 그래서 총격전에서 어떻게 살아남을 수 있는지, 영국 경시청의 원칙을 뒤에 소개해 놨다.

북한은 전쟁을 일으킬까?

마지막으로, 어찌 되었든 대한민국은 휴전국이다. 전쟁은 남한 사람들에게 어마어마한 트라우마를 남겼는데, 북한의 실체적 전쟁 능력보다는 이 트라우마로 인한 공포가 훨씬 더 크게 작동한다. 이들에게 북한은 미수복 지역이며 대한민국은 1953년부터 지금까지 휴전 상태인데 종전 이후부터 지금까지 끊임없이 도발해온 것으로 인식된다. 그래서 북한 이야기만 나오면 세대를 불문하고 증오 때문에 정상적인 대화가 안 되는 사람이 꽤 많다. 이런 경우에는 외부의 시각을 빌리는 것이 현명하다. 영국의 경제 주간지 《이코노미스트》의 네팔 특파원이었던 토머스 벨이 쓴 《카트만두》는 네팔 현대 정치사를 다루고 있는데, 세계 각국의 정보 기관이 네팔을 무대로 벌이는 정보전에 한 장을 할애한다. 거기에 네팔의 북한인에 대한 자세한 이야기가 나온다. 이 기록에 따르면, 북한 대사관은 대사관을 유지할 경비를 본국에서 받지 못하는 상태다. 그래서 현지의 북한 식당이 북한 대사관 운영비의 상당액을 책임지고 있다. 대사관 경비를 대야 하는 북한 식당 관리자는 한국돈 몇 백 원을 아끼려고 장 보러 몇 킬로미터 거리를 버스도 타지 않고 걸어다니며, 빈 병을 수거하는 고물상과 몇 십 원을 더 받기 위해 싸우고, 가짜 비아그라를 팔다 네팔 경찰에 잡히기도 한다. 현실적으로 이런 국가가 세계 수위의 경제 대국과 전면전을 치를 능력이 있을 수가 없다. 단, 핵개발을 하던 영변에서 폭파쇼를 한 다음에 그대로 현장을 방치하고, 핵실험 직후에 수백 명의 사람을 현장에 투입하는 국가는 자국민의 목숨을 사람의 목숨으로 생각하지 않기에, 협상을 위해 제한적인 무력 투사 정도는 언제든 할 수 있다. 대비를 한다면, 전면 전보다는 사회적 혼란을 일으키는 수준의 제한된 무력 투사에 집중해야 한다. 그 강도가 어느 정도일지는 예측하기 어렵다. 그래서 북한이 세계적인 수준의 능력을 갖고 있는 화생방, 그리고 수도권을 직접 타격할 수 있는 포격에는 항시 대비해야 한다.

CATASTROPHE

자연재해

지진

★ 기억해야 할 사실들

1. 지진은 단 한 번 거대한 진동이 오는 것이 아니다. 끊임없이 여진이 온다. 2015년 4월 25일 네팔에 규모 7.8의 강진이 일어났을 때, 그날 하루 동안 규모 5 이상의 여진이 100여 번 있었다.

2. 안전한 곳은 인공적으로 만들어지지 않은 개활지다. 흔히 생각하는 학교 운동 장은 안전하지 않다. 모래를 다진 곳들은 지진이 발생했을 때 지반 액화 현상 이 일어나기 좋은 환경이다.

3. 머리를 보호하는 것이 가장 중요하다. 지진이 발생하면 공중에 만들어 놓은 시 설이나 고층의 구조물은 떨어질 위험이 높다.

☒ 사전 대비

1. 가족이 72시간을 버틸 수 있는 생존배낭은 재난 대비의 기본이다.

2. 생활 공간 주변, 즉 직장 또는 학교와 집에서 가장 가까운 개활지의 위치를 가 장 눈에 띄는 곳에 표기해 놓는다. 지진 같은 익숙하지 않은 대형 재난을 겪으 면 아드레날린 폭주 상태가 되어, 평소에 어디로 가야겠다고 마음먹었던 것과 상관없는 곳으로 몸이 움직인다. 평소에 보기 쉬운 곳에 가까운 개활지의 위치

를 표기해 놓지 않으면 제멋대로 안전하지 않은 곳으로 달려갈 가능성이 높다.

3. 생활 공간에서 개활지로 이동할 수 있는 길 중 전선이 가장 적고, 높은 건물이 가장 적은 길도 표시해 놓는다. 지진이 일어나면 가장 쉽게 쓰러지는 것이 전신주와 전선이다. 지진 직후에 쓰러지지 않았다고 하더라도 여진으로 쓰러질 위험이 있다. 또한, 고층 건물의 유리창, 에어컨 실외기 등은 지진 상황에서 아주 위협적이다.

4. 조리가 끝나면 가스 밸브를 항상 잠그는 습관을 들인다. 2차 피해를 막기 위해 가스 밸브를 잠가야 하는데 실제 재난 상황에서는 할 수 없다. 평소에 습관을 들여 잠가 놔야 한다.

5. 하임리히법을 비롯해 응급처치법을 배워 둔다.

6. 장롱이나 옷장 등이 쉽게 넘어지지 않도록 고정한다. 온라인 쇼핑몰에서 저가의 고정 장치들을 쉽게 찾을 수 있다.

▶ 실제 상황

1. 자세를 낮추고, 천장에서 떨어지는 파편, 혹은 물건 등에 다치지 않도록 상의나 가방, 주변에 있는 물건으로 머리를 보호하고 안전한 곳에서 대피할 준비를 한다. 지진은 길어야 1분이다. 1분 동안 해야 할 일은 안전한 곳에서 대피할 준비를 하는 것이다. 우리나라 대부분 건축물은 콘크리트이며 구조적으로 가장 강한 곳은 출입구다. 목조 주택에 있다면 탁자나 식탁 밑으로 피하는 것도 방법이 될 수 있다. 중요한 것은 몸을 보호하고 빠르게 대피할 준비를 하는 것이다. 몸을 낮춰 자세를 안정적으로 하고 진동이 끝난 즉시 개활지로 대피할 준비를 한다.

2. 집 안에 있어도 신발을 신는다. 맨발은 부상당할 위험이 크다.

3. 밖으로 나가면서 문을 닫지 않는다. 대부분의 건축물은 1차 지진의 힘으로 충격을 받은 상태에서 계속된 여진 때문에 무너진다. 지진 이후 대피를 권고하는

것도 이 때문이다. 나중에 출입할 수 있도록 현관과 비상구는 열어 놓는다.

▶▶ 이후 할 일들

1. 진동이 멎으면 안전모를 착용한 뒤, 생존배낭을 들고 즉시 개활지로 대피한다. 규모가 큰 지진이 닥쳤을 때는 이동하기 어려우며 부상 위험도 크다. 진동이 끝난 뒤에 대피한다.

2. 함께 있는 가족들의 상태를 확인한다. 떨어져 있는 가족과는 약 한 시간 이후에 전화 연락한다.

3. 대피하는 과정에서 다치기 쉬운데, 우선 병원을 찾기보다는 생존배낭의 구급상자로 빠르게 대처한다. 재난 상황에서 병원에는 응급환자들이 폭주한다. 평소처럼 제대로 된 조치를 받기 어렵다.

4. 경주 지진에서 카카오톡이 폭주로 멎었던 것처럼, 재난 직후에는 모든 시스템이 폭주한다. 이 폭주 상태가 계속되면 긴급 구조 활동을 펼칠 수 없다. LTE 시대에 접어들면서 기지국이 커버하는 범위는 반경 500m 내외로 수많은 안테나가 필요한데, 지진 직후에는 상당수 안테나가 정상적으로 작동하지 못한다. 짧은 단문 메시지 이상은 사용하지 않는 것이 시스템이 빠르게 정상화되는 데 도움이 된다.

5. 생존배낭에서 라디오를 꺼내 재난 방송을 듣는다. 데이터 통신에 의존하는 스마트폰은 사실상 쓸모가 없다. 라디오의 재난 방송은 필요한 물자와 필요한 정보를 가장 정확하게 전달하는 수단이다. 특히 SNS는 재난 상황에서 공포가 확산되는 통로다. 재난 상황에서는 멀리하는 것이 좋다.

6. 일상을 유지할 수 있는 방법을 찾는다. 재난 상황에서 사람들은 엄청난 스트레스를 받는다. 그 스트레스를 견디려면 일상과 가장 비슷한 상태를 만들어 내야 한다. 어른들이 보는 곳에서 아이들이 놀 수 있어야 하며 맛있는 식사의 즐거움을 느낄 수 있어야 한다.

쓰나미

★ **기억해야 할 사실들**

1. 만약 2011년 3월 11일 일본의 동북 지방을 강타한 규모 9의 도호쿠 대지진이 200km 서쪽에서 발생했다면 그 지진의 최대 피해 지역은 일본이 아니라 한반도의 동쪽이었을 것이다.

2. 도호쿠 대지진 사망자의 90%는 지진으로 인한 사망자가 아니라 쓰나미로 인한 사망자였다.

3. 동해의 평균 수심과 쓰나미 전달 속도를 계산하면 쓰나미는 대략 시속 471km의 속도로 전달될 것이다. 나무로 만들어진 집들이 쓸려 없어지는 것은 이 어마어마한 운동 에너지 때문이다.

4. 일본의 서부 해안에서 대형 지진이 강타해 쓰나미가 발생한다면 한국에 도달하는 시간은 최소 25분에서 최대 2시간 사이다. 우리의 동해와 맞닿은 일본 도호쿠 지역이 진앙인 경우가 2시간, 한반도에서 가장 가까운 후쿠오카 인근에서 발생하면 25분 정도다. 즉, 대피 경보를 발령하고 대피할 시간은 충분하다.

5. 쓰나미로부터 안전한 곳은 콘크리트로 만들어진 빌딩의 6층 이상이다. 도호쿠 대지진 이전까지 전문가들은 콘크리트 건물의 4층 이상으로 대피하라고 권고했으나 규모 9의 지진이 만들어 낸 거대한 쓰나미는 콘크리트 4층 건물도 삼켜 버렸다.

6. 최근 경주에서 중간 규모 이상의 지진이 자주 발생하고 있다. 경주 인근의 바닷가라면 이게 지진인지 쓰나미인지 빠르게 판단하기 힘들다. 어쨌든 지진은 밖으로 대피해야 하는 재난인 반면, 쓰나미는 건물 안으로 대피해야 하는 재난이어서 어디로 가는 것이 옳을지 빨리 결정해야 한다. 하지만 지진이라고 하더라도 해안가는 위험하다. 규모 5 이상의 지진이 발생했을 때 서 있는 곳 밑에 풍부한 물이 있으면 액화 현상이 발생할 수 있다. 액화 현상은 지진으로 인해 물이 올라오면서 땅이 늪처럼 되는 현상을 가리킨다. 따라서 바닷가에서 진동

을 느꼈다면 빠르게 육지 쪽으로 이동해야 한다. 쓰나미 경보가 발령되면 6층 이상의 콘크리트 빌딩으로, 지진이라고 알려지면 공터로 이동한다.

7. 쓰나미는 한 번 쓸고 지나가지 않는다. 계속 물이 들어왔다가 나가기를 반복하다가 잔잔해진다. 재해대책본부의 방송에 귀 기울이며 건물 안에서 대기하다 재해대책본부가 안전하다고 방송하면 내려간다.

★ 징조

1. 몇 초 만에 썰물 때가 된 것처럼 물이 빠졌다.
2. 바닷가에서 강한 진동을 느꼈다.
3. 바닷가에서 낙차가 큰 파도가 빠르게 치고 있다.

▶ 실제 상황

1. 동해 먼바다의 일본 도호쿠 지역이 진앙이었다면 쓰나미 경보가 발령된다. 재해대책본부의 안내에 따라 해안가에서 높은 지대, 콘크리트로 된 6층 이상의 건물로 올라간다. 사람들이 패닉에 빠지면 좁은 계단을 오르다 폐소공포증 등을 경험할 수도 있으니, 질서를 유지하면서 천천히 움직인다.

2. 한국과 가장 가까운 후쿠오카 인근에서 지진이 발생했다면 바다에서 위에 언급한 명백한 징조들이 발생할 것이다. 주변 빌딩의 6층 위로 올라간다.

3. 6층 이상의 빌딩을 찾았으면 엘리베이터를 이용할 생각은 하지 않는다. 한 번에 올라갈 수 있는 사람은 제한되어 있으니 계단으로 침착하고 신속하게 움직인다. "질서"를 반복해 외치면서 올라가는 것도 한 방법이다.

4. 비슷한 기억이 있는 사람은 대피 단계에서부터 공황 상태에 빠지기도 한다. 가능한 한 높은 곳의, 사람들이 없는 곳으로 이동시킨 뒤 심호흡을 시킨다. 5초간 숨을 들이쉬고 5초간 숨을 내쉬는 것을 반복시킨다. 조금 진정된 것 같으면 같

이 대피한다. 반복하지만, 쓰나미는 대피할 시간적 여유가 있다.

▶▶ 이후 할 일들

1. 1차 대피에 성공한 후, 재해대책본부의 안내에 따르지 않고 먼저 뛰어 내려갔다가 계속 이어지는 쓰나미에 당하는 사람도 꽤 된다. 물이 빠진 것처럼 보이고 대피하는 과정에서 놓고 왔던 것들이 생각나기 때문에 취하는 자연적인 행동이다. 하지만 쓰나미는 거대한 운동 에너지가 파도에 실려 온 것이고 이 운동 에너지는 한 번에 없어지지 않는다. 반복해서 바다로 나갔다가 다시 돌아온다. 재해대책본부가 내려가도 좋다고 하기 전까지는 건물 안에서 대기한다.

2. 6층 이상의 건물에 자리 잡으면 반드시 손으로 온몸을 만져 보면서 다친 곳이 있는지 확인한다. 이런 재해를 처음 겪어 보는 사람들의 몸에는 엄청난 양의 아드레날린이 분출되어 통증을 제대로 느끼지 못해 심각한 부상을 입었는지도 모르는 경우가 많다.

3. 쓰나미가 지나가고 나면 안전화 없이 걷기 어려운 곳이 된다. 재해대책본부에서 쓰나미가 완전히 지나갔다고 방송해도 천천히 지상으로 내려간다.

4. 몸 상태가 정상이라면, 일행과 언제 어디서 만날지 정한 뒤 복구 작업에 동참한다.

━ Bad

1. 정신을 못 차리는 사람이 있을 때, 영화나 드라마, 소설 등에서처럼 때려서 정신 차리게 만든다.

   때리면 더 공포에 빠지기 때문에 시간 내에 대피할 수 없다.

2. 철 구조물이나 나무로 만든 구조물에 올라간다.

   이 구조물들은 쓰나미의 위력을 견디지 못한다.

4-03

백두산 화산 폭발

★ 기억해야 할 사실들

1. 2000년 저명한 화산학자인 독일 킬대의 한스 슈밍케 교수는 직접 북한을 방문해, 백두산이 10세기경 화산재 기둥이 지상 25km 성층권까지 치솟은 어마어마한 폭발을 했다는 사실을 확인했다. 지진학자들에 따르면, 백두산은 평균 100년을 주기로 화산 활동을 했다. 즉, 백두산은 언제든 다시 화산 폭발을 할 수 있는 활화산에 가깝다. 무엇보다 10세기경 폭발했던 규모는 2010년 유럽의 모든 공항을 개점 휴업 상태로 만들었던 아이슬란드 화산 폭발의 1,000배였다. 심지어 그린란드 빙하 속에서도 당시 폭발한 백두산 화산재를 확인할 수 있다.

2. 화산 폭발이라고 하면 바로 연상되는 것은 영화 〈볼케이노〉에서 보았던 무시무시한 용암의 흐름(정확하게는 용암을 비롯하여 여러 가지 화산 쇄설물(碎屑物)이 한 덩어리가 되어 주로 중력에 의해 고속으로 지표를 흘러내리는 현상)이다. 하지만 화쇄류의 피해나 화쇄류가 물이나 강물과 만나 발생하는 피해는 북한에 집중될 것이다. 연구에 따르면, 백두산에서 화산 활동이 재개될 경우, 화쇄류는 최대 23.5km까지 도달할 수 있다고 한다. 즉, 거리상 우리가 이 피해를 입을 가능성은 없다.

3. 문제는 화산재다. 2010년 아이슬란드 남쪽 에이야퍄틀라이외퀴틀 빙하지대

화산이 폭발했을 때 유럽 전역에는 비행기가 뜰 수 없었다. 항공기 엔진에 화산재의 유리, 모래 같은 이물질들이 들어가면 엔진이 멈출 수도 있기 때문이다. 화산 폭발로 성층권까지 올라갔다가 다시 떨어지는 강하 화산재는 1mm만 쌓여도 도로 교통을 마비시킨다. 자동차 헤드라이트는 강하 화산재를 뚫지 못한다. 따라서 물류 대란이 발생한다.

4. 젖은 화산재는 송전선에 누전을 일으킬 수 있다. 지금까지 우리가 경험해 보지 못한 수준의 광범위한 지역이 정전될 수 있으며, 어느 때보다 전력 공급 복구 공사가 더딜 수밖에 없다. 모든 것이 전기로 돌아가는 현대에 정전은 도시 기능 대부분을 마비시킨다.

5. 화산재에는 황 등이 섞여 있어 호흡기 환자에게 치명적이다.

6. 상수도 사업 본부가 처리할 수 있는 이상의 화산재가 내리면 수도 공급도 중단될 수 있다.

7. 0.5mm 이상의 화산재가 낙하하면 그 지역에서는 1년간 논농사가 불가능하며, 2cm 이상의 화산재가 내리면 그 지역에서는 1년간 밭농사가 불가능하다.

8. 아이슬란드와 북유럽은 1,300~2,000km 이상 떨어져 있다. 그럼에도 아이슬란드 화산 폭발 당시 4월 14일부터 20일까지 북유럽의 전 항공 노선이 마비되었다. 서울에서 백두산까지의 직선거리는 490km 정도다. 당연히 훨씬 더 많은 화산재의 영향을 받을 수밖에 없다.

☒ 사전 대비

1. 생존배낭 풀 세트(52~53쪽 참조)를 준비해 놓는다.

2. KF80, KF94 마스크를 가족에게 넉넉히 나눠 줄 정도로 준비해 놓는다. 화산이 폭발하면 근처 약국에서 가장 먼저 동날 품목이다. 미세먼지 때문에라도 한 사람당 3개 이상은 확보해 놓는 것이 좋다.

3. 보호안경이 필요하다. 패션을 신경 쓰지 않는다면 개당 5,000원 이하에 구입

할 수 있다. 보호안경의 형태는 다양한데, 안경이 얼굴에 밀착해 먼지가 잘 안 들어오는 구조로 되어 있는 것을 권한다.

4. 미세먼지의 경우 공기청정기가 있어도 하루에 30분씩 환기하는 것을 권고하는데, 화산 폭발 같은 상황에서는 환기하는 것이 더 위험하기에 공기청정기에 전적으로 의존해야 한다. 항상 1년치 필터를 확보하고 유지한다. 환기할 수 없는 환경에서 공기청정기도 없이 몇 주를 보낼 방법은 없다.

5. 집 안에서 전기로 작동하는 물품의 활용을 최소화한다. 강하 화산재는 언제든 대규모 정전을 일으킬 수 있다. 무엇보다 거의 모든 전자제품은 작동 중에 정전되면 고장 나기 쉽다.

6. 집 안에서 틀어박혀 있는 생활을 가장 못 견디는 것은 반려동물과 아이들이다. 강하 화산재가 내리는 상태에서 야외로 나가면 치명적인 호흡기 질환에 걸릴 수 있다. 군견용 방독면이 있기는 하지만 대형견용만 있으며 일반 시장에서 구하기 어렵다. 실내에서 많은 소음을 내지 않고 반려동물을 운동시킬 방법을 미리 아이들과 같이 찾아본다. 층간소음을 내지 않고 아이들과 함께 시간을 보낼 수 있는 방법으로 보드게임을 추천한다.

▶ 실제 상황

1. 남북 협력이 본격화되기 전에 백두산이 화산 활동을 한다면 중국을 통해 소식이 전해질 것이다. 남북 대치 상태가 계속되는 상황에서 북한에 큰 사고가 터졌을 때 처음 보도했던 것은 중국의 관영 매체들이었다.

2. 안전한 곳은 실내다. 아주 옛날에 만들어진 집이라면 모를까, 비교적 최근의 집이라면 이중창만 잘 닫아도 충분하다. 1990년 이전에 만들어진 집의 이중창은 이중창으로서의 기능이 제한되어 있다. 창문 틈을 모두 테이프로 붙여 보완해야 한다.

3. 외부와의 연락은 문자 메시지로 한다. 강하 화산재가 계속 내리면 통신 잡음이

증가한다. 모든 재난 상황에서는 통화량과 데이터 통신량이 폭발하는데, 통신 잡음까지 커지면 사실상 네트워크는 마비된다. 모두가 함께 사용량을 줄여야 시스템을 유지할 수 있다. 내가 하는 간단한 안부 전화 몇 통이 통신 네트워크를 붕괴시키는 마지막 지푸라기가 될 수도 있다.

4. 현명한 경영자라면 백두산 화산 폭발 같은 대형 재난 상황에서는 직원들을 빨리 집으로 돌려보낼 것이다.

5. 라디오로 정부의 재난 방송에 집중한다. 대피 장소, 시기, 구호물품 수령 장소 등은 라디오 방송을 들어야만 알 수 있다.

6. 에어컨처럼 집 안으로 공기를 유입시키는 장치를 사용하지 않는다.

7. 일반적인 냉장고는 문을 열지 않는다면 정전된 상태에서도 7시간 이상은 냉기가 유지된다. 그동안 냉장고 안의 음식을 최대한 비우고 정리한다.

▶▶ **이후 할 일들**

1. 재해대책본부가 환기를 해도 된다고 하기 전까지는 창문을 열어 환기하지 않는다.(현재 일부 공공주택에서는 환기를 기계로만 할 수 있다. 이런 곳은 미세먼지는 물론 화산재에도 취약하다.)

2. 화산재는 재난을 일으키는 주범이다. 각종 유독 화학 성분이 포함되어 있으므로 재해대책본부의 안내에 따라 처리한다.

3. 재해대책본부가 제시하는 방법에 따라 집과 주변을 청소한다.

태풍

1. 열대성 저기압은 아메리카 대륙에서는 허리케인, 인도양에서는 사이클론, 아시아에서는 태풍으로 불린다. 태풍의 에너지원은 따뜻한 바다가 만들어 내는 수증기인데, 바다가 점점 더 따뜻해지고 있는 까닭에 한반도로 오는 태풍의 규모도 커지고 있다.

2. 20세기까지 태풍은 대부분 한반도의 일부, 그것도 주로 남부만 통과하고는 했으나, 태풍의 규모가 커지면서 수도권까지 올라오는 사례가 종종 발생하고 있다. 2010년 9월 2일 새벽, 한반도에 상륙한 곤파스는 어마어마한 논과 밭을 침수시키고 과수원을 초토화하는 데서 끝나지 않고 인천 문학경기장과 성남시 신청사, 안양 교도소 담벼락까지 무너뜨리고 갔다. 곤파스로 인해 6명이 사망했고, 한국에서는 경험하기 힘든 대규모 정전 사태까지 만들어 냈다.

3. 태풍의 피해는 두 가지다. 우선, 엄청난 속도의 바람으로 인한 피해로 주로 고지대와 고층 빌딩에 집중된다. 다음은 저지대에서 주로 발생하는 침수 피해다. 도시의 하수 처리 시스템이 처리할 수 없는 수준의 비가 한꺼번에 오기 때문에 저지대는 물에 잠긴다. 하지만 태풍은 실제 피해를 입히기 전 상륙할 때까지 여유 기간이 있는 재해로, 충분히 대비할 수 있다.

▶ 실제 상황

1. 고지대나 고층 건물에 사는 경우
   - 건물 밖에 여성이나 아이의 힘으로 들 수 있는 물건이 있으면 빨리 건물 안으로 옮긴다. 바람에 날려 다니며 수많은 피해를 일으킬 수 있다.
   - 최근 5년 이내에 지어진 아파트로 비교적 최근의 시스템 창호라면 별도의 보완을 할 필요는 없다. 하지만 20년 이상 된 아파트의 오래된 시스템 창호라면 바깥쪽 창문에(안에는 겨울에 버블랩을 붙여야 하기 때문) 자외선 차단 필

름 부착을 권한다. 바람의 압력을 충분히 버텨 준다.

- 창호가 고장 나서 창문이 완전히 닫히지 않는다면 방충망을 닫은 다음 방충망과 창문 사이를 박스로 막고 집안 창문을 닫는다.

- 지어진 지 20년 이내의 공동주택은 피뢰 설비는 물론 서지 보호 장치(Surge Protector Device, SPD. 순간적인 낙뢰로부터 건물 내 전기, 전자기기 설비를 보호하기 위한 장치)도 되어 있다. 20년 이상 된 집은 전기 공사하는 사람을 불러 확인해 보고, 서지 보호 장치가 없으면 설치한다.

- 20년 이상 오래된 아파트의 경우, 가스 밸브가 건물 밖에 노출되어 있는 곳이 꽤 많다. 이런 아파트라면 태풍이 지나갈 때는 물론 낙뢰 상황에서도 가스 밸브는 잠가 놓는다.

- 커튼을 치고 창문에서 최대한 떨어진 상태에서 태풍 경보가 해제될 때까지 라디오에 집중한다.

2. 저지대나 반지하에 사는 경우

- 신세질 수 있는 사람 중에 고지대나 고층 건물에 사는 사람이 있는지 확인한다.

- 태풍이 올라오는 것을 확인하면서 허락한 지인의 집에 중요한 물건들을 옮긴다.

- 물건을 옮길 시간이나 장소가 없다면, 전기 차단기를 내리고 모든 전기 제품의 플러그를 뽑고 가스 밸브를 잠근 뒤 대피한다. 침수로 인해 발생하는 주요 2차 사고는 누전과 같은 전기 사고다.

- 시간적 여유가 있다면 대문과 창문 앞에 모래주머니를 쌓고 집 안 하수도와 집 주변 배수구 청소까지 해 놓고 대피한다. 배수관의 상태가 깨끗할수록 물은 빨리 흘러가고, 물의 흐름이 빠를수록 침수 가능성은 조금이라도 줄어든다. 모래주머니는 물론 구청 등에서 무료로 제공하는 지하수 역류 방지 장치를 구해 설치해 두는 것도 좋다.

- 차를 강변 근처의 주차장에 뒀다면 가능한 고지대에 옮겨 놓은 뒤 대피한다.

– 대피 후 재해대책본부의 방송을 들으며 태풍의 진행 여부와 피해 상황을 파악한다. 태풍 경보가 해제된 후에도 최소 2시간 정도는 실내에 있는 것이 안전하다. 도로 밑의 지반이 쓸려 나가 싱크홀이 발생할 수도 있기 때문이다. 특히 저지대는 송전선이 끊겨서 감전 사고를 일으킬 위험이 높기 때문에 물이 완전히 빠져 길이 생긴 다음에 집에 돌아가 뒷수습에 나선다.

— Bad

1. 물에 들어찬 집에 바로 들어간다.

가스가 가득 차 있을 수도 있고, 누전이 생겼을 수도 있다. 안전 점검이 끝난 다음에 들어가 수습한다.

4-05

전염병

★ 기억해야 할 사실들

1. 대한민국에 무슨 전염병이 있느냐 묻는 사람이 종종 있다. 하지만 해마다 3~4월과 9~10월에는 전염병으로 병원을 찾는 환자가 폭발적으로 증가한다. 주로 개학 시즌으로, 밀폐된 교실 안에 학생이 모이기 때문에 다양한 형태의 접촉으로 전염병이 쉽게 퍼진다. 아이들에게 연령별로 필수적인 예방접종을 잊지 말고 꼭 하도록 한다.

2. 개학 시즌에 퍼지는 감염병
   – 수두: 발진이 있고 열이 많이 나며 식욕 부진, 두통, 복통 등이 동반되고 전염성이 아주 강하다. 예방접종으로 예방 가능한 병이지만 백신 접종을 거부하는 이들에 의해 위험도가 상당히 높아진 상태다.
   – 유행성 이하선염: 흔히 볼거리라고 부르며, 볼이 부풀어 오르는 것으로 구분 가능한 증상이다. 합병증으로 뇌수막염이 올 수 있으며 남학생은 고환염, 여학생은 난소염 등으로 발전하기도 한다. 격리 치료가 필요하다.
   – 유행성 결막염: 여름에 많이 퍼지며 심한 경우 시력이 나빠질 수 있기 때문에 상당히 위험하다. 더군다나 유행성 결막염 바이러스는 끊임없이 변형을 일으켜 효과적인 치료약제가 없다. 의사 지시에 따라 전염되지 않도록 생활하면서 몸이 스스로 병을 치유하도록 대기해야 한다.

3. 어른 아이 할 것 없이 가을에 자주 걸리는 전염병과 그 증상

   – 주로 가을철에 발병하는 쓰쓰가무시병, 렙토스피라증, 유행성 출혈열 등은 백신이 없거나 백신의 효능 대비 위험성이 높아 백신 접종을 잘 하지 않고 있다. 물론 치료제는 있으므로 발병 즉시 병원이나 보건소를 찾으면 된다.

   – 쓰쓰가무시병은 쥐 등 야생동물에 기생하는 진드기 유충이 사람 피부를 물 때 인체에 균이 유입되면서 증식해 발병한다. 잠복기는 1~3주이며 두통, 발열, 오한에 기침, 구토, 각막 충혈, 근육통, 복통, 인후염 등이 함께하며 피부에는 발진과 부스럼 딱지가 생긴다.

   – 렙토스피라증은 랩토스피라균에 감염된 동물의 배설물이 남아 있는 풀, 흙, 물 등에 상처가 난 피부가 접촉했을 때 감염된다. 발열과 두통, 오한에 심한 근육통과 충혈 등을 겪게 된다.

   – 유행성 출혈열은 산과 들에 있는 쥐의 배설물이 마르면서 대기 중에 퍼져 호흡기를 통해 감염된다. 주요 증상은 혈관 기능 이상, 복막 뒤 부종, 복통, 요통 등이다.

✕ 사전 대비

1. 가을 나들이 때는 전염병 발생 지역을 확인한다.
2. 산과 들에 나갈 때는 긴 옷을 입는다.
3. 풀밭에는 반드시 자리를 깔고 앉고, 풀숲을 정리한 다음에 텐트를 설치한다. 급하다고 아무 곳에서나 볼일을 보지 않는다.
4. 쥐가 접근하지 않도록 주변을 깨끗하게 정리한다. 들쥐의 배설물이 있는 곳 근처에서는 쉬거나 야영하지 않는다.
5. 논처럼 물이 고인 곳에 들어갈 경우에는 반드시 장화를 신고, 작업복을 입어 피부가 직접 노출되는 일이 없도록 한다.
6. 손을 자주, 매번 3분 이상 씻는다.

7. 야외 활동 뒤에는 바로 샤워나 목욕을 해서 진드기가 몸에 붙어 있지 않도록 한다.

8. 입었던 옷은 놔두지 않고 바로 세탁하고, 한번 풀밭에 깔았던 돗자리는 반드시 빨아 햇볕에 말린다.

▶ **실제 상황**

1. 열이 심하게 나거나, 식욕이 없거나, 피부에 발진이나 궤양이 생기고, 기침할 때 피가 나오며, 소변이 잘 나오지 않는다면 빨리 보건소나 병원을 찾는다.

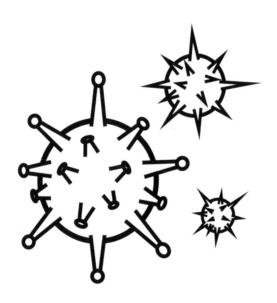

신종 전염병

★ 기억해야 할 사실들

1. 세계화가 되면서 매년 새로운 질병이 어디에선가 나타나고, 몇 주 뒤 그 신종 질병이 한국으로 수입되는 일은 상당히 잦아졌다. 한국처럼 무역이 경제의 축을 차지하는 국가는 외부와의 연결을 포기할 수도 없고, 이미 하나로 묶인 세계와 다시 떨어지는 것도 불가능하다.

2. 모든 질병에 치료제가 있는 것은 아니다. 하지만 새로운 전염병이 유행하고 있는데 치료제가 없다는 이야기는 공포의 근거가 되고, 이런 공포는 다양한 형태로 사람들의 정신을 잠식한다.

3. 하지만 새로운 질병이라고 하더라도 그 병의 '증상' '기본 대응법' '질병의 확산 여부' 이 세 가지는 알 수 있다. 메르스든 신종 플루든 신종 전염병이 유행하고 있으면 위의 세 가지를 가장 먼저 확인해야 한다.

4. 감염 확인 판정이 내려지면 자신이 다른 사람에게 병을 전염시킬 수 있는 '신종 전염병의 숙주'가 되었음을 잊어서는 안 된다. 대부분의 경우 바이러스나 박테리아의 활동을 늦추는 약들은 있으니, 침착하게 방역 당국의 대처에 따라야 한다.

5. 전 세계에 새로운 전염병이 퍼지면 세계의 의료 기관은 모두 해당 바이러스 혹은 박테리아가 기존에 존재하던 어떤 것과 비슷한지를 기준으로 이름을 붙인

다. 신종 플루의 경우 대부분 독감 바이러스와 유사했기 때문에 Flu라는 이름이 붙었고, 이들은 기본적으로 감기와 다르다.

☒ 사전 대비

1. 대부분의 전염병은 손만 제대로 씻어도 예방할 수 있다. 질병관리본부가 추천하는 올바른 손 씻기 방법은 아래의 과정을 총 3분 이상 하는 것이다.
   - 손바닥과 손바닥을 마주 대고 문질러서 충분한 비누거품을 만든다.(1분 이상)
   - 손등을 반대편 손바닥에 대고 문지른다.(양쪽 모두, 30초)
   - 엄지손가락을 반대편 손바닥으로 돌리면서 문지른다. (양쪽 모두, 30초)
   - 양 손바닥을 마주 대 깍지를 끼고 문지른다. (30초)
   - 손가락을 반대편 손바닥에 놓고 문지르면서 손톱 밑을 깨끗하게 씻는다.(양쪽 모두, 30초)
   - 흐르는 물에 손을 대고 씻는다. (20초 이상)
2. 개인 컵과 숟가락을 정기적으로 살균해 가며 쓴다.
3. 사람이 많은 곳을 지날 때는 항상 마스크를 쓴다.
4. 한국의 전통적인 술자리는 1차, 2차를 계속 이어가기 때문에 만취한 상태에서 감염원에 접촉하기 쉽다. 전염병이 돈다고 하면 술자리는 최대한 줄이고 간단하게 한다.

▶ 실제 상황

1. 질병관리본부에서 알린 '새로운 질병의 증상'과 유사한 증상을 보이면 빨리 관할 보건소 혹은 지정된 병원으로 가서 진단을 받는다. 증상이 나타났을 때 빨리 병원으로 가서 전문적인 치료를 받지 않으면 사망 확률은 아주 높아진다.

▶▶ 이후 할 일들

1. 질병관리본부가 완전히 박멸했다고 선언하기 전까지 가능한 한 외부 활동을
   하지 않는다.

━ Bad

1. 증상이 사라졌다고 격리 기간이 끝나기 전에 외출한다.
   치료를 받으면 보통 수 일 내에 증상이 호전되지만 그렇다고 병원체가 몸 안에
   서 사라진 것은 아니다. 이 상태에서 격리 치료를 거부하고 외부로 나가면 다
   른 사람을 전염시킬 수 있다.

4-07

산사태

★ 기억해야 할 사실들

1. 산사태는 자연적이거나 인위적인 원인으로 산이 한 번에 무너지는 것이다. 산 혹은 계곡에서 흙과 돌, 나무 등이 물과 섞여서 빠르게 내려오는 토석류도 비슷하다.

2. 집중호우가 증가하면서 산사태의 피해도 증가하고 있다. 2004년부터 2013년까지 10년간 통계에 의하면, 연평균 산사태가 발생하는 면적은 456ha로 거의 여의도 면적의 2배에 달하며, 복구를 위해 쓰고 있는 정부 예산만 연평균 813억 원이다.

3. 검색엔진에서 '산사태 정보 시스템'을 찾으면 집 주변의 산사태 위험 지역을 파악할 수 있으니, 가능한 한 접근하지 않는다.

4. 산사태는 분명한 징후가 나타난 뒤에 발생한다. 대표적인 징후는 다음과 같다.

   ☐ 평소에 잘 나오던 샘물이나 약수터의 물이 갑자기 멈춘다.

   ☐ 경사면에서 갑자기 많은 양의 물이 나오기 시작한다.

   ☐ 산허리 일부에 금이 가거나 땅이 내려앉기 시작한다.

   ☐ 집의 문이나 창문이 제대로 열리고 닫히지 않는다.

   ☐ 벽이나 지반에 새로운 균열이 생겼다.

   ☐ 지하의 전선들이 끊어지기 시작한다.

□ 벽이나 담장, 나무가 흔들거리거나 움직인다.

□ 평소에는 들어 본 적 없는 굉음 비슷한 소리가 들린다.

5. 이 모든 것은 집이 구조적으로 뒤틀리고 있다는 뜻이다. 이런 현상이 발생하면 빨리 중요한 물건들을 옮기고 대피할 곳을 찾아야 한다.

⚠ 사전 대비

1. 산림청의 산사태 정보 시스템에 접속하면 자신이 사는 지역에 대한 등급 정보를 볼 수 있다. 1등급이 가장 위험하고 가장 안전한 곳은 5등급이다. 주변에 대피할 만한 5등급 지대나 공터가 있는지 확인한다.

2. 집 주변에 있는 시설물을 최대한 잘 묶어서 쓸려 내려가지 않도록 한다.

3. 산사태 징후가 발견되었고 즉각 대피하기 어려운 상태라면, 다른 이들과 교대로 자고 휴대용 라디오를 24시간 내내 켜 놓고 지낸다.

▶ 실제 상황

1. 라디오에서 산사태 경보가 발령되면 즉각 5등급 지대로 대피한다.

2. 지정된 장소로 대피하는 중에 산사태가 발생하면 논이나 밭, 혹은 넓은 공간, 혹은 근처에 있는 가장 높은 곳을 찾아 달린다.

3. 산사태에 빨려 들어갔다면 머리 등 주요 신체 부위를 손으로 보호하면서 몸을 웅크린다.

▶▶ 이후 할 일들

1. 지반이 안정되었다는 평가를 받은 후에 들어가서 수습한다.

극한호우

1. 2023년 여름, 그전까지는 받아 보지 못한 낯선 긴급재난문자를 받았다. '극한호우'. 아주 짧은 시간 동안 특정 지역에 집중되는 극단적 호우를 가리키는데, 강수량이 1시간에 50mm가 넘으면서 3시간에 90mm가 넘는 경우, 또는 1시간에 72mm가 넘는 경우 '극한호우'라는 긴급재난문자를 발송하겠다고 기상청은 발표했다. 보통 1시간 강수량이 30mm가 넘을 경우 '집중호우'라 하는데, 극한호우는 이보다 훨씬 더 집중적으로 쏟아지는 강력한 폭우다. 호우로 인한 피해 사례 연구 결과, 약 80%가 이 같은 조건에서 발생했다는 것을 반영해 기상청이 새롭게 만든 표현이다.

2. 2023년 7월 20일 SBS 보도에 따르면, 이 기준으로 봤을 때 1970년대에는 극한호우가 연 평균 9.7차례였는데 2000년대 들어 20차례가 넘었으니, 극한호우가 50년 새 2.2배 증가했다고 볼 수 있다. 또한, 2023년 장마 기간 비가 내린 날은 전국 평균 17.6일(보도 당일 기준), 하루 평균 강우량은 33.6mm로 역대 1위였다. 1997년(31.6mm), 2011년(31.5mm)이 그 뒤를 이었다. 보통 장마철 강우 일수 기준, 하루 평균 20mm 정도의 비가 내렸다.

3. 유엔 사무국 산하 유엔우주업무사업소(United Nations Office for Outer Space Affairs)의 프로젝트 중 하나인 space 4 water에 따르면, 24시간 내에 100mm 이상의 비가 내리면 'Extreme Heavy Rainfall'이라고 한다. 이와 비교한다면, 대한민국의 폭우, 집중호우, 나아가 극한호우가 얼마나 위험한 사태인지 알 수 있다.

⚒ 사전 대비

1. 내가 살고 있는 지자체에서 극한호우를 비롯한 국지적 호우에 충분하게 대비가 이루어지고 있는지 아닌지 판단할 수 있는 지표가 하나 있다. 차가 다니는

도로와 인도 사이에는 배수구들이 있다. 그 구멍들이 깨끗하게 관리되고 있다면 해당 지자체는 국토교통부가 2020년에 만들어 배포한 '도로 배수시설 설계 및 관리지침'을 충실히 이행하고 있는 곳으로 보면 된다. 장마철이 다가왔는데도 담배꽁초를 비롯한 쓰레기와 낙엽이 가득 차 있다면, 지자체에서 이걸 관리할 예산도 의지도 없다는 신호다.

2. 환경부 홍수위험지도 정보시스템(https://floodmap.go.kr/public/publicIntro.do)에서, 내가 사는 지역의 위험도를 미리 파악해 본다. 이 지도는 극한 상황이 발생한다는 가정하에 가상의 침수 범위, 침수성을 보여 준다. 침수된 적이 있는 곳은 색깔로 표시해 준다. 특히 지하층에 사는데 침수 이력이 있고 지자체 대응이 부실하다는 것을 확인했다면, 1) '태풍' 편의 대응법처럼 주민센터에서 나눠주는 모래주머니 등을 이용해 입구와 창문으로 물이 들어오는 것을 최대한 막는다. 그리고 2) 가스와 전기차단기를 차단하고 고지대로 대피한다(저지대에서 보면 고지대는 쉽게 찾을 수 있다).

▶ 실제 상황

1. 호우 예보가 있으면 가능한 한 실외 활동을 중단하고 실내에 머무른다. 실내에서도 창문이나 문과 거리를 두고 있어야 한다. 대부분 호우는 강풍과 함께 온다.

2. 지하도 통행을 자제한다. 2023년 7월 15일 충청북도 청주시 오송읍의 지하차도에서 14명이 사망하고 16명이 부상 당한 사례에서 볼 수 있듯이, 집중/극한호우를 전후해서는 각종 기기가 정상적으로 작동할 가능성이 높지 않다. 차량으로 이동 중이라면 건너편에서 차가 계속 오고 있는지 반드시 확인한다. 차가 오고 있지 않다면 그 길은 이미 막혀 있다고 봐야 한다.

3. 운전 중 충분한 시야가 확보되지 않으면 가능한 한 정차할 곳을 찾아보고, 최소한 100미터 밖이 보이기 시작할 때 다시 운전을 시작한다. 비상등을 켜고 서행하는 것은 기본이다. 더불어 라디오를 켜고 기상 상황에 대한 뉴스에 집중

한다. 시야가 충분히 확보되지 않는 상태라면 통신망에도 상당한 영향을 준다.

+ Good

1. 내가 밖으로 나갈 수 없을 정도로 비가 내리고 있다면 음식 배달 주문도 자제한다. 음식 배달은 주로 이륜차나 자전거, 전동 킥보드 등을 이용해서 하는데, 그 정도의 호우에는 정상적으로 운전하기 힘들다. 나의 편의를 위해 다른 사람에게 생명을 걸라고 할 수는 없다.

? 팬데믹

2023년 8월 23일 통계청의 발표 자료에 따르면, 2분기 전체 취업자 중 자영업자가 차지하는 비율은 19.9%였다. 2019년 기준으로 24.6%였으니, 4.7%에 이르는 자영업자들이 4년 사이에 사라졌다는 뜻이다. 그 4년 사이에 우리는 코로나19 팬데믹을 겪었다. 4.7%라는 지표는 이 시간이 얼마나 고통스러운 시간이었는지 보여 준다. 32만 명에 달하는 경제활동인구가 원래 일하던 자리를 떠날 수밖에 없었다는 이야기다.

팬데믹이 보여 준 우매한 정치력

더불어 또 한 가지 짚고 넘어가야 할 지표가 있다. 한국의 의사 수는 OECD 국가들 중 꼴찌에서 두 번째다. 인구 1,000명당 2.6명(2022년 기준)이다. 그런데 병상수는 OECD 평균인 1,000명당 4.3보다 3배 많은 12.8(2021년 기준)다. 결국 적은 인력으로 많은 환자를 감당해야 하니, 그만큼 의료 인력을 쥐어짜 내고 있다는 이야기다. 평소에도 그러한데, 상상을 초월한 팬데믹 상황에서는 그야말로 극단적으로 버틸 수밖에 없었다.

한때 민속놀이급 대우를 받았던 게임 〈스타크래프트〉는 쓸 수 있는 전략이 무궁무진해서 사랑받았다. 대부분 속전속결로 끝났지만 어떻게 하다 보면 상대의 자원을 고갈시키는 전략을 택해야 하는 경우도 있었다. 돌이켜 보면 인간과 바이러스 간의 종(種) 대결이었던 팬데믹은 아주 전형적인 자원전이었다. 백신이라는 최종병기를 갖기 전까지는 음식점이나 마트처럼 '사람들이 모여야 생계를 유지할 수 있는 이들'과 '의료진'이라는 자원을 소모해 가며 버텼던 것이다.

이렇게 사람들이 말 그대로 '갈려 나가는' 상황이 유지되려면 고도의 리더십이 필요하다. 누군가는 희생해야 하니 상당한 수준의 설득력을 발휘해야 하고, 서로 다른 생각을 가진 사람들을 한 방향으로 끌어내리려면 이견들을 조율해야 한다. 이런 것을 우리는 '정치'라고 한다.

이런 일을 업으로 하는 정치인들은 현재의 상황에서 무엇을 해야 원하는 미래를 만들어 낼 수 있을지 끊임없이 생각해야 한다. 하지만 현실에서 이런 정치인은 보기 힘들다. 아니, 존경할 만한 직장 상사를 만나는 것이 로또 당첨에 버금가는 수준의 확률이라는데, 한국 사회에서 역량이 가장 떨어지는 부분인 정치에서 그런 사람을 만나는 게 어디 그렇게 쉬운 일이겠는가. 전 세계로 넓혀, 팬데믹 상황에서 제대로 자신의 역할을 해낸 정치인을 떠올려 보자. 역시 만만치 않다. 자신의 어젠더를 위해 바보 같은 짓을 한 정치인들의 행태는 쉽게 떠오르는데 말이다.

인간과 바이러스가 전쟁을 벌이는 동안 우리는 인간이 얼마나 우매한 존재인지 금세 확인할 수 있었다. 역사를 돌아봐도 누가 바보짓을 덜 하느냐에 따라 전쟁의 승패가 결정되기는 했지만, 이번 바이러스와의 전쟁에서는 얼토당토않은 대응들을 너무 많이 봤다. 특히 표가 자신의 생명줄인 정치인들은 시급한 정치 행위를 하기보다는 표심을 얻는 데 주력했다. 대표적인 사람이 당시 미국 대통령이었던 트럼프다. 미국질병통제예방센터(CDC)의 방역 지침조차 무시했던 트럼프의 백악관은 확진자 수가 늘어나니 코로나19 검사 속도를 늦추라고 지시하기도 했다. 심지어 선거가 최우선이었던 트럼프는 어떻게 해서든 팬데믹이 정점을 지났다고 주장하기에 바빴다.

코로나19 팬데믹과 전 지구화

팬데믹과 같은 상황이 발생한 가장 큰 이유는 어디선가 생물학 무기를 만들고 있었기 때문이 아니다. 무엇보다, 세상은 서로 너무 가까워졌다. 모두의 손에 들린 스마트폰만 하더라도 그 작은 물건 안에는 수많은 나라에서 생산된 각종 부품이 모여 있다. 대한민국만 보더라도, 알리 익스프레스와 아마존에서 배송된 수많은 상품을 검수하느라 인천 세관이 인력 부족을 호소하기 시작한 지 꽤 됐다. 나아가, 연간 한국을 찾는 외국 관광객이 2,000만 명 가까이 되고, 전체 인구에서 외국인이 차지하는 비중이 5%를 넘어서고 있다. 이러한 상황에서 사람들과 함께 바이러스가 따라오는 것은 어쩌면 당연한 일일 수도 있다.

두 번째, 이전에는 사람이 쉽게 접근하지도 못했던 열대우림이 급속도로 개발(이라고 쓰고 파괴라고 읽는다.)되고 있고, 역시 사람들의 발길이 닿지 않았던 여러 오지에 사람들이 들어가기(역시 파괴라고 읽는다.) 시작한 지 꽤 됐다. 영구동토층에 묻혀 있었던 고대의 바이러스들이 지구 온난화로 이해 다시 확인되고 있는 마당에, 우리가 모르는 새로운 전염병이 우리들 앞에 모습을 드러내는 것은 신기한 일이 아니다.

그런데도 사람들은 엉뚱한 음모론에 더 열광했다. 코로나19가 중국 우한에서 퍼졌던 것도 사실 우한이라는 곳을 이해하면 딱히 이상하지 않다. 우한은 지역 허브다. 각종 샘플을 확보하고 기자재를 반입하기에 좋은 위치였기에 연구소가 있었던 것이다. 지역 허브였기 때문에 어디선가 바이러스가 유입되었던 것이고, 또한 최초로 확진자 대량 발생이 보고되었던 것이다. 실제로 미국 국가정보국은 2023년 6월 24일 보고서에서 "COVID-19가 우한 실험실에서 유출되었다는 증거를 찾을 수 없었다."고 했다.

같은 맥락에서, 코로나19 팬데믹 당시 국경봉쇄도 결국에는 의미가 없었다. 《내셔널 지오그래픽(National Geographic)》의 과학 부문 에디터였던 은시칸 악판(Nsikan Akpan)은 팬데믹 초기에 코로나19가 이미 중국 주변 국가로 퍼진 것을 보면 국경봉쇄 같은 것은 의미가 없다고 진단한 바 있다. 상식적으로 생각해 보면 당연한 얘기다. 특정 국가에서 출발한 사람들을 막는다고 해도, 경유 공항에 도착하면 그 공항에서 출발하려는 사람들과 그 공항을 경유해 다른 나라로 가려는 사람들이 공항 안에서 섞인다. 즉, 그곳을 기점으로 쉽게 다른 수많은 나라들로 퍼진다. 전 세계가 일시에 중국발 여행자들을 막았어도 마카오나 홍콩 등지를 통해서 출발하거나 내륙 인접 국가의 공항을 통해 출발하는 것은 얼마든지 가능했고, 그 공항들을 통해 감염자는 얼마든지 퍼질 수 있었다. 실제로 은시칸 악판은 같은 기사에서 중국 정부의 우한 봉쇄조차도 바이러스가 퍼지는 시간을 최대 3일 정도 줄였을 뿐이라고 추정했다.

또 한 가지 주목할 만한 지적이 있었다. 팬데믹 초창기인 2020년 4월 6일, 영국의 《파이낸셜 타임스(Financial Times)》는 인도가 당시까지는 그럭저럭 신종 전염병에 대응하고 있었지만, 인도는 국가 행정력이 닿지 못하는 인구가 거의 어떤 나라 인구만큼이니 인도에서 코로나19가 확산되기 시작한다면 전 세계적인 창궐은 계속될 수밖에 없다고 보도했다. 좀 더 정확하게는, 인도라는 한 국가가 자국의 행정력이 닿지 않는 이들에게도 백신 접종을 완료하지 못하는 한, 전 지구적 전염병 사태는 끝날 수 없다는 지적이었다.

우리로서는 쉽사리 상상하기 어려운데, 지구상에는 국가의 행정력이 자국의 전 국토에 미치지 못하는 나라가 꽤 된다. 내전 중인 시리아나 예멘이 대표적이고, 인도만 하더라도 마오이스트 게릴라인 낙살라이트(Naxalite)가 국토의 상당 부분을 실효지배하고 있다. 도시 규모의 인구가 살고 있는 초대형 빈민가들이 있는 국가들 역시 마찬가지다.

실제로 《파이낸셜 타임스》의 예언이 현실이 되는 데는 그렇게 많은 시간이 걸리지 않았다. 그해 여름이 되자 세계적으로 악명 높은 슬럼가를 가진 남아공과 인도에서, 그리고 이들 국가들과 가장 많이 연결된 영국에서 각각 새로운 변이들이 등장해 팬데믹은 새로운 국면을 맞이했다.

무엇보다 팬데믹은 거의 외계인이 지구를 침공한 수준의 사태였다. 아무리 사이가 나쁜 나라들이라도 서로 협조해야 외계인(신종 전염병)을 무찌를 수 있는 상황이었다. 그러나 전 세계의 대응은 그렇게 돌아가지 않았다. 일례로, 핵무기 개발 등의 이유로 국제사회의 제재를 받고 있던 이란에는 제대로 된 의약품은 물론 의료용품과 진단키트도 공급되지 않았다. 특정 국가를 빼놓는 방역이 의미가 없다는 걸 모르지 않았을 텐데 말이다.

가장 압권은 전 세계적으로 불었던 아스트라제네카 백신에 대한 불신이었다.

화이자 등이 만든 mRNA 기반의 백신들은 콜드체인(냉장유통)을 구축할 수 없는 국가들에게는 그림의 떡이었다. 반면, 콜드체인이 필요없는 아스트라제네카와 얀센의 코로나19 백신은 그런 인프라를 구축할 수 없는 국가들의 구명줄이나 다름없었다. 하지만 mRNA 백신이 선진국들만 쓸 수 있는 것으로 비춰지면서 두 백신에 대한 불신이 전 세계적으로 불었다. 일례로, 네팔은 인도가 제대로 된 백신을 자국에 공급했을 리 없다고 믿어, 인도가 제공한 아스트라제네카 백신을 거부하는 이들이 많았다. 백신이 제대로 공급되기 시작한 2022년 1월에도 백신 접종율은 36.09% 정도였다. 그해 2월, 대한민국의 백신 접종율은 87%였다. 또한, GDP가 우리와 비슷한 대만도 아스트라제네카만 접종되었는데 이에 대한 불만이 상당했다.

대한민국의 방역 성공

이렇듯 전 세계가 속수무책에 바보짓들만 골라서 하고 있는 상황이었는데도, 대한민국은 방역에 성공하고 있었다. 이유는 간단하다. 앞서 얘기했듯이, 원래 전쟁에서는 바보짓을 덜 하는 쪽이 이긴다.

팬데믹 같은 상황은 예상하기 어렵다. 그러니 대부분의 국가들은 이런 상황에 대비해 도상훈련만 하고 끝냈다. 그런데 대한민국은 다른 국가들은 겪어 보지 못했던 것을 하나 경험했다. 2015년의 메르스 방역 실패를 뼈저리게 겪었고, 그 여파로 대한민국은 2019년 말은 물론 2022년까지도 메르스 방역을 하고 있었다. 그 결과, 남들보다 훨씬 더 빠르고 정확하게 환자들을 찾아낼 수 있었던 것이다.

메르스에 제대로 당한 이후 국가방역체제 개편이 이루어져, 우선 2016년부터 WHO 역학조사관 훈련프로그램을 가동했다. 질병관리본부는 그전까지 도상훈련 정도에 그쳤던 것을 넘어, 메르스 당시에 지적되었던 구멍들을 체계적으로 보완해, 신종 전염병 사태 대응할 만반의 준비를 했던 것이다.

더불어, 대한민국은 세계에서 손꼽히는 제조업 국가다. 수지가 안 맞아 만들지 않는 물건만 빼고는 거의 다 만든다. 거기에 더해, 공단에 입주하면 전기와 산업 용수, 하수를 연결하는 데 시간도 얼마 걸리지 않는다. 하지만 전 세계로 보면, 이런 인프라를 이미 구축하고 있는 국가보다는 국가 장기 과제인 국가들이 몇 배는 더 많은 상황이다. 초기에 마스크 배급과 관련해서 불만도 있었지만, 사실 그만큼 생산을 할 수 있는 나라도 거의 없었다.

마지막으로, 대한민국은 미세먼지를 많이 만드는 이웃 국가를 둔 덕택에, 팬데믹 이전에도 매년 일정 기간은 전 국민이 마스크를 쓰고 살아야 했다. 이런 까닭에 대한민국은 마스크 등 방역용품들을 자체 생산하고 있어서 전 국민 마스크 착용의 방역이 순식간에 이루어졌다. 많은 이들이 지적하듯이, 신종 전염병 사태를 일종의 '국난' 혹은 '외침'으로 받아들인 데다 반세기 이상 전시체제였던 국가 시스템 속에서 나올 수 있었던, 전 세계 어느 나라도 하지 못한 수준의 방역이었다.

반면, 서구 선진국들에서는 마스크처럼 돈 안 되는 제품들은 다른 나라로 생산 시설들을 보낸 지 이미 오래였다. 생산시설 자체가 자국 내에 없고, 다른 나라에 있는 생산시설을 돌려도 그 나라에서 먼저 써야 하니 제때 갖고 올 방법도 없었다. 진단 검사의 경우에도, 채취한 검체를 빠르게 분석할 수 있는 장비를 갖고 있고 그 장비를 가동시킬 수 있는 인력이 한국만큼 되는 나라는 찾아보기 드물었다.

특히 미국이라는 나라가 보여 준 거대한 삽질의 이유는 별 것 없었다. 투입해야 하는 자원은 거의 무한대에 가까운데 그 성과는 몇 년 뒤에나 볼 수 있기 때문이었다. 당장의 대통령 선거에서 이길 방법을 찾아야 했던 도널드 트럼프는 소독제를 쓰면 되지 않느냐는 얼토당토 않은 발언부터 시작해, 급기야 서구권 국가들에서 슬슬 불기 시작하던 중국 혐오 바람을 이용하기까지 했다. 그 결과, 팬데믹 이후부터 지금까지도 미국에서 동아시아 출신들은 증오 범죄의 타깃이 되어 버렸다.

사실 신종 전염병의 창궐을 외계인의 침공에 준하는 사태로 인식하고, 사이가 좋든 나쁘든 관계 없이 전 인류가 함께 상대해야 하는 종과 종의 대결이었다고 기억하는 사람들은 지금도 많이 없다. 그렇게 싸우지 않았으니까. 이런데도 팬데믹이 다시 벌어지지 않을 것이라고 말할 수 있을까? 솔직히 어렵다고 본다. 사실 사고가 재난이 되는 것도 이런 과정들이 반복되기 때문이다. 무엇보다 좀처럼 사람들의 생각은 바뀌지 않는다. 다시 새로운 전염병이 창궐한다고 하더라도 개인이 할 수 있는 대응은 앞서 '신종 전염병' 항목에서 언급한 내용에서 벗어나지 않을 것이다.

CATASTROPHE

전쟁과 테러

화생방

★ 기억해야 할 사실들

1. 화생방은 '화'학, '생'물학, '방'사능 무기의 앞글자를 각각 딴 것이다. 대표적인 대량 살상 무기로 영어권에서는 WMD(Weapon of Massive Destruction)에서 다루고 제한된 형태로 NBC(Nuclear, Biological, Chemical)를 쓰기도 한다.

2. 정보 당국은 북한이 갖고 있는 화학 작용제는 2,500~5,000t 규모로 추정한다. 화생방 무기의 별칭이 "제3세계의 핵무기"이지만 군사 강국이라는 평가를 받는 국가들치고 화생방 능력이 떨어지는 국가는 없다. 수소폭탄을 개발했다고 주장하는 북한의 핵전쟁 능력은 미지수지만, 북한의 화생방 능력은 확실하다. 핵폭탄 역시 보유하고 있는지 의심스러운 점이 많지만 더티밤(Dirty Bomb)은 확실히 가지고 있다.

3. 더티밤은 핵무기가 아니다. 영미권에서는 Radiological Dispersal Device(방사능물질 분사 장치, RDD)라고 그 특징을 따서 부르기도 한다. 영어 명칭에서 보듯 더티밤은 방사능 물질을 범용 폭발물을 이용해 '분사'하는 것이 목적으로, 핵분열이나 핵융합 반응을 이용하는 핵폭탄과는 전혀 다른 무기다. 대량 살상 무기가 아니라 대량 혼란 무기로 분류된다.

4. 화생방 무기는 색도 맛도 냄새도 느낄 수 없는 경우가 많아 사람이 탐지할 수는 없다. 2011년 3월 일본의 도호쿠 지역 대지진으로 후쿠시마 핵발전소에서 문

제가 생기자 우리 정부는 전국 70여 곳에서 방사능 측정 장치로 전국의 방사능 오염 정도를 측정해 발표했는데, 이런 방사능 탐지기와 비슷하게 고정식 화학 무기 감지 시스템이 작동 중이다. 즉, 정부 기능만 정상적으로 작동하고 있다면 화생방 공격을 받을 수는 있어도 대규모로 사람이 죽을 일은 없다.

5. 대기오염 기준치를 상회하는 대기오염 물질이라도, 규정에 따라 필요한 처리를 다 한 다음에 굴뚝을 통해 내보내면 대기 중으로 퍼지면서 허용 수치 이하로 분산된다. 화생방의 경우에도 마찬가지다. 공기 중에 퍼지면서 피해 범위는 커지지만 밀도는 떨어져 허용 수치 이하로 떨어진다. 그러니 화생방 공격을 받았더라도 패닉에 빠지지 말고 민방위 본부의 지침에 따라 행동한다.

⌛ 사전 대비

1. 포장과 응급 수리에 활용되는 덕트 테이프, 청테이프는 화생방 공격을 받았을 때 집 안 곳곳의 틈새를 막을 때 등 유용하게 활용할 수 있으니 꼭 챙겨 놓는다.
2. 비옷 역시 여러 용도로 활용 가능하니, 항상 휴대하는 가방에 넣어 다닌다. 제2차 세계대전 이후에 개발된 화학가스는 피부를 통해서도 몸에 침투할 수 있다. 비닐이나 비옷 등으로 피부에 닿지 않게 한다.

▶ 실제 상황

1. 실내에 있을 때 사이렌이 울리면서 화생방 공격을 받았다는 민방위 본부의 안내방송이 나올 경우
   - 창문을 모두 닫은 다음, 덕트 테이프나 청테이프 등으로 창문과 창틀 사이를 모두 붙이고, 물에 적신 신문지로 현관문 아래를 막아 오염된 공기가 들어오지 못하게 막는다. 에어컨 등 외부 공기를 강제로 유입시키는 기기를 일절 사용해서는 안 된다.

- 가능하면 높은 층으로 올라가는 것이 좋다. 화학 작용제는 대기보다 무겁기 때문에 밑으로 흐른다. 별도의 필터가 작동하는 지하실이 아니라면 중독될 가능성이 높다.
- 고층으로 갈 수 없고 저층에 있다면 창틈 등을 막는 작업을 한 뒤, 온몸을 샴 푸와 바디 샴푸로 꼼꼼히 20분 이상 씻어 낸다. 그러나 컨디셔너는 쓰면 안 된다. 샴푸는 방사성 분진을 씻어 내는 데 도움이 되지만 컨디셔너에는 샴푸 와 달리 폴리머가 들어 있어 분진이 떨어져나가는 것을 막는 역할을 하기 때 문이다.
- TV, 라디오 등으로 민방위 본부에서 진행하는 방송을 들으며 정부 안내에 따라 움직인다.
- 문자 메시지 사용은 최대한 자제한다.

2. 실외에 있을 때 사이렌이 울리면서 화생방 공격을 받았다는 민방위 본부의 안 내방송이 나올 경우
- 손수건 등으로 코와 입을 막고, 할 수 있다면 비닐이나 비옷으로 몸을 감싸 고 바람이 불어오는 방향으로 움직인다. 바람이 불어오는 방향이 화생방 공 격에서 가장 피해가 적은 지역이다.
- 구조적으로 강해 보이는 건물의 높은 층으로 뛰어 올라간다.
- 출동한 군인과 안전요원의 지시에 따른다.
- 집에 돌아가도 좋다는 통보를 받으면 집에 들어가 옷을 비닐 봉지에 넣고 밀 봉한다.
- 온몸을 꼼꼼히 20분 이상 씻어 낸다.

▶▶ 이후 할 일들

1. 북한은 화학무기 강국이기에, 대한민국 군은 물론 경찰에도 화학무기 대응팀 이 있다. 정부가 정상적으로 가동 중이라면 절차에 따라 제독 작업에 나설 것

이다. 이 지시만 충실히 따르면 시리아에서 알 아사드 정권의 화생방 공격에 피습되었던 민간인들과 같은 참사는 피할 수 있다.

2. 더티밤이 터져 방사능 물질에 직접 노출된 경우에도 마찬가지로 정상적인 제독 지시를 따른다. 무엇보다 더티밤 상황에서도 개인이 심각한 수준의 방사능 물질에 노출될 가능성은 낮다.

3. 후쿠시마 핵발전소 사고 때 요오드제가 처방되었다는 것을 기억하고 예방 차원에서 이를 찾으면 안 된다. 요오드제 등은 그 자체가 방사능 물질이다.

총격전

★ 기억해야 할 사실들

1. 미국뿐만 아니라, IS의 테러 지부가 만들어진 국가들에서도 총격전은 일상이나 다름없다. 한국인이 여기에 휩쓸릴 가능성이 높아졌다는 뜻이기도 하다.

2. 영화와는 달리, 민간인이 총으로 무장한 사람을 이길 방법은 없다. 도망가거나 숨는 것이 기본이다. 섣부른 영웅 놀이는 본인뿐만 아니라 모두의 목숨을 위태롭게 할 수 있다.

3. 영국 경찰청이 정리한, 총격전 상황에서 시민들이 지켜야 할 4가지 기본 원칙을 소개한다.

   − RUN(도망쳐라): 가장 먼저 할 일은 안전해 보이는 곳으로 도망치는 것이다. 테러리스트들에게 붙잡혀 인질이 될 수도 있기 때문이다. 밖으로 나갈 수 있는 가장 빠른 통로로 빠르고 조용하게 빠져나가야 한다. 소지품 중에서 조금이라도 소음을 만들어 낼 수 있는 것은 모두 버리고 움직인다. 다른 사람들과 함께 나가자고 이야기하되, 그들의 결정을 기다리지는 않는다. 테러리스트의 추가 공격으로부터 안전하다는 확신이 들면 뛴다. 유일한 도주로에서 교전이 벌어지고 있다면 숨는다.

   − HIDE(숨어라): 현장에서 완전히 빠져나갈 수 없다면 맞서지 말고 숨는다. 막힌 곳이나 병목 현상이 없는 곳을 선택해 이동한다. 상대방이 진입하기 어렵

게 바리케이드를 만들고 벽을 강화할 방법을 찾고 문을 걸어 잠근다. 그리고 문에서 최대한 떨어져 있는다. 큰 목소리로 도움을 청하지 말고 어떤 수단을 써서라도 숨어 있는 현장을 들키면 안 된다. 전화기는 끄거나 진동 모드로 바꾼다. 가장 좋은 대피 장소는 총격이 벌어졌을 때 총탄을 막아 줄 수 있는 콘크리트벽 안이다.

– TELL(신고하라): 안전한 곳으로 대피했으면 즉시 경찰에 신고하고 현장 위치와 테러리스트들이 움직이는 방향, 테러리스트들이 입고 있는 옷, 사용하는 무기, 지금까지 본 피해자 숫자, 진입 가능한 위치 등 할 수 있는 최대한의 정보를 제공한다.

– FOLLOW INSTRUCTIONS(지시에 따르라): 대테러 부대의 우선순위는 가능한 모든 위협을 제거하는 것이다. 따라서 일단 현장에 있는 사람들을 잠재적 테러리스트로 간주한다. 숨은 곳에 경찰이 들이닥쳤을 때 경찰의 강경한 지시에 정확하게 따르지 않으면 테러리스트로 간주되어 사살될 수도 있다. 절대로 빨리 움직이거나 적대적 행위를 하면 안 된다. 큰 소리로 떠들거나 움직임이 큰 행동을 하면 테러리스트 동조 세력으로 간주된다. 조용히 있는다. 손은 경찰이 항상 볼 수 있는 곳에 둔다. 대테러 부대는 안전한 장소로 이동시킨 후 테러리스트들에 대한 상세한 정보를 요구할 것이다. 입은 옷, 무장 상태, 인질과 사상자 등 기억나는 사실을 모두 알려줘야 한다.

⌛ 사전 대비

1. 건물 안에서는 항상 비상구의 위치를 확인한다.

▶ 실제 상황

1. 실내에서 총소리를 들었을 때

- 빨리 몸부터 낮춘다.
- 총소리가 멀리서 들리고 총을 가진 이들이 보이지 않으면 화재 경보기를 울리고 건물 밖으로 대피한다. 대부분의 영미권 국가에서는 구급대와 소방대, 경찰이 한꺼번에 움직이고 화재 경보기가 울리면 바로 신고가 접수된다.
- 건물 안에서 총격전이 벌어졌다면 건물 밖에 경찰이 경계선을 만들어 놓은 곳이 안전지대다. 도주냐 대피냐의 결정은 그 안전지대까지 침입자들에게 들키지 않고 도주할 수 있느냐 없느냐에 따라 달라진다.
- 정복 경찰들이 보인다면 어떤 수신호를 보내는지 집중한다. 정지하라고 한다면 전방에 내가 알 수 없는 위험이 있는 것이고, 빨리 오라고 한다면 뛰는 과정에서 소리가 날 만한 것은 모두 버리고 정복 경찰들에게 뛰어간다. 만약 대기 신호를 보내고 있고 침입자의 기척이 들린다면 대피 공간을 찾는다.
- 총을 든 이들의 인기척이 보인다면 콘크리트로 분리되어 있는 방으로 대피한다. 가장 가까운 방의 벽 재질이 간이벽이라면 콘크리트 구조물이 있는 곳을 찾아서 빠르게 이동한다.
- 방 안에서 낮은 자세로 다른 방, 혹은 밖으로 대피할 수 있는지 확인한다.
- 밖으로 탈출할 수 있다면 바로 탈출하고, 탈출이 불가능하다면 큰 가구나 책상 뒤 등의 공간에 몸을 숨기고 소리가 날 수 있는 모든 장비를 끈 상태에서 경찰의 구조를 기다린다. 경찰이 진입한 것을 보고 뛰어나가면 안 된다. 다가오는 것이 보이면 손을 보이게 한 자세로 대기한다. 가장 손쉬운 자세는 두 손을 들어 머리를 잡은 자세다.

2. 실외에서 총소리를 들었을 때
- 몸을 낮춘다.
- 몸을 가리고 총탄으로부터 방어해 줄 만한 큰 물체 중 가장 가까운 곳에 몸을 낮춘 상태에서 뛰어간다.
- 유리 조각, 주변에 있는 거울, 혹은 전화기 등을 이용해 경찰과 범인의 위치를 확인한다.

- 몸을 막아 줄 수 있는 것이 없으면 바로 땅바닥에 엎드린 후 경찰과 범인의 위치를 확인한다.
- 경찰이 범인들에게 제압 사격을 가하는 순간이 가장 안전하다. 정복 경찰이 지시하는 방향으로 자세를 낮추고 뛰어간다.

▶▶ 이후 할 일들

1. 총격전 같은 상황을 겪으면 그 충격 때문에 한동안 기억력 장애를 겪을 수도 있다. 경찰이 요청할 때 정리하려고 하면 기억할 수 있는 것이 거의 없을 수 있다. 안전한 곳에 도착하면 총격전 직전 상황에 대해 최대한 꼼꼼하게 기록한다. 꼼꼼하게 기록하려 노력하면 할수록 조금씩 냉정을 찾을 수 있기도 하다.
2. 국외라면, 사건이 종료되었을 때 영사콜센터에 연락해 본인이 누구고, 어디에 있었으며, 지금은 안전하다는 내용을 전한다. 직접 사건에 연루되지 않았다 해도 사건 현장이 된 도시에 있었다면 한국 시간을 감안해 가족에게 연락한다. 현지 공관에 있는 인원은 다섯 명 내외인데, 비상시에 이들이 감당할 수 있는 범위는 제한적이므로, 혹시라도 테러로 다쳐서 국가의 지원이 필요한 사람들에게 지원이 집중될 수 있도록 한다.

━ Bad

1. 총격전이 궁금해서 서서 지켜본다. 경찰이 공범이라고 생각해 체포하거나 최악의 경우에는 사살될 수 있다.
2. 호주머니에 손을 집어넣고 이것저것 꺼내려고 한다. 총격전이 벌어지는 상황에서 이런 행동을 보이면 양쪽 모두 적으로 판단할 수 있다.

4-11

인질극

1. 한국은 2007년까지 비자만 받으면 어느 나라든 여행하는 데 제약이 없던 국가였다. 그러다 2007년 7월, 아프가니스탄으로 단기 선교 여행을 떠났던 샘물교회 소속 자원봉사자가 탈레반 반군에게 납치, 살해되면서 여행 제한 국가, 여행 금지 국가 등에 대한 규정이 만들어지기 시작했다.

2. 중남미는 물론 세계 각지에서 납치와 몸값을 뜻하는 K&R(Kidnap & Ransom)은 하나의 산업이 된 지 오래다. 관련 보험 상품부터 사설 경호 서비스에 이르기까지 다양한 서비스를 골라 선택할 수 있을 정도다. 우리에게 종종 해적 피해를 입히는 소말리아 해적들은 이 산업의 가장 밑에 있는 행동대원일 뿐이다.

⏳   사전 대비

1. 자주 가야 하는 곳이라면 비상구의 위치, 벽의 위치, 건물의 구조는 늘 확인해 놓는 습관을 들인다.

4 CATASTROPHE

1. 인질범들을 직접 만나지 않은 상태에서 총소리를 들었다면 우선은 건물에서 탈출한다. 탈출이 불가능하다면 대피를 시도한다. 이 두 가지 시도가 불가능할 때 인질로 잡혀야 한다.

2. 인질범들의 통제권 내에 들어갔다면 인질범들의 명령을 충실히 따른다. 도망 가려고 하거나 저항했다가는 본보기 차원에서 사살될 수 있다.

3. 인질범의 수, 무장 상태, 체격 조건, 체력 상태, 나이, 인종 등을 확인한다. 하지 만 한 번에 빠르게 훑어보면서 파악해야지 계속 둘러보고 있으면 지목당한다.

4. 은행이라면, 도주 계획에 문제가 생겨 인질극을 벌이는 것일 테니 인질범들의 신원만 파악되지 않는다면 살아서 나갈 가능성이 높다. 공공 기관이라면, 정치 적 요구로 인질극을 벌이는 것일 테니 대테러 부대가 투입되어 교전 등이 벌어 질 가능성이 높다.

5. 인질범들에게 당신이 목표물이 아니라고 인식하게 만들면 살아남을 확률은 많 이 올라간다. 말대꾸나 공격적인 행동은 절대로 하지 말고 최대한 의연하게 대 한다. 하지만 인질범들이 '이단자 처벌' 같은 종교적 목표를 가지고 있는 이들 이라면 많이 어려워진다.

6. 인질범들은 자신들의 요구를 관철하기 위해 본보기로 인질을 사살하는 사례가 많다. 끔찍한 상황에서는 공포에 질려 평소에는 하지 않을 행동을 하는 사람들 이 많다. 인질범들이 주장하는 것을 경청하고 사람들의 이야기도 주의 깊게 듣 는다. 무기를 가진 이들과 문제를 만드는 것은 어리석인 짓이다.

7. 어지간한 규모의 나라라면 대테러 부대가 반드시 인질 구조 작전을 펼친다. 대 테러 부대는 인질범들이 상상하지 못하는 방법으로 진압을 시도하기 때문에 언제 어떤 방법으로 어떻게 진입할지 알 수 없다. 조금만 긴장이 풀려 있어도 실수로 대테러 부대의 진입을 방해할 수 있으니 긴장을 유지한다.

8. 인질 구조 작전을 펼칠 때 어떤 일이 벌어질지 머릿속에 그린다. 콘크리트로

만들어지지 않은 간이 벽이나 유리, 출입구 등은 대테러 부대가 진입하는 주요 통로다. 이 진입 통로에 앉아 있어야 한다면 빠르게 엎드릴 수 있어야 한다. 방해물이 없는 방향으로 엎드린다.

9. 교전이 벌어지면, 사격 목표가 되지 않도록 몸을 가려 주는 곳 근처에 웅크리거나 은폐가 불가능하다면 교전이 끝나거나 대테러 부대의 지시가 있을 때까지 바닥에 엎드려서 움직이지 않는다. 절대로 뛰어나가면 안 된다.

▶▶ **이후 할 일들**

1. 경찰 조사에 성실하게 응한다. 대테러팀은 인질극을 벌인 범인이 모두 몇 명인지 확실히 파악하고 진입하려 하지만 이들이 아는 숫자와 다른 경우가 많다. 도주한 자가 있을 수 있으니 몸을 다친 것이 아니라면 경찰 조사에 성실하게 응한다.

━ Bad

1. 인질범들에게 지나치게 접근하거나 인질범들과 논쟁을 벌이거나 협상을 시도한다.
   협상은 밖에 있는 대테러팀 책임자가 하는 것이지 인질이 할 수 있는 것이 아니다.

비행기 납치

1. 2001년 9.11 테러 이후 항공 보안 규정이 대폭 강화되었는데도 비행기 납치 시도는 계속 이어지고 있다.

2. 대부분의 경우 납치범들이 투항하는 것으로 끝나지만 대형 참사도 종종 벌어진다. 2015년 3월 24일, 독일의 저먼윙스 9525편이 스페인의 바르셀로나를 출발해 독일의 뒤셀도르프로 가던 중 부기장에 의해 납치되어 프랑스 알프스의 디뉴레벵에서 추락했다. 144명의 승객과 6명의 승무원이 탔던 이 비행기에서 아무도 살아남지 못했다.

⚹ 사전 대비

1. 9.11 이후 강화된 보안 규정으로 이후 테러리스트 조직에 의해 여객기가 납치된 사례는 단 한 건이다. 하지만 3D 프린터와 같은 기술 발전과 IS의 창의적인 테러 전략을 감안하면, 비행기 납치 사건이 또 벌어지는 것이 불가능하다고 할 수는 없을 것이다. 그래서 미국의 국토안보부는 아래의 매뉴얼을 발표한 바 있다.

▶ 실제 상황

1. 주변에 있는 사람들이 낙담하거나 패닉에 빠지지 않도록 돌보면서 최대한 조용히 있는다.

2. 절대로 비행기 납치범들과 말싸움을 하거나 제압하려고 시도하지 않는다. 비행기가 착륙한 상태에서 확실한 도주로가 확보된 것이 아니라면 도망가서도 안 된다.

3. 납치범들은 비행기를 장악한 뒤 승객을 국적별로, 성별로, 인종별로 분리해 앉

힐 수도 있고 여권을 뺏거나 짐을 샅샅이 수색할 수도 있다. 원래 향하던 목적지가 아니라 다른 나라로 향할 수도 있다. 이 과정에서 승객은 협상 수단이 된다. 비행기 납치 상황에서 가장 위험하고 긴 순간이다. 특히 여권을 모두 가져간다면, 나쁜 상황으로 이어질 수 있으니 마음을 단단히 먹는다.

— 이 경우 모두 고개를 숙이거나 다른 형태로 앉아 있으라는 요구를 받는다.

— 육체적으로, 정신적으로 학대받을 가능성이 높으며, 음식 배급을 제대로 받지 못하거나 비위생적 환경에 노출될 수도 있다.

— 가능한 한 다른 승객들과 섞여 지내고 비행기 납치범들과 눈이 마주치지 않도록 한다. 급작스러운 행동으로 납치범들의 주의를 끌지 않도록 한다.

— 납치범들의 지시에는 낮은 목소리로 대답한다. 납치범들이 신문할 경우 짧은 "예" "아니요"로 대답한다. 승객 중에 협력자들이 있을 가능성이 높으므로 영어를 하지 못한다는 거짓말은 하지 않는 것이 좋다. 무엇보다 자신이 대단한 사람인 양 하지 않는 것이 좋다.

— 여행 목적에 대한 구체적인 진술을 요구하면 최대한 길고 건조하게 설명하고 어떤 사실도 인정하지 않아야 한다.

— 절대로 여권이나 소지품을 감춰서는 안 된다.

— 납치범들끼리 부르는 이름과 복장, 얼굴 형태가 무엇인지 기억하려고 노력한다. 나중에 풀려난 후에 이들을 체포하는 데 중요한 정보가 될 수도 있다.

— 옆의 승객이 아프거나 도움이 필요하다면 승무원의 도움을 먼저 받도록 한다. 섣불리 납치범에게 다가가서는 안 된다.

4. 비행기 납치의 마지막 단계는 대테러팀이 진입하거나 협상으로 끝난다.

— 총소리가 들렸다면 그 즉시 몸을 비행기 바닥에 던진다.

— 대테러팀이 빨리 비행기 밖으로 나가라고 밀면 머리 위로 손을 올리고 빨리 움직인다.

— 비상구 바로 앞에 있을 때 연막탄이 터지거나 총성이 들렸다면 빨리 비상구를 열고 슬라이드를 통하든 비행기 날개를 통하든 탈출한다.

- 비행기를 빠져나왔으면 대테러팀의 지시 혹은 지역 경찰의 지시에 따른다. 아무도 당신을 신경 쓰지 않는다면 빨리 관제탑이 있는 곳으로 간다.
- 기본적으로 대테러팀은 승객과 납치범을 구분하지 못한다. 벌떡 일어서거나 손이 잘 안 보인다면 납치범으로 오인, 사살될 수도 있다.

▶▶ **이후 할 일들**

1. 비행기가 납치되면 비행기 안에 타고 있는 승객의 모국에 바로 통보된다. 한국 대사관 직원이 나와서 이것저것 질문할 수 있다. 성실하게 질문에 대답하고 그 이후 어떤 일정을 따라야 하는지 확인한다.

4-13

북한 포격

★ 기억해야 할 사실들

1. 2010년 11월 23일, 북한이 연평도를 향해 170여 발의 포탄을 발사했다. 이 포격으로 군인과 민간인 4명이 목숨을 잃었고 19명이 부상을 당했다. 한국전 쟁 휴전 이후에도 북한과의 교전이 없었던 것은 아니지만 교전으로 민간인이 목숨을 잃은 것은 이때가 처음이었다.

2. 한국전쟁의 트라우마 때문에 전쟁은 어느 날 갑자기 발생한 것처럼 기억하는 사람도 많지만 원래 전면전의 징후는 몇 달 전부터 감지된다.

3. 요즘에는 이런 전면전 징후들을 다양한 형태로 확인할 수 있다. 예를 들어, 장 사정포 부대에 어떤 움직임이 있다면 북한의 미사일 부대도 액체 연료 주입을 시작한다. 미사일의 액체 연료 주입은 상당히 위험한 작업이기 때문에 실외에 서 진행되며 이는 위성 등으로 충분히 파악할 수 있다.

4. 아주 희박한 가능성이라고 해도 대비는 해야 한다. 반드시 기억해야 할 것은, 포격에서 안전한 곳은 지하 구조물 안이라는 사실이다. 즉, 비상 사이렌이 울 리고 있고 여기저기서 뭔가 터지고 있을 때는 무조건 가장 가까운 건물의 지 하, 혹은 지하철 승강장으로 뛰어들어가야 한다. 지하철 승강장은 포격에서 대 피하기 위해 지정된 공간이기도 하다.

5. 연평도에 포격을 가한 방사포나 수도권을 노리는 장사정포, 둘 다 장거리 타격

이 가능한 대포다. 하지만 이들 대포는 사거리를 늘리는 것에 집중했기 때문에 탄두의 위력은 상대적으로 낮다. 콘크리트 건물의 지하 구조물이면 충분히 안전하다.

6. 건물이 무너져 빠져나오지 못할까 봐 지하실이 무섭게 느껴질 수도 있다. 하지만 건물이 무너지는 포격에 지상이 멀쩡할 수는 없다. 직접 타격과 폭발의 충격파를 피해야 살 수 있다.

⌛ 사전 대비

1. 일상생활의 동선에 있는, 즉 자주 이용하는 지하철 승강장의 화장실 위치, 급수대 위치, 깊이 등을 직접 걸어다니면서 한두 번 확인해 본다.

▶ 실제 상황

1. 실내에 있을 때
   - 사이렌이 울리고 안내 방송이 시작되면, 대피하라는 지침에 따라 건물 지하로 빠르게 내려간다. 엘리베이터는 포기하고 비상구로 빠르고 침착하게 내려간다. 앞사람을 밀칠 정도로 속도를 낼 필요는 없다. 63빌딩을 저질 체력의 직장인이 올라가는 데 걸리는 시간이 17분 정도다. 지하로 대피하는 시간은 훨씬 빠르니 패닉에 빠지지 않고 차분하고 신속하게 내려간다.
   - 대피 뒤에는 민방위 본부의 통제를 따른다.

2. 실외에 있을 때
   - 가까운 콘크리트 건물의 지하로 뛰어 들어간다. 특히 큰 교회 건물은 평일에는 지하실을 휴식 공간으로 이용하는 경우가 많으니 좋다. 반면, 대부분의 대형 건물은 지하를 주차장으로 쓰는데 지하 1층은 대체로 만차다. 만약 비슷한 거리에 대형 교회와 대형 쇼핑몰이나 상업건물, 아파트 등이 있다면,

대형교회 → 아파트 → 상업건물 순서로 선택해 대피한다.

- 지하가 없으면 1층으로라도 대피해야 한다.
- 포격이 잠깐 멈췄는데 가까운 곳에 지하철역이나 방공호 등이 있다면 뛰어 들어간다.

3. 운전 중일 때

- 차를 세우고 가까운 지하철역이나 방공호, 콘크리트 건물 지하로 뛰어 들어간다.
- 건물이 없는 평지나 고속도로를 지나가는 중이었다면 차를 세운다. 포탄의 파편은 일정 각도로 날아가기 때문에 낮은 자세가 안전하다. 도로에서 벌판으로 빠르게 내려가 얼굴을 바닥으로 향하고 양손의 엄지로 귀를 막고 손가락으로는 눈을 막은 상태에서 짧게 호흡하면, 가장 위험한 충격파의 영향을 그나마 줄일 수 있다.

— Bad

1. 포격 즉시 밖으로 뛰어나간다.

장사정포의 위력이 다른 대포에 비해 상대적으로 약하다고 해서 유리와 건물의 외벽을 깨지 못하는 것은 아니다. 유리 파편과 건물 외벽의 파편이 떨어지며 수많은 불발탄이 있는 곳을 맨몸으로 뛰어나가는 것은 현명한 선택이라 할 수 없다.

방사능 비

★ 기억해야 할 사실들

1. 1Mt급 전략 핵무기가 서울시청 상공에서 터졌다면 동쪽으로는 신당역, 서쪽으론 연세대학교 세브란스 암센터, 북쪽으로는 자하문 터널 입구, 남쪽으로는 숙명여대에 이르는 지대 안에 있는 사람들은 즉시 죽는다. 하지만 더티밤의 경우라면 폭탄의 충격파에 직격당한 사람들을 제외하면, 제대로 대피하고 처치만 제대로 받아도 대부분 살 수 있다.

2. 방사능 비는, 방사능 광선을 뿜는 '비'가 내리는 것이 아니라 방사능 원소가 붙어 있는 분진이 문제를 일으키는 것이다.

3. 현실적으로 우리가 방사능 비에 노출될 수 있는 상황은 핵폭탄이 터진 이후에 내리는 비가 아니라, 대한민국의 핵발전소에 문제가 생기거나 더티밤 정도가 터진 상태에서 비가 내리는 것이다.

4. 후쿠시마 핵발전소에 문제가 생겨 우리나라에도 방사능 비가 내리기 시작했을 때, 사람들이 상상하고 공포에 질렸던 수준의 문제가 발생하려면 한창 황사가 불어오는 봄에 중국 텐진에 수소폭탄이 터져야 한다. 더티밤이 대량 살상 무기가 아니라 대중 혼란 무기로 분류되는 것도 이러한 대중의 공포가 목표이기 때문이다.

5. 중국의 핵발전소에서 사고가 터졌을 때도 더티밤 대응과 동일하다. 가능한 한

외출을 금하고 실내와 실외를 최대한 격리하고 실외 활동을 중단해야 한다. 실외 활동을 할 경우에는 쉽게 폐기할 수 있는 비옷을 항상 착용하고 N95 이상의 마스크를 착용한다. 쓴 비옷과 마스크는 비닐로 포장해서 폐기한다.

⏳ 사전 대비

1. 방진 마스크와 비옷을 넉넉하게 준비해 놓는다.

▶ 실제 상황

1. 방사능 비가 내리고 있다는 경고방송이 나오면, 가능한 한 외부 출입을 삼가고 실내에 머문다. 핵 시설에 문제가 생기거나 더티밤 정도의 폭탄으로 퍼질 수 있는 방사능은 일반적인 콘크리트 벽 두께를 통과하지 못한다.
2. 모든 창문과 문을 항상 닫고 외부의 공기를 실내로 끌어들이는 기기(에어컨, 공조기) 등을 사용하지 않는다.
3. 밖으로 외출할 때는 항상 모자와 방진 마스크를 쓴다.
4. 비가 오면 일회용 비옷을 입고 그 위에 우산을 쓴다.
5. 집에 돌아오면 비옷은 바로 비닐봉지에 넣어 쓰레기통에 버리고 옷은 즉시 세탁한 다음 실내 건조한다.
6. 최소 20분 이상 온몸을 꼼꼼하게 씻는다.
7. 정수장과 정수할 원수가 아주 심하게 오염되어서 수돗물을 이용하지 못하도록 금지하지 않는 이상, 끓여서 마시면 안전하다.

➖ Bad

1. 놀라 뛰어다닌다.

뛰어다니다가 호흡기로 들어가면 치명적이다.

2. 옷을 태운다.

오염된 옷을 태우면 다시 공중으로 퍼진다.

3. 구토, 설사, 열 등 방사능 피폭 증상이 없는데도 프러시안 블루나 요오드화 칼륨 같은 약을 굳이 구해 먹는다.

이것들은 예방약이 아니며, 프러시안 블루와 요오드화 칼륨은 세슘과 요오드에만 작용한다. 또한, 기본적으로 이 약품들도 방사능 물질이다.

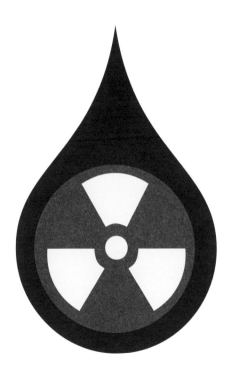

칼부림 난동

★ 기억해야 할 사실들

1. 테러가 요인이나 중요 시설을 의미하는 하드 타깃을 목표로 하는 게 아니라 무방비의 일반인들을 대상으로 하기 시작하면서, 국외 여행 중에 칼부림도 대비해야 하는 시대가 되었다. 더불어 도대체 어디서 튀어나오는지 알 수 없는 이들이 특정 집단에 불만을 갖고 칼을 휘두르기도 한다. 칼 막는 방어구가 있긴 하지만, 구하기도 쉽지 않고 그걸 항상 하고 다닐 수도 없는 노릇이다. 어떻게 준비하고 대응해야 할까

2. 실제 국외에서 칼을 이용한 테러는 두 가지 형태로 정리된다. 1) 폭탄 테러의 종범(從犯)이 사람들을 폭탄의 유효 살상 반경 안으로 밀어넣기 위해 위협하는 경우 2) 무기를 반입하기 어려운 곳에서 최대한 많은 희생자를 만들어 낼 수 있는 곳에서 찌르는 경우. 하지만 일반인들을 상대로 한 테러라고 할지라도 영화에서처럼 칼 하나로 수십 명을 살해할 수 있는 이들을 테러 현장에 투입해 소모하지는 않는다. '숙련 인력'은 키워 내는 데 시간과 돈이 많이 들어가기 때문이다. 즉, 현장에서 칼을 휘두르는 이들은 겁을 잔뜩 먹은 일반인일 가능성이 높다

3. 칼은 손쉽게 구할 수 있으며 사람에게 치명상을 입힐 수 있는 치명적인 흉기인 것은 분명하지만, 위력적인 군용 무기가 아니라 흔히 구할 수 있는 식칼이나

잘해 봐야 캠핑용 칼을 일반인이 휘두르는 경우가 대부분이다. 한국에서도 비슷하다. 칼 쓰기에 능숙한 이들이 칼부림을 벌이는 경우는 극히 드물다. 그리고 또 한 가지, 흉기 테러는 대개 극히 소수가 다수를 상대로 벌어진다. 흉기 테러를 수차례 겪었던 이스라엘에선 이 몇 가지 제약을 이용해 살아남는 법을 가르친다. 다음은 이스라엘의 군 격투기인 '크라브 마가(Krav Maga)' 사범 요나탄 그레이버(Yonatan Graber)가 제안한 방법이다.

⏳ 사전 대비

1. 당연하지만 가장 중요한 것은 여행 중에 일이 벌어질 만한 곳에 가지 않는 것이다. 어느 도시든 사람들이 많이 모이는 곳은 관광지로 알려진 곳들이다. 하지만 관광하러 가서 관광지를 둘러보지 않을 수는 없는 법. 흉기 테러가 벌어질 수 있음을 가정하고 시간과 동선을 잡아야 한다. 당연하지만 최근 몇 년 사이에 흉기 테러가 벌어졌던 곳은 가지 않는 것이 좋다. 특히 여행자들은 무엇보다 관광객이 많이 모이는 시간은 피하는 것이 좋다. 아예 움직이지 말라는 것이 아니라 학생들의 아침 등교 시간이나 오후 하교 시간처럼 일반인들이 선호하지 않는 시간대를 이용하고, 식당 등의 경우도 붐비는 시간대보다는 휴식 시간 직전과 같이 사람들이 많지 않은 시간대를 고른다. 그레이버 사범은 시간과 동선을 이런 방법으로 짜는 것을 두고 '주변 상황에 대해 주의하는 행동'이라고 부른다. 항상 긴장하고 주변을 주기적으로 돌아보라는 것이 아니라, '어떤 상황이 벌어질 수 있는 가능성이 있으니 그 상황을 최대한 피하는 방법을 스스로 강구'하라는 것이다. 주변을 계속 둘러보고만 있으면 오히려 현지 경찰의 검문을 받거나, 최악의 경우엔 취조실로 끌려갈 수도 있다.

2. 한국에서는 일상생활에서도 배낭을 많이 사용한다. 요즘 한국에서는 소매치기를 만나기 어렵지만, 동남아시아나 유럽에서는 아직도 소매치기 당했다는 여행 후기를 종종 접할 수 있다. 배낭을 뒤로 메고 다니면서 주요한 물품들을 그

안에 넣고 다니면 '가져가라'고 광고하는 것이나 다름없다. 그리고 앞으로 가방을 메고 있으면 실제 상황이 벌어졌을 때 방어하는 데 도움이 된다.

▶ 실제 상황

1. 누군가 칼을 꺼내는 것을 봤으면 가장 먼저 주변의 사람들에게 상황을 알려야 한다. 긴급한 상황에서는 [꼭] 완전한 문장이 아니어도 된다. 사람들의 주의를 끌 수 있는 단어들을 큰 소리로 외치는 것이 중요하다. 심지어 외국에서 한국어를 써도 된다. 이스라엘의 경우, 실탄이 장전된 화기를 갖고 있는 군인들이 있으니 그들의 도움을 받으라는 말로 들릴 수 있지만, 핵심은 흉기를 든 이보다 피해자가 될 수 있는 이들이 다수라는 것이다. 다수는 소수를 제압할 수 있다. 누가 흉기를 휘두르고 있으면 모두가 도망가기만 할 것 같지만, 공공의 안전을 위해 나서는 사람들은 의외로 많다. 2019년 8월 13일 호주 시드니 도심에서 흉기 난동 사건이 벌어졌을 때 범인을 제압했던 것은 경찰이 아니라 시민들이었다. 2024년 3월 8일 서울에서 벌어졌던 흉기 난동 사건 때도 시민들이 제압했다. 위험을 알리면 누군가는 경찰 신고를 하고, 누군가는 흉기 난동범을 제압할 수 있는 물건부터 찾는다.

2. 피할 수 있는 시간적, 공간적 여유가 없는 상황에서 흉기 난동범이 다가오고 있다면 주먹을 쥐고 얼굴 방향으로 주먹을 들어올리면서 팔을 붙인다. 권투 선수가 자신을 방어하는 자세인데, 가장 중요한 것은 팔등이 앞으로 가야 한다는 것이다. 손바닥은 혈관이 많이 있기 때문에 방어에 불리하다. 하지만 팔등은 상대적으로 훨씬 덜 치명적이다. 무엇보다 이 자세는 어느 방향으로 칼을 휘두른다고 하더라도 방어하기 용이하다. 이 상황에서도 사람들의 주의를 계속 끌어야 한다.

3. 혹여 몸 어디든 찔렸다면, 흉기 난동범이 다시 칼을 뽑아들지 못하도록 붙잡고 늘어져야 한다. 칼이 뽑히면 출혈 때문에 수 초 내에 정신을 잃고 사망한다. 무

엇보다 칼에 몇 번 찔리면 살아남기 어렵지만 한 번 찔린 경우에는 살아날 수 있는 확률이 크다.

— Bad

1. 사람들에게 알리지 않고 바로 도망간다. 일단 도망부터 가고 있으면 흉기 난동범의 첫 번째 희생자가 될 가능성이 크다. 특히 방어하지도 못하는 자세, 즉 무방비 상태에서 찔리면 치명상을 입을 가능성이 몇 배로 높다.
2. 칼에 찔린 상태에서 상황이 종료되었다고 스스로 칼을 뽑는다. 구급요원, 혹은 응급 전문의가 지혈 등을 준비하지 못한 상태에서 칼부터 뽑으면 출혈로 목숨을 잃을 수 있다.

CATASTROPHE

화재

4-16

고층 건물

★ 기억해야 할 사실들

1. 2010년 10월 1일, 부산 해운대의 고층의 최신 주상복합 건물에서 불이 났을 때 화재 진압까지 7시간이 넘게 걸렸으며 이 시간 동안 건물 안에 갇혀 있던 사람들은 공포에 떨어야 했다. 일반적으로 11층 이상의 고층 건물은 소방차의 고가 사다리 등으로 구출할 수 없고, 헬리콥터는 와류 때문에 건물에 접근할 수도 없었다. 2015년 전국의 11층 이상 고층 건물은 9만 7,478개 동이었다.

2. 2017년 2월 4일 오전, 경기도 화성 동탄 신도시의 66층 주상복합 건물 연결 상가에서 불이 나 4명이 숨지고 47명이 부상을 입었다. 테마파크의 인테리어로 가연성 스티로폼 소재를 썼는데 이게 타면서 유독성 가스를 만들었기 때문이다.

3. 2017년 6월 17일, 영국 런던의 24층 공공 임대 아파트인 그렌펠타워에 불이 났다. 입주민은 대부분 난민 출신의 이민자이거나 기초생활수급자였다. 세계 최초로 화재보험 제도를 만들어 냈고 화재 훈련이 철저하기로 소문난 나라에서, 화재 경보 시스템도 스프링클러도 작동하지 않은 채 외관만 단장했다는 것도 충격이었지만 "화재 시 안에서 대기하시오."라고 되어 있던 재해 안내 표지문은 이 사건을 영국판 세월호로 받아들이게 했다.

4. 불이 났을 때 사람들이 죽는 가장 큰 원인은 유독가스로 인한 '질식'이다.

⏳ 사전 대비

1. 최근의 초고층 건물에는 방화벽과 이중, 삼중문이 있는 대피 구역이 5~10개 층마다 하나씩 있으니, 미리 확인해 놓는다. 화재가 발생해도 바깥과 완전히 차단되므로 그곳에서 구조를 기다리면 된다.
2. 평소에 소화기 위치들을 확인하고 쓰는 방법을 익혀 둔다.
3. 건물의 각종 안전 시설을 확인한다. 예를 들어, 아파트 발코니에는 비상시 탈출구로 활용할 수 있는 칸막이 등이 있는데, 옆집에서 이 칸막이에 별도의 시설을 해서 움직일 수 없게 해 놓았는지 확인해 놓는다.

▶ 실제 상황

1. 화재 경보음이 들리면 가장 먼저 확인해야 하는 것은 창밖이다.
   - 창밖으로 연기가 올라오면 자신이 있는 층보다 밑에서 불이 났다는 뜻으로, 위쪽 대피 구역으로 가야 한다.
   - 창밖으로 연기가 보이지 않으면 자신이 있는 층보다 위에서 불이 났다는 뜻으로, 아래쪽 대피 구역으로 가야 한다.
2. 그다음에는 현관문에 손등을 대어 본다.
   - 인체 골격 구조상 손바닥으로 열기를 확인하면 뜨거워도 앞으로 밀어 더 큰 화상을 입는다. 손등은 뜨거우면 훨씬 빨리 뗄 수 있다.
   - 열기가 느껴지거나 문틈으로 연기가 들어오고 있으면, 자신이 있는 층도 불이 번지고 있다는 뜻이다.
   - 열기가 없거나 문틈으로 연기가 들어오고 있지 않으면, 수건에 물을 적셔 마스크를 하고 대피 구역으로 간다.
   - 열기가 느껴지거나 연기가 들어오기 시작하면, 문틈을 모두 틀어막고 물에 적신 천으로 코와 입을 감싸고 동시에 119에 전화해서 불이 났음을 알리고

자신의 위치를 설명한다. 이때 절대로 문을 열면 안 된다. 산소를 공급해 불을 키울 뿐만 아니라 유독가스에 바로 노출된다. 건물 안에서 화재 진행 상황을 파악할 방법이 없으니, 현관에 물을 뿌려 가면서 버틸지, 아니면 옆집과 연결된 발코니의 경량 칸막이를 부수고 이동할지 119와 상의해 결정한다.

3. 눈앞에서 불이 났다.

 – 불이 옮겨 붙지 않았으면, 소화기나 담요 등을 이용해 불을 끈다.

 – 불이 옮겨 붙었으면, 소화기로 끌 수 있는 불이 아니니 화재 경보기를 울리고 119에 신고한 다음 빠르게 건물 밖으로 나가야 한다.

✚ Good

1. 계단의 벽을 따라 이동한다. 계단을 따라서 연기가 올라올 수도 있는데, 연기 때문에 앞을 볼 수 없으므로 손으로 만져가면서 벽을 따라 이동하지 않으면 직진할 수 없다.

2. 짧게 호흡하면서 이동한다. 유독가스를 마시면 호흡 곤란 상태에 빠져 정신을 잃는 데 2~3분밖에 안 걸린다.

━ Bad

1. 엘리베이터로 달려간다.

    건물에 불이 나면 엘리베이터는 일종의 굴뚝 역할을 한다. 유독가스가 가장 많이 올라오는 공간이며, 엘리베이터가 작동된다고 하더라도 탈출에 2~3분 이상이 걸린다.

2. 건물에서 탈출하기 위해 불이 난 아래층으로 달려간다.

    불길은 방염복을 입은 소방관도 화상을 입게 한다. 불길을 뚫을 수는 없다.

주방

★ 기억해야 할 사실들

1. 다른 화재와 달리 주방 화재는 대피가 아니라 진압을 우선적으로 시도한다. 불이 났더라도 가스레인지 후드까지 번지지 않는 이상은 진압할 수 있기 때문이다.

2. 보통 주방 화재는 가스레인지에서 작업을 하다 잠깐 주의하지 못한 사이에 벌어진다. 이는 다양한 작업을 한꺼번에 할 수밖에 없는 가사노동의 특성 때문이다.

3. 주방 화재는 공포에 질린 상태에서 진압을 시도하기 때문에 실패하는 확률이 높은 것이지, 주로 여성이 당사자여서가 아니다.

⌛ 사전 대비

1. 수분이 많은 음식을 튀길 때는 조리기를 덮을 만한 큰 냄비 뚜껑을 반드시 탁자 등에 꺼내 놓고 조리한다. 큰 냄비 뚜껑으로 덮어 불을 끌 수 있는 경우가 대부분이기 때문이다.

2. 집 밖에 배치된 소화기만 믿지 말고 집 안에도 수초 내에 손이 닿는 곳에 소화기를 준비한다.

3. 가스 차단 장치가 없는 가스레인지를 쓰고 있으면 가능한 한 빨리 안전 장치가

부착된 가스레인지로 교체한다.

4. 행주나 아이들 옷, 수건 등을 삶다가 화재가 나는 경우가 많다. 비닐봉지와 전자레인지를 이용하는 것도 한 대안이다. 물을 충분히 적신 행주에 세제를 묻혀 베이킹 소다 밥숟가락 하나 정도와 함께 비닐봉지에 담아 전자레인지에 3분 내외로 돌려 삶는다. 단, 가스레인지를 이용할 때보다 자주 삶아야 한다. 안전과 효율 측면에서 동전 빨래방의 삶는 서비스도 고려해 볼 만하다.

5. 튀김에 익숙하지 않다면 튀김기를 사용하는 것이 훨씬 안전하다.

▶ **실제 상황**

1. 불이 후드나 다른 곳으로 옮겨 붙지 않았을 때
   - 가스를 잠근다. 불이 커서 가스 잠그는 것이 쉽지 않으면 주방 장갑을 끼고 조리기보다 큰 냄비 뚜껑으로 덮은 다음에 가스를 잠근다.
   - 최소 20분 이상 냄비 뚜껑을 덮어 놓은 상태에서 주변에 탈 수 있는 것들을 모두 치운다. 산소 공급을 차단해 불을 끈 것인데, 고열 상태에서 다시 산소가 공급되기 시작하면 그 열 때문에 다시 불붙을 수 있으니 충분히 식힌다.
   - 냉동식품을 튀기다가 불이 붙으면 기름불이 튀기 때문에 접근하기 힘들다. 가스를 차단하는 방법을 먼저 찾아야 한다. 작은 팬을 썼다면 큰 냄비 뚜껑을 방패처럼 이용할 수 있지만 큰 팬이면 어떻게 해서든 가스를 차단하는 것이 우선이다. 튄 불은 가스를 끄고 나서 처리한다.

2. 불이 후드 등으로 옮겨 붙었을 때
   - 불은 일단 옮겨 붙으면 그 위력이 배가 된다. 아주 심각한 상태니 전문가의 도움부터 구해야 한다.
   - 소화기를 찾으며 119에 신고하고 조언도 구한다.
   - 소화기를 찾았다면 반드시 후드에 붙은 불부터 끈다. 소화기에서 나오는 소화약제는 공기보다 무겁다. 따라서 위를 끄고 있으면 자연스럽게 밑의 불도

같이 꺼진다. 아래부터 끄기 시작하면 후드에 붙어 있는 잔불이 다시 불을 붙일 수 있다.

− 소화기가 없으면 담요 등을 덮어 불이 번지는 것을 막는다.

− 불을 껐으면 가스도 잠근다.

− 소화기나 담요 등으로 끌 수 없으면 119의 지시에 따라 화재 경보기를 울리고 큰 목소리로 불이 났음을 알리면서 대피한다.

━ Bad

1. 튀김을 하다 불이 붙었는데 물을 붓는다.

화재 진압 실패의 주요 이유다. 기름이 타기 시작할 때 물을 부으면 불은 꺼지지 않고 불의 위력이 배가된다.

4-18

차량

★   기억해야 할 사실들

1. 행정안전부 재난관리실에 따르면, 2015년 차에서 불이 난 사건은 총 5,031 건이며 21명이 숨지고 총 270억 원의 재산 피해가 있었다.

2. 차에서 불이 난 원인들을 따져 보면 다음과 같다.

원인	건수		
		화학적 요인	18
기계 요인	1,770	가스 누출(폭발)	12
전기 요인	1,190	자연 요인(번개 등)	7
부주의(담배로 인한 실화 등)	697	기타	115
교통사고	506	원인 불명	543
방화(혹은 방화로 의심 포함)	173	합계	5,031

3. 무엇보다 놀라운 것은 '원인 불명'이 전체 차량 화재 사고의 10%나 차지한다 는 점이다.

⌛ 사전 대비

1. 차량 정비를 꾸준히 하면 사고 가능성은 많이 줄어든다. 차계부를 쓰고 정기적으로 정비소를 찾는다.

2. 분말 소화기와 스프레이형 소화기를 각각 구입한다. 크기가 큰 차량 겸용 분말 소화기는 트렁크 안에, 차량용 스프레이형 소화기는 운전석에서 손이 잘 닿는 곳에 비치한다. 차량용 분말 소화기는 3만 원 내외에서 11만 원까지 제품이 있으며, 스프레이형 소화기는 2만 원 내외다.

3. 방열 장갑 역시 2만 원 안팎으로 온라인 쇼핑몰에서 구입할 수 있다. 일반 목장갑은 열에 약하며 반코팅 장갑도 자동차 화재 현장에서는 쓰기 어렵다. 반드시 정비용 방열 장갑을 구입하고 손이 닿는 곳에 보관해 언제든 대응할 수 있도록 한다.

4. 안전 운전을 위해 운전 중에는 담배를 피우지 않는다.

5. 여름철에는 차 안의 모든 문을 열어 환기하고 열을 식히고 출발해야 차 안의 열을 더 잘 감지할 수 있다.

▶ 실제 상황

1. 보닛에서 연기가 날 때

   - 연기의 색을 확인해 흰색이면 냉각수가 모자란 것이다. 차를 갓길에 대고 냉각수를 보충해 준다. 보닛을 열면 바로 열기를 느낄 수 있을 정도로 뜨겁기 때문에 냉각수를 채워 넣을 때는 화상을 입지 않도록 방열 장갑을 착용한다. 물은 수돗물이나 생수나 깨끗한 물이면 우선은 된다. 원래 냉각수는 깨끗한 물에 일정량의 부동액과 방청제 등이 들어간 것이다. 냉각수를 보충해 준 다음 차 엔진이 어느 정도 냉각된 다음 바로 정비소를 찾는다. 냉각수 부족 상태를 겪었으면 다른 문제가 생겼을 가능성도 높고, 무엇보다 생수에는 방청

제 성분이 없기 때문에 나중에 녹슬 수 있다. 응급조치 후 완전히 빼고 교체한다.

- 연기가 검은색이면 차에 불이 붙은 것이다. 달리던 중에 차에 불이 붙은 것이 보이면 갓길에 차를 대고 조수석 방향으로 사람을 모두 대피시킨다. 보닛을 열고 한 걸음 뒤에서 소화기를 분사한다. 소화기가 없으면 차에 있는 수건이나 담요 등으로 끌 수도 있다. 절대로 물을 부어서는 안 된다.
- 도저히 끌 수 없으면 차를 포기하고 119와 보험회사에 알린다.
- 차량 뒤쪽 100m 지점에 삼각 표시판을 설치하고 도로 통제에 나선다.

2. 보닛 이외의 다른 부분에서 불이 붙었을 때
- 수건이나 천 등으로 덮어서 불을 끈다.
- 불길이 어느 정도 잦아들었다 싶으면 소화기로 진화를 시작한다. 차량용 소화기는 상당히 강력하기 때문에 검은 연기가 올라갈 즈음에 차를 갓길에 세우고 불을 끄면 불길을 잡을 수 있다.
- 불길을 잡을 수 없다면 차는 포기하고 119와 보험회사에 알린다.
- 차량 뒤쪽 100m 지점에 삼각 표시판을 설치하고 도로 통제에 나선다.

✚ Good

1. 사람들부터 챙긴다. 휘발유에 불이 붙는다고 해도 기화되기 전에는 폭발하지 않는다. 영화처럼 터지는 것이 아니라 화염이 커지는 것이다. 침착하게 사람들부터 먼저 챙긴다.

━ Bad

1. 일회용 라이터를 차 안에 두고 내린다.
여름철 차의 엔진 온도는 쉽게 섭씨 200~300도 이상으로 올라간다. 차 안에 놔두면 폭발해 불이 날 가능성이 높다. 틴팅으로 여름철 차 안의 실내 온도를 내릴 수 있지만, 이건 어느 필름을 쓰느냐에 따라 다르다. 자외선 차단 혹은 열 차단 하나만 하는 필름이 많다. 틴팅을 믿지 말고 터질 수 있는 물건은 항상 들고 다닌다.

4-19

찜질방

★ 기억해야 할 사실들

1. 찜질방은 한국에서 추운 겨울을 나는 독특한 문화로 자리 잡았다. 한국에 사는 200만 외국인이 겨울에 가장 애용하는 시설이기에 미국의 한 리얼리티 프로그램에서 소개되기도 했다.

2. 찜질방은 기본적으로 불을 사용하는 시설이며 지하나 건물 맨 위층에 있어 대피가 쉽지 않다. 그런 까닭에 찜질방은 고시원과 함께 지역 소방서의 관리 대상이며 이곳에서 일하는 직원들은 의무적으로 안전 교육을 받아야 한다.

3. 그런데도 매년 찜질방 화재가 곳곳에서 나고 있다. 불이 나는 곳은 배관실처럼 사람이 근무하지 않는 곳이기 때문에 자체적으로 진화하는 경우보다 빨리 대피해야 하는 경우가 더 많다.

4. 불이 나면 수많은 종류의 유독가스가 나오는데 가장 치명적인 일산화탄소는 공기보다 비중이 낮아 위로 뜬다. 낮은 자세로 빠르게 움직여야 한다.

5. 대한민국의 어느 직종이든 충분한 인력 배치가 된 조직은 없다. 찜질방에서 불이 났다는 것을 알게 되는 때는 이미 불이 상당히 퍼진 상태이기 때문에 안전하게 탈출할 수 있는 시간은 그리 많지 않다.

4 CATASTROPHE

397

⚡ 사전 대비

1. 가능한 한 찜질방은 한 곳을 이용하고 비상구 계단 구조, 소화기 위치 등을 확인한다. 피난 안내도를 확인하고 한 번씩 따라가 보면 더 좋다.

▶ 실제 상황

찜질방은 지역 소방서 관리 시설이어서, 찜질방에서 일하는 직원들은 의무적으로 안전 교육을 받는다. 제대로 교육을 받았다면 이들은 불이 났을 때 기본 처치 방법을 알고 있을 테니, 불이 난 것을 봤든, 불이 난 것을 경보를 통해 알았든 우선 직원을 찾아 이들의 지시에 따르는 것이 가장 안전하다.

1. 직원의 도움을 받을 수 있는 경우
   - 불이 난 것을 봤으면 일단 직원에게 알린다.
   - 물에 적신 찜질복이나 수건으로 코와 입을 가린다.
   - 자세를 낮추고 벽에 붙어서 직원들이 안내하는 계단으로 이동한다. 가장 치명적인 일산화탄소는 공기보다 가벼우니, 최대한 자세를 낮춰 마시지 않도록 한다. 또한, 찜질방은 아주 넓은 공간이어서 연기가 밀려오면 방향을 알 수 없기에, 벽면을 따라서 이동해야 어느 방향으로 가고 있는지 알 수 있다.
   - 불이 심하게 번져서 계단으로 탈출할 수 없으면 목욕탕으로 대피한다. 수건 혹은 찜질복 등을 물에 적셔 코와 입을 가리고 짧게 호흡한다.

2. 직원의 도움을 받을 수 없고, 찜질방이 옥상인 경우
   - 물에 적신 찜질복이나 수건으로 코와 입을 가린 후, 건물 옥상으로 뛰어 올라가 수건을 흔들며 구조를 요청한다. 찜질방은 고가 사다리차가 충분히 접근할 수 있는 높이에 있다. 지나가는 사람들이 보고 신고만 제대로 해 줘도 안전하게 탈출할 수 있다.
   - 연기가 심하게 올라와 앞이 보이지 않으면 옥상 가운데로 이동해 자세를 낮

추고 구조를 기다린다. 4~5층에서 뛰어내려 살아남을 방법은 없다.

3. 직원의 도움을 받을 수 없고, 찜질방이 지하인 경우
   - 벽을 따라 움직이면서 열기가 없고 연기가 올라가고 있는 계단을 찾는다. 계단에 열기가 느껴지면 그 위에 불이 났다는 뜻이다. 그리고 연기가 위로 올라간다는 것은 위쪽에 신선한 공기가 있다는 뜻이다.
   - 모든 계단에서 연기가 내려오고 있고 열기가 느껴진다면 목욕탕 안으로 대피한다.
   - 물에 적신 수건이나 찜질복으로 코와 입을 막고 자세를 낮추고 물을 뿌리면서 구조를 기다린다.

━ Bad

1. 불이 무섭다고 대피를 거부하고 목욕탕 물속으로 들어간다.
   화재 사건에서 사망자는 타서 죽는 것이 아니라 질식해 죽는다. 물속에 있다고 산소가 공급되는 것도 아니다. 불이 커질수록 연기가 뿜는 독성은 더 강해진다. 조금만 늦어도 탈출할 기회를 놓친다.

전기 자동차

★ 기억해야 할 사실들

1. 최근 들어 전기 자동차 보급이 늘면서 동시에 사고 건수도 증가하고 있는데, 특히 화재 사고가 많다. 전기 자동차 화재는 치명적이다. 내연기관 자동차의 경우, 소방차가 와서 불을 끄는 데 그렇게 오래 걸리지 않는다. 하지만 전기 자동차 화재는 끄는 데 최소 한 시간 이상 걸릴 뿐만 아니라, 어마어마한 양의 물이 필요하다. 특히, 전기 자동차의 리튬 배터리는 불이 붙으면 열폭주라는 현상으로 인해 온도가 섭씨 2,700도까지 올라가는 데다, 리튬 배터리가 타면서 발생하는 연기의 양도 어마어마하며 유독가스다. 이런데도 대중이 공포를 느끼지 않으면 그게 더 이상하지 않을까.

2. 화재 비율만 보면, 내연기관 자동차에 비해 훨씬 낮다. 그런데도 대중이 가지는 공포가 큰 것은 다음과 같은 이유에서 비롯한다. 1) 내연기관 자동차 화재의 경우 전조 현상(보닛에서 연기가 올라오는 것 같은 현상)을 볼 수 있는 데 반해, 전기 자동차들은 일반 사용자가 절대로 볼 수 없는 배터리 셀 쪽에서 발생해서 대응하기가 어렵다. 2) 전기 자동차 보급이 여전히 대중적인 단계는 아니어서, 이와 관련된 사회적 대응 체계가 제대로 마련되어 있지 않다.

3. 상당한 양의 배터리를 싣고 다니는 차가 전기 자동차만이 아니다. 하이브리드 차량에도 상당한 양의 리튬 배터리가 차 바닥에 있다. 그 차들도 겨울에는 눈

때문에 염화칼슘의 세례를 받고, 여름에는 어마어마한 고열을 견뎌야 한다. 전기 자동차나 하이브리드 자동차들의 하부는 내연기관 자동차들에 비해 훨씬 튼튼하다고 하지만 한국의 환경은 대단히 혹독하다. 하이브리드 자동차는 충전기를 안 쓴다는 점 말고는 전기 자동차와 다른 것이 별로 없다.

4. 대부분의 충전 시설은 지하에 있다. 지하층에서 섭씨 2,700도가 넘어가는 불이 나면 화재가 발생한 곳을 중심으로 상당한 양의 철근이 녹을 수밖에 없다. 2001년 9. 11 테러 당시 뉴욕의 세계무역센터가 무너져 내렸던 주요 원인 가운데 하나도 철근이 다 녹았기 때문이다. 철근 콘크리트에서 콘크리트는 압력을, 철근은 인장력을 담당한다. 지하의 철근이 녹아 버리면 하중을 제대로 받아내지 못해 건물 붕괴 위험이 있다. 이 문제 때문에 그런지 몰라도 최근에 지어지고 있는 브랜드 아파트들 상당수는 전기 자동차 충전 시설 주변은 철근 콘크리트 대신 벽돌로 둘러싸고 있고, 충전기가 있는 층의 층고가 대단히 높다. 최근에는 고속충전 장치에는 충전 제한이 걸리도록 생산되고 2시간 이상 충전하는 것은 법적 처벌의 대상이지만, 저속충전 장치는 그렇지 못하다. 저속충전 장치는 대체로 전기 자동차 화재 원인 중 하나인 과충전 제한 장치가 없다.

5. 즉, 법과 제도적 보완이 필요한 부분들이 상당히 많이 있는 상태다. 거기다 자동차라는 제품 자체가 상당한 에너지를 소모할 수밖에 없다 보니, 계속 발전소들을 건설해야 한다는 문제도 걸린다. 그럼에도 불구하고 전기 자동차는 내연기관 자동차에 비해 훨씬 환경 친화적인 요소들이 있어 장기적으로는 대세일 수밖에 없다.

6. 전기 자동차에서 사고가 발생한다면 우선 두 가지를 기억해야 한다. 어마어마한 열이 난다는 것, 그리고 유독가스가 내연기관 자동차에 비해서도 훨씬 많이 나온다는 것이다.

⚡ 사전 대비

1. 차량 충전시 충전소 주변에서 흡연해선 안 된다. 전기 충전인데 무슨 상관이 있냐고 할 수 있지만, '담뱃재'는 도체다. 혹시라도 충전기와 차 사이에 끼면 발화 원인이 될 수 있다.

2. 비가 오면 실외 충전소는 이용하지 않는 것이 좋다. 비오는 날 전동 킥보드나 전기 자전거, 전기 오토바이 타지 말라는 것과 동일한 이유다. 전자 제품 비 맞춰서 좋을 일은 없다. 누전, 합선, 방전 위험이 높아진다.

3. 차량 하부의 청결에 특히 신경 써야 한다. 겨울에 미끄럼 방지를 위해 지자체에서 뿌리는 염화칼슘은 차가 미끄러지는 것을 막아 주지만 동시에 차량 하부를 부식시킨다. 특히 전기 자동차는 배터리 대부분이 차량 하부에 있어 부식이 생기면 치명적이다. 사실 자동 하부 세차기는 물이 뿜어져 나오는 구멍 위치에만 물이 뿌려져 제대로 닦아 내지 못한다. 더불어 고압 살수건 같은 것을 계속 쓰면 차량에 좋지 않아, 낮은 수압으로 꼼꼼하게 정기적으로 씻어내야 한다.

4. 한국토지주택공사에서 만든 매뉴얼에서는 전기 자동차의 충전 시설을 지하에 설치할 경우 'Sunken'('움푹 들어간, 가라앉은'의 뜻으로 지하에 자연광을 유도하기 위해 대지를 파내고 조성한 곳을 가리킨다.)에 설치해 화재시 연기가 옥외로 직접 배출될 수 있도록 하고, 소방대의 소화 작업시 시야 확보를 쉽게 할 수 있도록 설치해야 한다고 규정한다. 마찬가지의 이유로 하이브리드 차량도 비슷한 곳에 주차하는 것이 좋다. 이런 공간이 없다면 진입 램프 근처에 주차하도록 한다.

▶ 실제 상황

1. 기본적인 대처 방법은 '차량' 편과 '터널' 편을 참고한다. 반복하지만 전기 자동차는 어마어마한 고열과 유독가스를 뿜어낸다는 점을 꼭 기억한다.

2. 차에서 연기가 올라오고 있으면 즉시 비상등을 켜고 안전한 장소를 찾아 주

차한다. 차의 시동을 끄고 빠르게 사람들을 챙겨 나온다. 처음 나올 때 가지고 나오지 못한 없는 물건들은 과감히 포기해야 한다. 일단 불이 붙으면 섭씨 2,700도까지 올라가기 때문에 다시 돌아가서 가지고 나올 방법은 없다.

3. 최소 30미터는 떨어져 119에 전화한다. 전화할 때 전기차(혹은 하이브리드)에 불이 났으며 휴대폰 내비게이션이나 지도 등을 이용해 정확한 위치를 알린다. 전기 자동차(혹은 하이브리드) 화재라는 것을 분명하게 전달해야 한다.

4. 소방차가 올 때까지 30미터 이상 떨어져 주변 차량들에게 전기차 화재이므로 멀리 돌아가야 하는 것을 알린다. 사실 이 단계까지 가면 화재의 규모를 보고 주변 차량들 모두 상황을 알기 시작했을 것이다.

5. 터널 진입 중에 화재 상황이 발생하면 안전한 곳에 세우고 최대한 빨리 터널을 빠져나가면서 주변 차량들에게 알린다. 반대편에서 이러한 상황을 봤다면 역시 차를 버리고 빠르게 대피한다. 터널 안 화재 상황에서 가장 치명적인 것은 유독가스다.

— Bad

1. 터널 화재 상황에서 터널 밖으로 나가면서 알리지 않고, 더 많은 사람들을 구하기 위해 터널 안으로 들어간다. 일단 시도하자 마자 유독가스로 인해 질식사할 가능성이 높다.

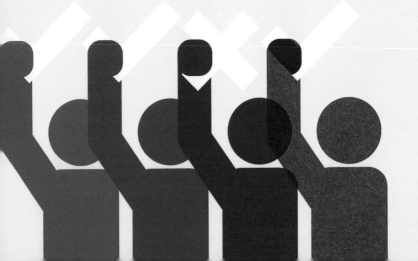

5

재난과 정치

여우와 두루미의 세상

지난 반세기 동안 주요 서양 부국들에서는 중산층이 빠르게 해체되었다. 가장 대표적인 사례는 영국의 마가렛 대처 수상 집권기를 들 수 있다. 2013년 4월 8일, 그녀가 세상을 떠났을 때 일부에서는 샴페인을 터트렸고 영화 〈오즈의 마법사〉 삽입곡 〈마녀가 죽었다(Ding dong! The witch is dead)〉가 음반 차트 상위까지 올라갔다. 재임 기간 중 탄압받았던 노조 관계자들, 산업 합리화라는 이름으로 직장을 잃어야 했던 탄광 노동자들과 제조업 노동자들은 그녀의 죽음에 축배를 들었다. 반면, 대처가 집권했던 1979년부터 1990년까지 영국의 국내총생산은 23.3%가 증가했고 일자리는 33.3%가 늘어났기에, 이 성장의 수혜자들은 그녀의 평온한 영면을 바랐다.

대한민국 역시 1997년 IMF 이후부터 지금까지 양극화는 계속 심화되고 있다. 어느 누가 이익을 보면 다른 누군가가 손해를 보는 이 현상은 거의 모든 국가에서 벌어지고 있다. 단적인 예로, 회사의 지원을 받는 직장인에 비해 어느 누구로부터도 지원을 받을 수 없는 자영업자는 훨씬 많은 의료보험료를 낸다. 이 제도를 손볼 경우 이해관계가 명확하게 충돌할 테고, 이 둘의 갈등을 정치권에서 현명하게 해결하지 못한다면 갈등은 계속 누적되면서 특정 계층이 특정 정치 집단만 지지하는 현상이 발생할 것이다. 이 상태까지 간 갈등은 정치적으로 잘 해결되지 않는다. 이는 전 지구적인 현상이다. 힐러리를 찍은 이들과 트럼프를 찍은 이들이 명확하게 갈리는 미국도, 브렉시트를 외치는 이들과 유럽연합 잔류파가 충돌하는 영국도 마찬가지다. 어느 순간부터 우리는 서로에게, 이솝 우화에 나오는 여우와 두루미가 되었다. 서로를 이해하지 못하고 그저 충돌하기만 하는 관계. 심지어 엄마가 딸에게 "(한 번도 본 적이 없는) 이방인을 미워해야 한다."(Dixie Chicks의 노래 〈Not Ready to Make Nice〉 중에서)라고 가르치는 세상이 되었다.

문제는 정치다

오바마 전 미국 대통령은 "상대방을 악마화하기 시작하면 민주주의는 작동하지 않습니다. 힐러리는 알고 있습니다. 우리가 서로의 의견을 들어야 하고 우리 스스로를 돌아봐야 하며, 우리의 가치를 위해 싸우면서도 동시에 힘들더라도 공통분모를 찾아내야 한다는 것을 … 만약 당신이 기후변화를 위해 싸우고자 한다면 대학 교정에 있는 학생들하고만 어울릴 것이 아니라 자신의 가정을 보살펴야 하는 석탄 탄광 노동자들, 그리고 가스 난방비를 걱정하는 싱글맘과 함께해야 합니다." (2016년 7월 27일, 미국 민주당 전당대회 오바마 전 미국 대통령 연설문 중에서)라고 했다.

대한민국에서는 어떨까? 미세먼지와 관련한 문제들을 해결하려면 두 가지 일을 동시에 해야 한다. 중국에서 발생하는 미세먼지에 대한 역학조사를 중국과 함께 진행하고 외교적으로 이를 줄이는 해법을 제시해야 한다. 또한, 국내에서 발생하는 미세먼지에 대한 역학조사를 실시하고 이에 대한 대응법을 만들어야 한다. 이 과정에서, 미세먼지를 발생시키는 시설에서 일하던 사람들을 어떻게 할 것인지는 순전히 정치의 문제다. 예를 들어, 생계를 위해 디젤차를 타야 하는 수많은 이들에게 환경부담금을 부과하면 그들이 순순히 낼까? 저온 소각이 환경 호르몬 등을 만들어 낸다고 환경오염 시설로 분류하면, 소규모 영세 폐기물 처리업자와 그 공장에서 일하며 생계를 해결하는 꽤 많은 가정은 어떻게 할 것인가?

다수에게 이익이 크다는 것만으로 그 이익과는 상관없는 사람을 버린다면 그 국가는 공동체로서 유지되기 어렵다. 오바마의 백악관이 마지막으로 했던 작업 중 하나는 인공지능이 향후 수십 년 동안 미국 경제에 끼칠 영향을 예측하는 보고서를 만드는 것이었다. '인공지능과 자동화가 경제에 끼치는 영향(Artificial Intelligence, Automation, and the Economy)'이라는 제목의 보고서는 인공지능이 무엇이고, 이를 통해 어떤 영향들이 발생할 것이며, 현존하는 법과 규제와 어떤 충돌이 있을 수 있으므로 민간과 공공 기관이 어떤 일을 어떻게 해야 할지 권고하는 것으로 끝난다. 실제로 구글 본사가 있는 미국 캘리포니아주 산타클라라는 IT 혁신의 산실이지만 동시에 폭등한 부동산 가치 때문에 IT와 관계없는 이들은 살기 힘든 곳이 되어 가고 있다.

정치가 해야 하는 가장 중요한 역할은 국가라는 한 공동체가 유지되고 발전될 수 있도록 하는 것이다. 그러나 정치 권력을 잡으면 사회적 자원을 배분할 우선적 권리를 확보하게 되고, 이 권한을 확보하기 위해 가장 많이 쓰는 방식은 상대를 악마화하고 민주주의를 파괴한다. 앞에 인용한 오바마 전 미국 대통령의 연설은 그것을 경고한 것이다. 그래서 어느 쪽은 친북좌파가 되고 어느 쪽은 적폐가 된다. 낙인의 명칭은 의미가 없다. 낙인을 찍는 것은 상대를 가치 없는 사람으로 치부하겠다는 것이 목표인 행위이기 때문이다.

시민의 정치

여우와 두루미의 세상이 되면 그것이 곧 재난이고, 더 큰 재난을 부르기도 한다. 앞에서 누누히 살펴봤지만 많은 재난은 인재이고, 이는 시스템을 관리하고 제어하지 못한 부실의 총합이다. 그래서 직접적으로는 테러와 전쟁 속에 희생당하는 사람이 생기고, 자연재해 앞에 속수무책으로 무너지는 것이다. 물론 대한민국처럼 정치 자체가 국가 재난의 상황으로 다가올 수도 있다. 따라서 정치를 바로잡는 것이 바로 재난에서 살아남는 법이기도 한 이유다. 무엇보다 정치는 사회적 자원의 분배를 어떻게 할지를 결정한다. 안전에 대비하는 비용을 늘린다면 우리는 더 안전해질 수 있다.

세상에는 많은 동음이의어가 있지만 '시민'처럼 사람들을 개념의 혼란으로 빠뜨리는 단어는 흔치 않다. 시민은 '행정구역이 도시인 곳에 사는 사람'을 뜻하기도 하지만, '온전한 권리를 누릴 수 있는, 의무를 다하는 사람'을 뜻하기도 한다. 그리고 이 시민이 민주주의의 밑바탕인 것이다.

최근 우리는 정치가 위기에 빠졌을 때, 국가 재난이라 할 만한 상황에서 시민의 힘으로 민주주의를 회복하는 경험을 했다. 역사는 결국 무수하게 바위로 날아간 달걀들이 끌고 간다. 누군가가 일방을 악마로 낙인 찍어 정치 권력을 독점하고자 할 때 우리가 할 수 있는 것은 2016년 겨울과 2017년 봄의 경험을 되살려 민주주의가 작동하도록 만드는 것이다.

이 장에서는 나의 권리가 침해당할 때, 단계별로 어떻게 대응할 것인지 살펴본다. 이것은 또한 민주주의를 살리고, 재난에서 살아남는 법의 근본이기도 하다.

1인 시위

★　기억해야 할 사실들

1. 집회와 시위의 정의

"시위란 여러 사람이 공동의 목적을 가지고 도로, 광장, 공원 등 일반인이 자유
로이 통행할 수 있는 장소를 행진하거나 위력 또는 기세를 보여, 불특정한 여
러 사람의 의견에 영향을 주거나 제압을 가하는 행위를 말한다."(집회와 시위에
관한 법률)

"집회란 특정 또는 불특정 다수인이 공동의 의견을 형성해 이를 대외적으로 표
명할 목적 아래 일시적으로 일정한 장소에 모이는 것을 말한다."(판례상 정의)

2. 1인 시위

법적 정의에 의하면 집회와 시위는 집단적 의견 표출이기 때문에 '사전 신고'
를 해야 하며, 집회와 시위가 불가능한 지역이 있어 공간적 제약을 받는다. 집
회와 시위가 불가능한 지역은 대부분 주요 국가 시설로 각국 대사관, 국회의사
당, 각급 법원, 헌법재판소, 대통령 관저 등이다. 이런 제약 때문에 온두라스 대
사관이 입주해 있던 국세청 건물 앞에서 시위를 하기 위해 2000년 참여연대
가 개발해 낸 시위법이 1인 시위다. 즉, 1인 시위는 집회 신고를 받아 주지 않
는 곳에서 시위를 할 수 있다는 것이 강점이다.

⚱　사전 대비

1. 사람들로부터 무엇을 얻을 것인지 생각한다. 보통 억울함을 호소하는 것에 집
중하지만 세월호 유가족들조차 '유족충'이라고 공격받을 만큼 세상은 각박해
졌다. 무엇을 얻기 위한 1인 시위인지 결정하고, 그것을 위해 무엇을 해야 할지
결정한다.

2. 어디에서 호소해야 목적을 이룰 수 있을지 결정한다. 남의 주의를 얻을 수 있
는 시간은 길어야 5초이므로, 장소와 시위 간에 연관성이 있다면 사람들의 반

411

응을 보다 쉽게 얻을 수 있다. 예를 들어, 유흥가에는 사람들이 많지만 취객에게 무슨 이야기를 할 수 있겠는가? 사전 답사를 하면 좋다. 생리적인 문제 해결을 위해 식당과 화장실 위치를 알아 놓는 것도 중요하다.

3. 사연을 A4 한 장으로 축약한 내용을 만들고 그 내용이 어떻게 전달될 수 있을지 고민한다. 바쁘게 지나가는 사람들이 받아들일 수 있는 정보의 양은 카드 뉴스 몇 장을 넘어서지 못한다. 피켓에 QR 코드를 넣어 블로그나 페이스북을 함께 활용해도 좋다. 시위 복장이든, 카드 뉴스 페이지든, 강렬한 인상을 남겨야 구체적인 내용까지 알릴 수 있다.

4. 사람들이 당신의 주장에 공감했을 때, 무엇을 하게 할지 정한다. 모금을 할지, 서명을 받을지, 모임 가입 권유를 할지, 페이스북이라면 '공유하기'를 누르게 할지 '구독하기'를 눌러 계속 이야기를 받아 보게 할지 등을 미리 그려 놓아야 한다.

▶ 실제 상황

1. 공공장소에서 1인 시위를 하고 있으면 주변에 있던 경찰이 무엇을 하는 중인지 물어본다. 1인 시위 중이라고 답하면 된다. 경찰의 이후 관심은 당신이 사람을 폭행하거나 사람들로부터 폭행을 당하느냐지, 시위 자체는 아니다.

2. 경찰이 1인 시위를 가로막으면 소송을 제기할 수 있다. 2001년 참여연대는 청와대 앞 시위를 막는 것에 대한 소송을 제기하여, 500만 원을 배상받을 수 있었다. 시위 물품인 피켓 등을 강제로 빼앗아 가면 해당 경찰은 징계받을 수도 있다.

3. 체력 안배가 중요하다. 1인 시위는 생각했던 것보다 훨씬 많은 에너지가 든다. 적절히 쉬어 가면서 진행한다.

4. 사람들의 시선을 편안하게 여기고 사람들이 어떻게 반응하느냐에 주목한다. 아무도 걸음을 멈추지 않거나, 피켓의 QR 코드를 찍는 사람이 적다면 유인에

실패한 것이다. 다른 방법을 고민해 본다.

▶▶ 이후 할 일들

1. 평가, 반성의 시간을 갖는다. 온라인으로 유도한 게시물이 얼마나 공유되었는 지 보는 것도 하나의 척도다. 평가를 바탕으로 다음 1인 시위를 준비한다. 많이 공유되어 매체 인터뷰까지 간다면 소기의 목적은 달성했다고 할 수 있다.

2. SNS를 통해 시위 중인 사진이 공유되어 당신의 외모를 품평하고 있는 이들을 발견할 수도 있다. 집회와 시위는 자신을 드러내 자신의 의사를 관철시키는 행위이므로 집회에서의 '초상권'은 인정되지 않는다. 그렇다고 '시위 중인 사람의 얼굴'을 품평할 권리까지 존재하지는 않는다. 즉, 나의 의견이 아니라 외모를 문제 삼을 때는 민사소송으로 대응한다.

━ Bad

1. 긴 사연을 본인이 직접 손으로 적어 샌드위치 패널을 만들어 1인 시위에 나선 다.

   최대 5초라는 시간 동안 전달될 수 있는 정보의 양은 그렇게 많지 않다.

2. 누가 나쁘다라는 주장만 담는다.

   그러면 거꾸로 명예훼손으로 고소당할 수 있다. 얻어야 하는 것은 타인의 공감임을 잊어서는 안 된다.

초보자를 위한 집회 참석 가이드

★ 기억해야 할 사실들

1. 대한민국에는 집회와 시위의 자유가 있고 집회는 신고제다. 그러나 2017년 현재까지 대한민국의 집회와 시위에 관한 법률(이하 집시법)은, 사회의 일부가 자신의 의지를 관철할 목적으로 일정한 장소에 모일 때 여기에 참석하지 않는 이들의 일상을 보호하는 것을 우선으로 한다. 어느 정권이든 집회의 확산을 막는 보직에서 일하던 경찰이 빨리 승진했다.

2. 집시법상 통행이 가능한 곳은 '인도'밖에 없다. 많은 사람이 집회에 참석하면 "안전상의 이유로 경찰이 허용"해서 차도로 내려가는 것이다. 따라서 인파가 어느 정도 줄어든 시점에 계속 도로에 있으면 언제든 '일반교통방해죄'로 체포될 수도 있다.

3. 앞서 언급했듯이 일반적인 의미에서의 초상권은 인정받기 힘들지만, 클로즈업된 내 사진이 성희롱의 대상이 된다면 민사소송으로 초상권 인정을 받는다. 집회에서 여성 참가자가 마스크를 많이 쓰는 이유는 민사소송 등에 소모할 시간이 없기 때문이다.

4. 집회에서 많은 문제는, 국회나 청와대 100m 이내에서 집회·시위를 원천 금지하고 있는 집시법 제11조, 주요 도로에서 집회·시위를 교통 소통을 이유로 경찰이 원천 금지할 수 있는 권한을 부여한 집시법 제12조, 사실상 허가제로

운영되는 근거가 되었던 제8조(집회 및 시위의 금지 또는 제한 통고) 때문이다. 이는 꼭 개정되어야 하고, 이 역시 청원해야 할 사안이다.

✗ 사전 대비

1. 길바닥에 아무렇게나 앉기 쉽고 또 많이 걷기 위해 등산 복장, 즉 트레킹화와 해당 시즌에 맞춘 등산복이 집회에 가장 최적화된 차림이다. 늦가을 이후면, 장갑과 온열팩 등 몸을 따뜻하게 하는 물품을 챙긴다.

2. 사람이 많이 모이는 지역에서는 화장실 찾기가 쉽지 않으니, 미리 화장실 위치를 확인하고 집회 시작 전 한 번 다녀오는 것이 좋다. 긴 시간을 버틸 수 있는 고열량 간식(에너지 바, 초콜렛 바 등)과 물을 챙긴다.

3. 사람이 많이 모인 곳에서는 전화 통화나 데이터 통신이 과부하가 걸려 원활하지 않고, 배터리는 빨리 소모된다. 전자 장비는 반드시 완전충전하고 충분한 보조 배터리를 들고 나온다.

4. 경찰과의 충돌이 쉽게 발생하는데, 이 충돌을 구경하고 있다가 같이 연행되는 경우도 있다. 증거 확보를 위해서라도 최대한 동영상을 많이 찍어 놓는다.

5. 지인들과 함께 참석할 경우, 깃발을 만들어 나오면 핵심 주장을 알리는 효과뿐만 아니라, 흩어지지 않고 모이기도 쉽다. 주거 지역마다 현수막 제작업체가 한둘은 있으니 쉽게 제작할 수 있고, 깃대로는 적당한 가격의 카본 낚싯대가 일단 가볍고 질기며 길이 조절이 쉬워 좋다.

6. 직전 집회까지 경찰의 대응 수준을 확인한다. 직전 집회에서 물대포를 쏘기 시작했다면 스마트폰 같은 전자 장비를 보호할 수 있는 방수팩, 비옷, 방수 가방 등이 필요하다. 그러나 이 가이드가 필요한 집회 초심자라면, 본 집회 이후 행진 중간 단계에서 퇴각하기를 진지하게 권한다.

1. 전국 단위의 집회가 서울에서 벌어지면, 전국에서 전세 버스를 빌려 타고 상경한다. 따라서 경기도 주요 도시와 연결되는 고속도로부터 막히기 쉽다. 또한, 대규모 집회는 대규모 군중이 한 지역을 사실상 점령하기 때문에 자가용을 타고 오면 주차가 힘들뿐더러, 시위대가 모두 집으로 간 다음에나 나갈 수 있다. 당연히 가장 좋은 대중교통 수단은 조금 붐벼도 지하철이다.

2. 한 정거장 전에 내려서 화장실 이용, 간식과 음료수 구입, 시위용품 점검 등을 해결하는 것이 좋다. 그렇게 도보로 이동하면 그날 경찰이 어떤 태세로 집회에 대응하고 있는지도 확인할 수 있다. 무장이 심하면 심할수록 대규모 충돌을 각오하고 진압하겠다는 것이고, 정복과 폴리스 라인만 있으면 진압의 의사가 크지 않은 것이다.

3. 지인과의 의사소통은 가능한 한 문자 메시지를 이용하며, 만나는 장소로 랜드마크보다는 작은 곳으로 아주 자세하게 정해 놓는다. 지하철 역 몇 번 출구로 나와서 좌/우/직진하면 있는 무슨 건물 어느 쪽 방향에 있다는 식이다. 프랜차이즈 매장은 한 거리에도 몇 개씩 있는 경우가 있으니 피하는 게 좋다.

4. 대한민국에서 벌어지는 전형적인 집회의 순서는 곳곳에서 벌어지는 사전 집회 혹은 문화행사, 한곳에서 열리고 연설과 문화행사로 이루어진 본 집회, 경찰이 허용한 공간을 도는 가두 행진, 그리고 경찰의 허용 범위를 넘으려는 이들과 이를 막는 경찰의 대치까지다. 역시, 이 메뉴얼이 필요한 분들이라면 단계적 참여를 권한다. 시위 과정에서 우발적으로 발생하는 충돌에서 연행되는 사람 중 시위에 처음 참여한 사람이 많다. 처음 집회 참석을 했다면, 경찰의 경고 방송이 나올 때 귀가하는 것이 가장 좋다.

연행되었다면

1. 경찰은 연행하는 한 사람 한 사람마다 미란다 원칙을 고지해야 한다. 체포가 벌어질 때 가능한 한 많은 동영상이 필요한 이유는, 경찰이 미란다 원칙 고지 의무를 준수했는지 확인할 주요한 증거이기 때문이다.

2. 연행되더라도 소지품은 별도의 영장 제시 없이 경찰이 압수할 수 없다. 특히 휴대폰은 압수되면 내게 중요한 정보를 포함해 자신의 거의 모든 정보를 경찰에 제공하는 꼴이 된다. 경찰이 소지품을 내놓으라고 요구하면 반드시 영장을 요구한다.

3. 묵비권을 행사하고 민변(민주사회를 위한 변호사모임)에 연락하는 것이 좋다. 단, 민변 변호사와의 통화 과정에서 신상 정보가 경찰에 넘어갈 수 있으므로 들리지 않을 거리를 요구한 뒤 통화한다. 이 모든 과정은 '권리'다. 단, 자신의 권리라고 해서 무례하게 행동하거나 폭력적으로 행동하면 가중처벌 받을 수 있다.

4. 경찰은 전 과정을 채증하려는 경향이 있다. 본 집회에서 채증은 불법이니 하지 말라고 요구해야 하나, 행진부터는 법적으로 불리하다. 채증된 영상을 근거로 출석요구서(소환장)를 받을 수도 있다. 경찰이 이를 전하는 방법에는 제한이 없다. 즉, 우편물뿐만 아니라 전화와 문자 메시지로도 가능하다. 전화나 문자 메시지로 받았으면 반드시 문서로 출석 요구서를 달라고 요구한다. 경찰이 요구하는 출석 기일에 갈 수 없을 경우에는 증거가 남는 방법(팩스, 메일, 우편으로 내용증명)을 이용해 출석하지 않는 이유나 출석이 가능한 다른 날짜를 경찰에 알려야 한다. 출석 요구서를 무시하면 체포영장이 바로 나올 수도 있다. 출석요구 내용을 확인하고 변호사와 함께 경찰 조사를 받는다.

5-03

소규모 집회 조직하는 법

★ 기억해야 할 사실들

1. 집시법을 뜯어보면, 대한민국에서 집회와 시위가 가능한 지역은 얼마 안 된다. 신고제인데도, 불법 집회로 규정되는 이유는 많다. 집회와 시위에 관한 법률 제11조는, 주요 헌법 기관과 외국 공관 앞에서는 집회를 할 수 없다고 규정하고 있다. 또한, 간선도로 점거는 도로교통법 위반이다. 그리고 한곳에서 두 개의 단체가 집회 신고를 할 수 없다.

2. 대규모 집회의 경우, 참여연대, 민변 같은 시민사회 단체가 법적 대응을 한다. 경찰이 반려하면 이들이 반려 처분 취소 소송과 반려의 효력 정지 가처분 소송을 동시에 진행해서 집회를 가능하게 만든다. 이 외에도 수많은 사람이 각각 어떤 역할을 해야 대규모 집회가 이루어진다.

3. 살다 보면 나 자신의 문제 때문에 직접 집회와 시위를 준비해야 하는 경우가 생길 수도 있다. 모든 일에서 법과 규제로부터 자유로울 수 있는 사람은 극소수의 특권층뿐이다. 법에 따라 성실하게 살아온 사람들이 집시법의 각종 독소조항을 알고 있을 리가 없고, 집회 신고서 작성부터 이것저것 다 챙겨서 하기는 어렵다.

4. 이해관계가 충돌하는 현장에는 집회와 시위를 용역 서비스로 제공하겠다는 업체가 찾아오기도 한다. 이들 업체가 제공하는 서비스는 최대한 범용으로 개발

된 것이어서, 나의 주장과 요구를 온전하게 담아내지 못하고 어긋나는 경우가 꽤 많을 수밖에 없다. 무엇보다 집회와 시위는 당신이 처한 억울한 현실을 다른 사람에게 호소해서 이 문제를 만들어 놓은 이들에게 압박을 가하는 것이 목적인데, 업체가 대행하면 다른 사람들의 반응을 접할 수가 없다. 또한, 집회와 시위로 압박을 가하려는 대상은 대체로 관공서인데, 범용 시위 서비스로는 수많은 사람의 집회와 시위로 압박당해 온 관공서를 압박하기 힘들다.

5. 무엇보다 세상은 집회 한 번으로 바뀌지 않는다. 하지만 끊임없이 반복하면 바뀐다는 것을 우리는 2016년 겨울과 2017년 봄 사이에 직접 경험했다.

⚷ 사전 대비

1. 무엇을 얻기 위해 어디서 어떻게 모일지 먼저 논의한다. 관공서가 대상일 경우 관공서 앞으로 달려가는 경우가 많은데, 보다 많은 사람에게 호소할 수 있는 다른 장소를 찾아 보면 의외로 많다. 이해관계자 모두가 모일 수 있는 시간이 제한되어 있으니, 노력 대비 효과를 극대화할 수 있는 장소를 찾아야 한다.

2. 문제가 무엇이며 해결을 위해 어떤 것을 요구할지 논의하고 A4 한 장으로 내용을 정리한다. 충분히 정리하지 않고 나가서 외면받는 경우가 많다. 모두가 바쁘게 살고 있는 대한민국에서는 그 이상의 메시지는 잘 전달되지 않는다.

3. 주요 구호를 정한다. 1980~1990년대 운동권들이 4자 구호를 썼던 이유는 4자씩 끊어서 만들어진 4단어를 반복하는 것이 '운율'이 맞아 따라하기 쉽기 때문이다. 긴 문장을 구호로 외치면 대부분 따라하지 못한다. 4자씩 끊어 4단어를 반복하는 구호를 최소한 5~7개는 만든다.

4. 자신의 처지를 알릴 수 있는, 쉽게 부를 수 있는 대중가요를 선택한다. 30년 전에 만들어졌던 민중가요를 아는 사람들은 별로 없거니와 굳이 그걸 불러야 할 이유도 별로 없다. 사람들의 주목을 받기 쉽고 당신들의 처지를 상징하며 같이 따라 부르기 좋은 대중가요가 낫다.

5. 집회 신고를 한다. 집회 신고는 720시간 전부터 48시간 전까지 집회 장소를 관할하는 경찰서 민원실에 있는 '옥외 집회(시위, 행진) 신고서'에 내용을 채워 제출하면 된다. 집회에서 사용하는 물품을 신고서식에 참고사항으로 신고하도록 요구하거나 질서 유지인, 주최, 주관자의 신상정보(주민등록번호 등)를 요구하는 경우도 있는데 기본적인 정보 이외에는 쓸 이유가 없다. 경찰의 행정 편의를 위해 추가로 요구하는 내용일 뿐이다. 집시법 6조 2항은 신고서 제출 즉시 관할 경찰서장은 '접수 일시를 적은 접수증'을 내줘야 한다. 집회 전 48시간 이내에 수정 보완을 요구할 수 있지만 접수를 거부할 수는 없다. 또한, 준법서약서를 요구하는 경우도 있는데, 나중에 경찰이 주최 측을 공격하는 용도로만 사용되며 집회 신고와 상관있는 것도 아니다. 마지막으로, 담당 경찰이 집회 장소를 옮기라고 종용하는 경우가 종종 있다. 이 역시 단호하게 거부한다.

6. 현수막과 깃발, 확성기 등을 준비한다. 휴대용 앰프와 스피커가 결합된 것도 있으나 행진할 때 들고 다니기 힘들다. 구호를 크게 외치는 것이 효과적이다.

7. 주장을 담은 A4 한 장짜리 유인물을 만든다.

▶ **실제 상황**

1. 통상적인 집회는 '연사 연설→구호 제창→함께 노래 부르기→구호 제창'이 반복된다. 앞에 국민의례를 넣을 수도 있고 넣지 않을 수도 있다. 연설은 5분 내에 할 수 있는 형태로 정리하는 것이 좋다.

2. 집회 시 준비해야 하는 물품은 앞의 '초보자를 위한 집회 참석 가이드'와 같다.

3. 경찰이 비디오로 집회 현장을 촬영해 채증할 수 있다. 그러나 신고 반려된 시위를 하는 것이 아니고, 행진 중에 경찰 폴리스 라인을 넘어간 것이 아니라면 불법이 아니니 채증에는 반드시 항의한다.

4. 집회와 행진 도중 계속 주변을 지나가는 사람들에게 왜 시위를 하는지 알리고 유인물을 나눠 준다.

1. 가장 중요한 것은 집회와 시위에 다른 사람들이 어떻게 반응했느냐다. 사람들의 반응이 좋지 않았다면, 무엇이 실패했는지 반드시 따지고 앞으로 어떻게 이야기할지 집중적으로 논의한다. 얼마가 모였느냐는 그다음 논의 사항이다.
2. 사람들이 반응하고 유인물을 받아가기 시작하면 그 내용을 SNS 등에 올리고 공유를 부탁한다. SNS 공유는 생각보다 훨씬 많이 퍼진다.
3. 메시지에 대한 반응을 모니터링하면서 어떤 메시지가 더 효과적인지 직접 정리한다.

삶의 질이 나아질 가능성이 없고 정치가 그 문제를 해결할 수 없다는 판단이 들면, 사람들은 이민을 고민하게 된다. 지구는 넓다. 인구 밀도가 낮거나 노동력이 필요한 국가는 많다. 먼저, 이민이 가장 쉬운 국가들 리스트부터 살펴보자. 아래 순위는 절대적이지 않으며 근접한 순위끼리는 정치경제 상황에 따라 뒤집어지기도 한다. 1위와 10위의 격차는 상당히 크다.

10위. 아르헨티나

광대한 국토 면적에 비해 인구가 적어 아르헨티나, 브라질, 에콰도르 등은 비교적 이민이 쉽다. 삶의 질을 봐도 이들 국가는 전 세계에서도 상위권에 올라간다. 특히 아르헨티나는 영주권을 받기가 쉬운 국가로 분류된다. 한국에서 범죄 사실이 없으며 아르헨티나의 기업에 고용되어 있거나 학생 신분을 가지고 있으면 3개월에 한 번씩 갱신해야 하는 임시 영주권을 받으며 이를 3회 이상 갱신한 사람은 영구 영주권을 발급 받을 수 있다.

하지만 스페인어를 모르면 일상생활이 불가능하고 영어를 모르면 사업하기 힘들다. 한국어 포함 3개 국어를 한국어 수준으로 쓸 수 있어야 적응하기 쉬운 국가다. 공립학교는 학비가 저렴하지만 학기당 1만 달러 이상을 받는 미국계 사립학교도 있다.

이 나라의 경제는 풍부한 자원에 그 기반을 두고 있어서 국제 원자재 가격이 하락하면 통화가치 역시 폭락한다. 최근의 명목 GDP는 1인당 1만 3,000달러 내외를 유지하고 있으나 2000년대 초반에는 3,000달러 밑이었다. 더불어 군부 독재가 1990년대 초반까지 이어졌기 때문에 한국의 전국민족민주 유가족협의회, 전국민주화운동 유가족협의회 같은 민주화 운동 관련 단체도 아직까지 활발하게 활동하고 있다. 정치적으로 안정된 국가라고 할 수 없다. 범죄율도 상당히 높고 강력범죄도 많다.

9위. 브라질

세계에서 다섯 번째로 큰 나라고 신흥 경제대국 BRIC의 첫 번째 국가다. 하지만 아르헨티나에 비해 이민은 조금 더 까다롭다. 관광 비자로 입국해 현지에서 취업해서 받는 1년 취업 비자로 체류하는 경우가 많으며 영주권은 10년에 한 번씩 돌아오는 신청 기간에 신청해야 한다. 5만 달러 이상을 현지에 투자하면 투자 비자를 받을 수 있다는 것 때문에 선호하지만 이 돈은 묻어 두는 돈이다.

브라질 역시 일상생활을 위해서는 포르투갈어를 할 수 있어야 하고 영어를 모르면 사업하기 힘들다. 한국어 포함 3개 국어를 한국어 수준으로 쓸 수 있어야 적응하기 쉽다. 공립학교는 무료지만 외국인들이 선호하는 외국인학교의 학비는 상당히 비싸다. 브라질 경제 역시 풍부한 자원에 기대고 있어서 국제 원자재 가격이 바닥을 치면 브라질의 화폐인 헤알화 가치 역시 폭락한다. 2016년 지우마 호세프 대통령 탄핵으로 보듯이 정치적 상황도 나쁘다. 범죄율도 상당히 높고 강력범죄도 많다.

8위. 뉴질랜드

2000년대 초반까지만 하더라도 한국인이 가장 많이 찾는 이민지였다. 영어를 쓰면서도 미국과 캐나다보다 저렴한 비용으로 지낼 수 있었기 때문이다. 그러나 최근 뉴질랜드의 경제 상황이 워낙 안 좋고 반이민 정서가 급증한 까닭에 이민지로서의 매력을 많이 상실했다. 무엇보다 뉴질랜드 자체의 경제 규모가 작아서 절대적인 일자리가 너무 적다.

7위. 체코와 헝가리 등 동유럽

한국 기업들이 유럽 진출의 교두보로 이 지역에 진출하면서 이민 가는 사람이 늘고 있다. 동유럽의 매력은 낮은 생활비, 다른 유럽 지역이 가깝다는 것, 학비가 싸다는 것, 현지어와 영어를 구사하는 한국인에게 일자리가 비교적 많은 편이라는 것을 꼽을 수 있다. 이민 방법은 두 가지다. 한 가지는 투자 이민으로, 헝가리의 경우 25만 유로의 헝가리 국채를 사고 5만 유로를 추가로 지불하면 영주권을 얻을 수 있다. 이게 아니라면 노동자, 사업자 등록을 하고 일정 기간 후 비자를 갱신하는 조건부 영주권 제도를 이용해야 한다. 현지 기업에 취업할 경우 90일 이상 1년 이하 기간 동안 체류할 수 있는 장기 비자를 받는다. 이 비자를 매년 갱신해 5년 이상의 거주 기록을 만들고 세금을 내면 영주권을 신청할 수 있다.

그러나 최근 난민 수용 문제 때문에 이민자 차별 정책을 펼치고 있는 동유럽 국가가 늘어나고 있다. 대표적인 국가가 폴란드다. 또한, 이들 국가 대부분이 1980년대 후반 1990년대 초반에 민주주의가 도입되었으니, 정치적으로 안정되었다고 할 수 없다. 헝가리와 폴란드는 극단적인 인종주의자들이 2016년과 2015년에 정권을 잡았다.

6위. 호주

한때 한국인이 가장 선호하는 이민 대상 국가였다. 그러나 호주 정부가 2010년 이민 관련법을 대폭 개정한 이후 이민자가 크게 줄었다. 이민을 받는 대부분의 국가처럼, 호주로 이민하는 방법은 기술 이민, 취업 이민, 투자 이민 세 가지 방법이 있다.

그러나 호주는 투자 이민에도 나이 제한이 있다. 만 55세 이하로 한화 4억 1,000만 원에서 12억 5,000만 원을 투자해야 한다. 기술 이민과 취업 이민은 2010년부터 요건이 대폭 강화되었다. 취업 비자(456비자)를 제외하면 영국계 국제영어능력시험인 IELTS band 6.0 이상을 요구한다. 이 수준은 가끔 비문을 사용하지만 복잡한 문장이라고 하더라도 의미 파악에 지장이 없는 수준이다. 대학을 졸업한 한국의 일반인이 사용하는 한국어 수준이라고 보면 된다. 여기에 호주 정부가 정한 직업을 가지고 관련 경력을 입증해야 하며 주정부나 고용주의 보증이 필요하다.

이를 통과할 수 있다면 호주의 교육 환경과 사회복지 제도, 치안과 정치 상황, 날씨 등을 고려할 때 여전히 우선순위로 둘 만한 이민 대상국이다.

5위. 북유럽 국가들

안정적인 정치 체제를 가진 대표적인 복지국가들이다. 이 때문에 최근 북유럽 국가들에 이민 가는 한국인이 늘고 있다. 그러나 북유럽 대부분의 국가도 경기가 좋지 않고 최근에 난민을 대거 받아들여서 이민 장벽은 조금씩 높아진 상태다. 실제로 스웨덴과 노르웨이는 현지인과의 결혼 말고는 이민이 거의 불가능해졌다. 덴마크의 경우 40세 미만 석사학위 이상을 가진 사람이라면 비자 접수가 가능해 전문직 종사자들이 주로 찾고 있다. 즉, 엔지니어, 의사, 치과의사, 연구원, IT 업계 종사자로 석사학위를 갖고 있으면 유리하다.

영어로 일상생활이 불가능하지는 않지만 꽤 많은 업종의 경우, 현지어를 쓸 수 없으면 취업이 불가능하다. 즉, 여기도 현지어+영어+한국어의 수준이 상당히 높아야 희망하는 생활이 가능하다. 무엇보다 큰 장벽은 날씨다. 10월부터 4월까지 이어지는 겨울은 낮 시간이 짧고, 백야가 이어지는 여름은 낮 시간이 길다. 북유럽 국가들은 예전부터 날씨 때문에 우울증으로 인한 자살이 사회문제가 되었던 곳이다. 이 문제를 해결하기 위한 다양한 장치가 마련되었지만 현지어를 자유롭게 활용할 수 있는 사람들에게만 해당 사항이 있다. 현지어가 서투른 이민자들은 이런 사회 안전망의 도움을 받기 어렵다.

4위. 캐나다

한때 가장 많은 사람이 이민을 희망하던 국가였다. 그러나 2000년대 초반부터 한국인이 희망하는 이민 국가 순위에서 점점 밀려나는 추세다. 캐나다는 2015년 Express Entry라는 이민 프로그램을 만들었다. 온라인으로 이민 의향서를 제출하고 12개월 안에 통과되지 않으면 의향서를 재작성해야 한다. 600~800점은 받아야 통과한다. 가장 배점이 높은 것은 캐나다 기업으로부터 취업 제안을 받거나 주정부가 지명한 경우 받을 수 있는 600점이다. 즉, 취업 제안을 받지 않았다면 통과될 가능성이 거의 없다. 유일하게 남아 있는 통로가 투자 이민이었는데, 이는 지금 퀘벡주만 가능하다. 15억 이상이 있음을 증빙하고 약 7억 원을 퀘백 정부에 예치하며 과거 5년 중에서 2년 이상 직장에서 관리자로 일한 경험도 필요하다.

3위. 독일과 영국

한국인이 이민 가고 싶어 하는 대표적인 유럽 국가는 독일과 영국이다. 특히 독일은 이민에 관대한 편이고 기계공학, 화학공학, 법학 등의 전공자에게 기회가 많은 편이다. 전문 기술직이 아니면 독일 기업에 취업하기 쉽지 않다. 최근까지 활용한 편법은 현지에서의 소규모 창업인데, 업종에 따른 허가 기관의 유권 해석이 지역마다 다르다. 구 동독 지역은 비교적 수월하게 영주권 신청을 받는다고 하나, 이민자 차별을 전면적으로 내세우는 정치 세력이 성장 중이기도 하다. 특히 구 동독 지역은 독일어를 모르면 일상생활이 어렵다. 이곳도 독일어+영어+한국어의 수준이 상당히 높아야 이민을 생각하며 꿈꾸는 생활이 가능하다.

영국은 영주권 취득이 상당히 까다롭다. 태양이 지지 않았던 제국 시절에 전 세계에서 모여든 사람이 살고 있는 대도시는 외국인 차별이 없지만, 대도시 이외의 지역은 들어오는 난민 싫다고 브렉시트를 주도했던 곳들이라 외국인 차별로 모멸감을 느끼기 십상이다. 영국은 점수제로 이민을 받는다. 영국이 필요로 하는 고숙련 인재의 경우, 5년 이상 체류하면 영주권과 시민권을 보장하지만 3~5등급으로 분류되는 이들은 엄격한 체류 관리 대상이 된다.

2위. 미국

한국인이 가장 많이 찾았던 국가가 미국이지만 트럼프 취임 이후 제한이 걸리기 시작했다. 한국의 기술 관련 자격증이 있고 5년 이상의 실무 경험이 있다면 가능했던 창업 이민 역시 제한이 걸리기 시작했다. 미국 내 신규 사업에 50~100만 달러 이상을 투자해 10명 이상의 고용을 창출한 이들이 받을 수 있는 투자 이민은 여전히 가능하다. 무엇보다 미국은 종교 이민이 가능하다. 미국은 다양한 인종과 종교를 가진 사람이 사는 나라인 만큼, 현지 육성이 힘든 종교인 경우 종교 비자가 쉽게 나오는 편이다.

1위. 일본

일본은 장기 불황에서는 벗어났지만, 떨어진 출산율은 아직 회복되지 못하고 있다. 사실 2005, 2006년 즈음부터 한국인의 일본 장기 체류는 쉬워지기 시작했다. 3개월 무비자로 입국해도 경제활동을 할 수 있으며, 이제는 '주민세, 소득세, 갑근세'를 낼 수 있는 사람이고 범죄 사실이 없으면 영주권도 무난히 받을 수 있다. 물론 영주권을 받기 전까지는 운전 중 속도 위반 같은 것도 안 되며 음주운전에 걸리면 바로 추방이다. 단기 체류자의 경우 직업과 교육 기회는 제한되어 있지만, 영주권을 갖고 있으면 일본인과 거의 비슷한 수준의 사회복지 혜택을 받을 수 있다. 일본인과 결혼한 한국인 배우자의 취업과 체류 자격 심사는 더 까다로워지고 있고, 일본 역시 우파 정치인들이 주로 당선되는 국가라 외국인에게 적대적인 분위기가 종종 형성되기는 한다.

❓ 망명하기 쉬운 나라 7

어느 나라든 망명 심사에는 시간이 걸린다. 망명이 받아들여진 뒤에는 '대한민국을 제외한 모든 국가'에 갈 수 있다는 여행 증명서를 받는다. 다만, 대한민국의 민주주의가 서구 선진국들에 비해 심하게 뒤처지는 수준이 아니어서, 반정부적 활동을 했다는 사실의 증명으로는 망명이 거절되기 쉽다. 실제로 한국인의 망명 신청이 받아들여지는 사례는 성적 소수자, 신념에 의한 집총 거부, 신념에 의한 병역 거부자에 집중되고 있다. 망명 절차는 국가별로 편차가 많아 소개하지는 않는다. 본 순위는 시리아 내전의 참극에 대한 반응을 기준으로 한 것이다. 대규모로 난민을 많이 받아들이는 나라는 그만큼 외국인을 받아들일 여력이 있다는 판단에서 소개한다.

7위. 프랑스

난민에게 적대적인 정당이 실질적인 2위 지지를 받고 있지만, 프랑스는 2014년 망명을 신청한 1만 5,000명 중에서 25%의 망명을 받아들였고, 2014년 기준으로 총 6만 명의 난민이 살고 있다.

6위. 네덜란드

네덜란드 전체 국민의 20%가 이주자일 정도로 개방적인 국가다. 2014년 기준 2만 4,000명이 망명 신청을 했으며 이들 중 절반 이상을 받아들였다.

5위. 이탈리아

다른 유럽 국가에 비해 경제 상황이 아주 안 좋은 국가라 할 수 있지만, 이탈리아는 2015년 6만 5,000명이 망명 신청을 했으며 이들 중 32% 정도인 2만 명 정도가 망명 허락을 받았다.

4위. 스위스

상당히 폐쇄적인 국가로 평가받는 소국이지만, 스위스는 2014년에 망명을 신청한 사람 중 75%에 달하는 1만 5,000명 이상의 시리아인을 받아들였다. 공식어가 4개인 대표적인 다문화 국가이며 감소 중인 인구를 망명자로 해결하려는 것이 아니냐는 시각도 있다.

3위. 캐나다

트뤼도 총리가 안식처를 찾는 시리아 난민을 향해 캐나다로 오라는 트윗을 날리기도 했는데, 캐나다는 전통적으로 난민에게 개방적인 국가 중 하나였다. 2016년에 캐나다로 망명 신청을 한 1만 5,196명 중 67%인 1만여 명이 캐나다에 정착할 수 있었다.

2위. 독일

독일이 시리아 난민의 망명 신청을 받아들인 비율은 25% 정도로 얼마 안 된다. 하지만 독일에 정착을 신청한 사람이 17만 명이 넘고 정착에 성공한 사람들이 4만 명이 넘는다. 그러니 유럽 기준에 못 미치는 한국의 인권 문제 때문에 망명 신청을 할 경우, 받아들여질 가능성은 상당히 높다.

1위. 스웨덴

스웨덴은 1,000만 명이 안 되는 인구인데, 2014년 받아들인 망명 신청자만 3만 명이 넘으며 이는 전체 망명 신청자 7만 5,000명의 41%에 달하는 수치다.

6

안전한 사회를 위한 청원

재난을 대비하는 외침을 듣자

2014년 12월 12일, 〈EBS 포커스〉는 오산시의 생존 수영 교실을 다뤘다. 전체 21개 초등학교 3학년 전체를 대상으로, 재난 상황에서 어떻게 수영을 해야 최대한 체력을 보전할 수 있는지, 다른 사람을 구할 수 있는지 연간 15시간씩 배운다는 내용을 담고 있었다. 또한, 일본은 1955년 5월 11일 시운마루호가 침몰하면서 168명의 목숨을 잃었던 사고 이후 초등학교와 중학교에 수영장을 신설하기 시작해 지금은 전체 공립 초등학교의 90%에 교내 수영장이 있고 초·중학교에서 수영이 필수과목이 되었다고 한다. 독일의 경우, 초등학교 저학년부터 시작되는 수영 수업은 인명 구조 자격증을 받는 것으로 끝난다고 한다. 이 프로그램에서 소개한 수영 방법은 우리가 흔히 수영장에서 배우는 네 가지 영법이 아니라, 흔히 개구리 헤엄이라고 하는 평형을 중심으로 에너지 소모를 최소화하는 영법에서 또 변형된 생존 수영법이었다.

이러한 생존 수영은 바로 앞에서 언급했던 재난의 첫 번째 단계, 즉 어떤 자연 재해가 예상되는데도 사람들이 전혀 대비하지 않는 단계를 줄이고자 하는 노력이다. 오산시에서 생존 수영법을 초등학생들에게 가르치겠다고 결정한 것은 이 흐름을 어떻게든 바꿔 보자고 시도한 첫 번째 사례였던 것이다.

모든 재난이 인재일 수밖에 없는 것은 자연재해가 예상되는데도 대비하지 않고, 재난 현장 자체에만 신경 쓰며, 다시 그 재난이 반복되지 않도록 하는 데 충분한 사회적 자원을 투입하지 않기 때문이다. 즉, 누군가는 어떤 재해에 대해 어느 지역이 어떻게 취약하다고 분명히 경고하는데, 그게 무시되기 때문이다.

의사 조정이 불가능한 사회

어떤 시스템이든 그 개선 작업은 아주 지루한 이해 당사자끼리의 의사 조정 작업이며, 한국인에게는 아직도 낯선 작업이다. 장애 학생을 위한 특수학교의 설립을 두고, 지역민의 반발을 이용하려는 정치인과 가진 것이라고는 집 하나밖에 없는 대한민국 중산층의 이기심이 결합되었던 사건이 해결되는 과정에서, '의사 조정'이라고 할 수 있는 것은 찾아볼 수 없었다.

무엇보다 실제 의사 조정을 하는 사안에 언론이 관심을 갖는 경우는 아주 드물다. 일단 스펙터클이 있는 것도 아니고, 일반인의 흥미를 끌 만한 요소가 있는 것도 아니며, 다룬다고 해도 해당 문제에 대한 아주 지엽적인 내용만 전문가들이 전문용어로 다룬다. 그러니 대중의 관심이 오래 집중되지 않는다. 대중의 관심이 없으면 이런 문제들을 해결하는 우선순위는 없어진다. 그 결과는 다음 초대형 재난의 원인이 되는 것이다.

문제가 해결되었던 것들도 이해관계자의 의사 조정과는 거리가 멀었다. 예를 들어, 처음 이 책을 냈던 2011년에는 지하철 철로 위로 떨어지면 어떻게 할 것인가, CNG 버스의 폭발에 어떻게 대비할 것인가라는 내용을 넣었는데, 개정판에

서는 이 부분을 뺐다. 지하철 역마다 스크린 도어가 설치되어 승객이 지하철 철로 위로 떨어질 가능성이 없어졌고, CNG 버스의 안전 규정이 대폭 강화되고 안전한 신형 버스의 도입이 빨라졌기 때문이다.

분명 일보 진전한 사례다. 하지만 이 문제의 해결은 신임 관계 기관장, 혹은 지자체장의 의지로 추진된 경우가 대부분이었고, 이 과정에 시민의 참여는 없었다. 이 과정에 시민이 직접 참여했다면 그 기억들을 가지고 다른 문제를 해결할 때도 도움이 되고, 더 많은 참여가 이루어질 텐데 그런 경험을 쌓을 기회가 날아가 버린 것이다. 대부분의 문제에는 이해관계자의 의사 조정이 필요한데, 이게 복잡해 보이면 책임을 져야 할 사람들은 회피하는 게 현실이고 책임이 있는 이들이 은폐하는 경우도 허다하다.

은폐하고 떠넘기고 뒷짐 지는 사회

사립학교의 학교 시설, 즉 건물이 낡았으면 사립학교 관계자들이 해야 할 일은 그 사실을 재학생과 동문, 그리고 관계 기관에 알려서 수리를 위한 자금을 모아 건물을 수리하는 것이 정상적인 사회다. 그런데 누군가 이 돈을 횡령했다면? 위험부터 은폐한다. 조금 더 부패한 사회라면 이 은폐에 많은 사람이 개입한다.

대한민국은 남성에게는 참 안전한 사회지만, 여성에게는 지극히 위험한 사회다. 남자는 새벽까지 술 마시고 길바닥에서 자다가 들어가도 관대하고 별 탈 없는 경우가 많다. 하지만 여자가 혼자 사는 것을 확인한 택배 기사가, 식당 음식점 배달원이, 이웃 주민이 문을 열려고 하는 사례는 얼마나 많은가.

이러한 문제들을 해결하려면 사회적 자원이 투입되어야 하는데, 실제 피해를 입는 입장에서는 절실한 문제지만, 안전한 쪽에서는 이를 사회적 자원의 낭비로 보고 뒷짐 지고 은폐하거나 미루거나 떠넘기는 경우가 많은 것이 현실이다.

한 국가의 재난 대응 시스템을 다시 점검하자고 나서기는 고사하고, 법적 기준에 미달하는 인력의 확충조차 정치적 거래 대상이 되고 있다. 소방관이 지자체 소속이어서 지급되는 장비와 훈련의 수준 차이가 크니 국가직 공무원으로 전환해야 한다는 현장의 요구를 "광역지자체로 넘기면 된다."라고 당당하게 주장하는 정치 세력이 있기 때문이다. 그런 사람들이 소방관이 현장에서 한 사람의 몫을 다 해내는 데 소요되는 교육 훈련 시간과 소요되는 자원에 관심 있을 리가 없다. 현장에서 사람이 얼마가 죽든, 전체 시스템 운영의 경비가 더 중요하다는 사람들이다. 법정 필요 인력의 2/3로 일하기에 소방관의 평균 연령이 60세가 안 된다는 사실이 전혀 중요하지 않은 사람들이다. 죽어 나가는 것은 자신들이 아니기 때문에 나 몰라라 하는 사람들이다.

수많은 층위가 겹쳐져서 발생하는 사회적 사건을 해결하려면 정부 기관 혼자서는 불가능하다. 그런데 보통 정부 정책은 한 정부 기관이 끌고 가게 된다. 현장 책임자의 소리는 듣기 힘들다. 정부 부처끼리 협의하다가 소리 없이 사라지고 만다. 도대체 어디서부터 시작해야 할까?

청원, 안전한 사회를 위한 시작

이 장은 지난 10년간의 사건 사고 중 개인, 혹은 한 지역이 속수무책으로 당할 수밖에 없었던 사건에 대한 해법을 사회적으로 찾아보자고 만든 것이다. 또한, 재난 이후 정부나 관계 기관에서 내놓은 대책의 빈 곳도 함께 지적하려 한다. 관련 업계가 중지를 모아 해결할 수 있는 것도 있고, 상당한 예산을 들이고 아주 복잡한 당사자 간의 이해 조정 과정이 진행되어야 하는 것도 있다.

이 문제들에 대한 단일한 해법은 없다. 그럼에도 과감하게 제안한다. 한국 사회가 가진 재난 취약점들은 이 장에서 요청하는 주제들을 해결하는 과정에서 시정될 수 있는 것이 많다. 여기서 지적하는 문제들 말고 독자들이 생각하는 문제들을 정리하고 그 문제를 거주 지역의 지역구 국회의원실, 광역의회 의원실에 민원을 넣는 데서부터 시작해 볼 수 있지 않을까 한다. 민원을 무시할 수 있는 정치인은 대한민국에 없다. 단일한 해법이 없는 일련의 리스트를 놓고, 이 문제가 해결되는 과정을 지켜본다면 한국 사회가 얼마만큼 안전해지는지 판단할 지표도 될 수 있을 테다. 무엇보다 처음의 문제제기가 힘들다. 누군가 나서기 시작하면 처음 나선 사람도 생각하지 못했던 제도의 빈 곳을 쉽게들 찾아낸다.

사회적인 문제의 해결 과정은 '어쩔 수 없이 감수해야 할 위협'으로 생각하던 '문제'를 '해결할 수 있는 문제'라고 생각하는 데서부터 출발한다.

이 주제들에 대한 해결 방안들이 나오기 시작하면 그만큼 궤변도 많이 나올 것이다. 사회적 안전을 유예하는 방향으로 말이다, 이는 역으로, 대중이 안전하지 않은 상태에 있어야 이익을 취할 수 있었던 것이 누구인지 드러낼 것이다. 결국 그들을 어떻게 할 것인지가 한국 사회가 더 안전해질 것인가 아니냐를 결정지을 것이다.

민원을 넣자,
소통을 하자

이전 같았으면 '무례한 발언'으로 지탄 받았을 것이 분명한 발언들이 여우와 두루미의 세상이 되면서 '사이다 발언'이라고 각광 받는 시대가 되었다. 서로 상대방을 '좌빨'이라고, '틀딱'이라고 하면서, 당면한 모든 문제는 상대방의 탓이라고 목소리를 높인다. 정치적, 사회적 지향점이 비슷한 이들을 대상으로 유튜브 채널을 운영하고 그 채널에서 슈퍼챗으로 돈 버는 사람들이야 신나겠지만, 이 상황을 방치한 결과로 우리는 지금, 인류 공동체가 지금껏 지키려 애써 왔던 '공공의 안녕'이라는 가치조차 '추상적인 목적'이라고 말하는 이들이 정치 권력을 휘두르는 세상에 살고 있다.

공공의 안녕을 위해 사회적 자본을 어떻게 배분할까 따지는 것이 정치의 목적 중 하나다. 하지만 이런 세상이 계속된다면 무엇인가 개선하거나 복잡한 이해관계를 조정하기보다는 상대방을 악마화하는 선거 전략이 훨씬 더 유용해진다.

서로 다른 세상만 보며 커지는 혐오

2013년경 케임브리지 대학교의 연구원이던 알렉산드르 코건(Aleksandr Kogan)은 페이스북 사용자들에게 성향 테스트앱 'This is your digital life'를 배포했고 약 30여만 명이 이를 다운받아 실행했다. 이 앱은 사용자 친구들의 정보들까지 뽑아가 최대 8,700만 명의 데이터가 코건의 손에 들어갔고, 코건은 이 자료를 영국의 정치 컨설팅 회사 케임브리지 아날리티카(Cambridge Analytica)에 넘겼다. 이곳의 이사는 미국의 은행가이자 정치인, 그리고 트럼프 선거운동 캠프의 CEO였던 스티브 배넌(Steve Bannon)이었다. 케임브리지 아날리티카는 이렇게 수집된 정보들을 활용해 영국의 브렉시트를 막는 이들과 미국의 힐러리 지지자들을 자국의 발전을 가로막는 역적으로 만들었고, 그 덕에 영국은 EU에서 탈퇴했고, 트럼프는 당선되었다.

이렇게 고의적인 정보 유출이 아니더라도, 우리는 늘 어떤 식으로든 최소한의 정보를 제공하지 않을 수 없다. 페이스북을 비롯해 유튜브, 이와 비슷한 중국 서비스인 유쿠 등의 플랫폼들은 자체적인 알고리즘을 통해 개별 사용자들이 선호하는 콘텐츠를 보여 준다. 그렇게 우리는 연령, 성별 혹은 정치적인 입장 등의 정보를 제공하고 그에 맞춤한 콘텐츠에 둘러싸인 세상에서 사는 것이다. 개개인의 관심사가 다 다르니 당연히 첫 화면이 같을 수는 없다. 문제는 다른 정도가 아니라 극단적으로 딴판인 세상을 보여 준다는 것이다. 한국 유튜브 사용자들은 보통 1시간 20분가량을 본다고 하는데 그 정도면 예전 텔레비전 시청 시간에 육박한다. 이에 더해, 정치 유튜버들은 상대방을 악마화할수록 충성 구독자들을 확보하기 쉬운 것을 알기에 당연히 이는 혐오 혹은 공포를 심어 주는 발언들로 이어진다.

2022년 대한민국 대선에서도 그랬다. 정월 초하루에 유력 대선 후보는 대한민국의 건강보험을 갉아먹고 있는 외국인의 건강보험 가입을 힘들게 하겠다는 공약을 꺼내 들었다. 1990년대에 한국에 들어와서 가장 힘든 일을 했던 중국 국적 조선족에 대한 대중의 반감을 이용하는 것이었다. 30여 년 전 20~30대의 나이에 한국으로 왔으니, 이제는 만성질환 하나씩은 안고 살며 보험 청구 건수가 많을 수밖에 없는 이들이다. 그런 사례들 중 극단적인 몇 가지를 찾아내 외국인들이 건강보험 재정을 갉아먹고 있다며 공포감과 혐오를 선거운동에 이용했던 것이다.

인류의 역사에서 무능한 자들이 권력을 장악할 수 있는 확실한 방법은 대중에게 공포를 심고 혐오를 부추기는 것이었다. 중세에서 근대로 넘어오던 시기에 중세라는 오랜 암흑시대가 자체적 모순 때문에 수많은 문제를 터트리고 있을 때 광범위하게 자행되었던 마녀사냥이 그러했다. 히틀러의 나치스 역시 공포와 혐오로 정권을 잡고 무수한 타자들을 죽음으로 몰아넣었다.

사라지는 사람 존중

사회는 예전보다 훨씬 더 복잡해졌고 조절해야 할 이해 당사자의 숫자도 어마어마하게 늘어났지만, 한국 사회가 해결하지 못하고 있는 문제들은 점차 누적되고 있다. 그런 상황 속에서 공공의 안전을 책임지지 못하고 대형 참사들이 일어난 것이다. 사실 오랜 세월 동안 한국 사회에서 문제라고 지적되어 온 것들은 한쪽 정당의 일방 독주로 해결될 수 없는 문제들이다.

이를 잘 보여 주는 것이 2020년 인천공항 비정규직의 정규화를 둘러싸고 벌어졌던, 이른바 '인국공 사태'다. 1만여 명에 이르는 인천국제공항(인국공) 비정규직 노동자 중 1,902명의 보안검색 요원들을 비롯한 20% 정도를 '청원경찰' 신분으로 직접 고용한다고 하자, 취준생들을 중심으로 반대 의견이 들끓었던 것이다. 취준생들이 볼 때, 자신들이 죽도록 공부해 미래에 가 있을 그 정규직의 자리에 비정규직 '계급'이 현장 노동의 경력만으로 감히 들어오려 하다니, 그건 있을 수 없는 일이었다. 1997년 IMF의 고용 유연화 요구로 도입되었던 것이 비정규직이다. 한국 사회에 20년 동안 누적돼 온 정규직/비정규직이라는 내면화된 계급 의식이 명확하게 드러난 사건이다.

더 나아가, 비정규직도 아니고 일용직이라면 아예 사람 취급을 못 받는다. 우리나라는 유독 전기를 차단하지 않고 보수공사를 하다 죽는 노동자가 많다. 공사를 위해 잠시라도 전기를 차단시키면 바로 민원이 들어가기 때문이다. 누군가 목숨을 걸 수도 있다는 자각이 없기에, 이런 위험한 행위를 별 생각 없이 하고 있는 것이다. 일상생활에서도 마찬가지다. 폭우가 쏟아져 나가서 사먹을 수 없으니 음식 배달을 주문한다. 주로 이륜차로 배달을 하는 이들이 폭우를 뚫고 배달하려면 얼마나 위험할지, 거기까지 생각이 미치지 못한 것이다.

따지고 보면, 남을 생각하며 살기 쉽지 않은 세상이다. 감당할 수 없는 집값, 이 때문에 늘어난 출퇴근 시간, 오랜 노동시간, 거기에 독박 육아까지. IMF 때부터 이 나라의 자살율은 전쟁을 벌이는 국가들 수준이었다. 매년 1만 명 단위가 스스로 목숨을 끊고 있는데도, 수십 년이 지난 지금까지도 제대로 된 대책은 나오지 않고 있다. 이런 사회가 안전에 대해 심각하게 고민할까? 그나마 누군가 피 흘린 대가로 지금껏 힘들게 만들어진 안전 규정, 대책 등도 제대로 지켜지지 않고 있다. 이 나라에서는 하루 평균 두 명이 산업현장에서 목숨을 잃는다(2023년 고용노동부 발표, 산업재해 사고 사망자 수 기준). 하지만 이들 대부분은 비정규직, 혹은 일용직이기 때문에 뉴스에서는 단신 처리가 되고 만다. 그리고 이들이 어떤 상황에서 일하고 있는지는 중산층이 알 바가 아니다.

반복하지만, 이 오래된 문제들은 어느 한쪽이 완전하게 권력을 장악한다고 해서 해결될 수 있는 것이 아니다. 서로 다른 생각을 가진 이들이 머리를 맞대고 진지하게 해법을 찾을 수밖에 없다.

극단의 사람들과 대화하는 법

여우가 두루미에게, 두루미가 여우에게 말을 하기 시작하려면, 지금까지 듣고 말했던 것과는 좀 다른 방식이 필요하다.

2015년 11월 13일 《뉴욕타임스》의 '오피니언'에 실린 〈정치적 설득의 열쇠

(The Key to Political Persuasion)〉라는 글은 '나와는 다른 세상에 살고 있는' 사람들과 대화를 시작할 실마리를 제공해 준다. 이 글은 미국 심리학회(American Psychological Association)에서 발행하는 《성격과 사회심리학(Personality and Social Psychology)》에 실린 실험을 바탕으로 했다.

핵심은 세 가지다. 하나는 정치꾼이나 특정 정치인과 이해관계가 있는 맹렬 지지자가 아니라면, 나와 지지 정당이 다른 사람이라고 해도, 내가 '문제'라고 생각한 것을 무조건 '문제가 없다'고 생각하지는 않는다는 것이다. 교육 과정, 성장 배경, 그리고 살아온 경험에 따라 핵심 준거를 판단하는 방식이 다를 뿐이다. 두 번째는, 사람들은 대체로 자신이 택한 정치적 견해의 근거를 밝히는 데 어려움을 겪으며, 다른 가치관을 가진 이들을 어떻게 설득해야 같은 사안에 대해 지지를 얻을 수 있는지 고려하지 않는다는 것이다.

다음과 같은 사례가 있다. 미국의 경우 동성(同性) 결혼 문제는 지지 정당을 가르는 준거들 중 하나다. 본인이 보수적이라면 동성 결혼 반대, 진보적이라면 동성 결혼 찬성인 경우가 대부분이다. 그런데 보수적인 사람들에게 애국심과 집단 충성심에 초점을 맞춘 표현을 쓰면 다른 결과를 보였다고 한다. 즉, "동성 커플 역시 자랑스럽고 애국하는 미국인이며, 미국 경제와 사회에 기여합니다."라는 방식으로 말을 하면, 보수주의자들이 생각하는 최우선 순위 조건을 만족시키므로 지지하는 경우가 생겼다고 한다.

마찬가지로, 진보주의자라면 대부분 반대하는 '군비 지출 증대' 같은 사안도 그들이 최우선 순위로 생각하는 가치인 '공정성'에 호소하는 경우, 훨씬 더 우호적인 반응을 보였다고 한다. 즉, "빈곤과 불우한 환경에 놓인 이들이 군대를 통해 확실한 월급을 받고 빈곤과 불평등에서 벗어나는 데 필요한 공정한 기회를 얻을 수 있으니 군비 지출이 필요합니다."라고 말하는 경우다.

포인트는, 상대가 우선순위로 두는 가치가 무엇인지 파악하고 거기서 시작하는 것이다. 이것과 연관하여 세 번째로, 상대가 같은 공동체의 일원이며 존중받아야 한다는 것을 잊어 버리면 안 된다는 것이다. 누구든 항상 옳은 생각과 행동을 할 수는 없는 법이므로, 상대를 존중해야 나도 존중받는다는 것을 잊으면 안된다.

설득하려는 사람들의 머릿속으로 들어가 그들이 무엇에 관심을 갖고 있는지 생각하고 그들의 원칙을 포용하는 주장을 해야 한다. 자신의 의견에 동의하지 않는 사람들을 적이 아니라 고려할 만한 가치를 지닌 사람들로 여긴다는 것을 보여주고, 주의 깊은 태도로 정치적 경쟁자의 도덕성을 존중하는 것이다. 그것이 "우리가 동료 시민에게 빚진 것을 갚는 최소한의 도리다."로 이 글은 끝난다.

위의 세 가지 지적은 '알고리즘이 민주주의의 가치를 훼손하는 시대에, 우리가 공동체의 일원으로서 어떻게 해야 공동체를 지킬 수 있을까?'에 대한 단초를 주고 있다. 안전과 생존법을 이야기하는 책에서 이 이야기를 하는 이유는 하나다. 사회를 구성하고 있는 특정 집단을 배제하는 것이 지금처럼 일상화되어 고착된다면, 공공의 안전은 결코 도달할 수 없는 목표가 되기 때문이다. 만인에 의한 만인의 각자도생 사회에서 살아남을 수 있는 자는 거의 없다.

민원을 넣고 소통을 하자

그러면 여기서 질문. 지지하는 정파가 다른 아무나를 잡고 아무 주제에 대해 이야기하면 공동체를 회복하고 세상을 좀 안전하게 만들 수 있을까? 물론 그럴 리는 만무하다.

이번에 새롭게 추가하거나 고친 내용 가운데 관할 지자체 등 해당 기관에 고발해야 한다고 한 부분들이 있다. 민원을 적극적으로 활용하자는 제안인 동시에, 아수라장인 지자체 민원 현장부터 직접 만나 보자는 뜻이기도 하다. '공공의 안전은 공동체가 지켜야 할 목표'라는 데 동의하는 공동체의 구성원이라면 할 수 있는 일이 너무 많기 때문이다. 제대로 된 민원을 넣는 일과 함께, 독이 되는 민원을 걸러내는 일 역시 공동체에서 해결할 과제다.

민원은 동전의 양면과도 같다. 2023~2024년 겨울, 도로의 작은 부분이 내

6 PETITION

443

려앉거나 깨진 포트홀(pot hole)로 고생한 경우가 많았는데, 다양한 원인 가운데 과도한 염화칼슘 살포도 있었다. 눈 오는 날 "도로에 제설제를 왜 안 뿌리느냐?"는 민원이 너무 많아서, 지자체들이 과도하게 염화칼슘을 살포했다는 것이다. 염화칼슘은 도로는 물론이고 차체 하부 부식의 주요 원인 중 하나여서 과도하게 살포하면 안 된다. 사실 이러한 민원이 습관성 민원인지 정말로 필요한 민원인지 구별하기는 쉽지 않다.

특히 건축 관련해서는 완전히 아수라장이다. 입찰 경쟁에서 진 회사가 경쟁 회사의 건설 현장에서 신고거리를 찾아내 민원 넣는 것은 기본이다. 자기네들이 불법 작업 해야 하니까 동선 반대편의 건설 현장에서만 집중적으로 신고거리를 찾아내는 경우도 있다. 중요한 것은, 이런 민원을 넣는 사람들은 자기들 공사 현장의 안전도, 지나가는 사람의 안전도 관심 가지지 않는다는 것이다.

그럼에도, 안전한 사회를 만들기 위해 일반인이 할 수 있는 첫 번째 일은 자신이 살고 있는 지역에서 민원을 적극적으로 활용하는 것이다. 지자체별로 다양한 민원 창구를 열고 있다. 그러니 인터넷 신고든 직접 찾아가든 다양한 방법으로 본인이 참여해야 한다. 인구 이동 주기가 거의 2년인 나라에서 지역 공동체를 꾸리고 활동하기에는 한계가 따를 수밖에 없다. 그러니 일반인이 할 수 있는 일은 민원에서 출발한다. 민원을 넣는 것뿐만 아니라, 염화칼슘의 사례에서처럼 민원으로 공공의 안전을 해치는 이들도 일반인이 찾아내 설득해야 한다.

두 번째는 자신이 경험하고 있는 한국 사회의 안전 문제들을 다음에 나오는 여행자 보험, 학교 지진, 소방 인력, 여성 안전, 부실공사 등의 경우처럼 정리해 보는 것이다. 이렇게 정리된 것들을 가지고 사람들과 대화하면서 세부적인 내용들을 보강한다. 그렇게 정리된 내용들을 지자체의 '정책 아이디어 게시판'처럼 공론화가 가능한 한 곳에 올려서 현실화하는 것이다. 가능하다면 지자체 일꾼들이나 정치권에 직접 진출하려는 사람들과 직접 만나 토론하고 다시 정리하면 좋겠지만, 그게 가능한 사람들은 극소수다. 민원과 청원부터 적극적으로 이용해 보자.

여행자 보험 보장 범위

여행지에서의 각종 안전사고 발생에 대비해 여행자 보험을 이용하는 여행자가 늘어나고 있다. 좋은 현상이지만 여행자 보험에도 맹점이 있다.

1. 2010년 1월 1일 《시사IN》의 〈억울하면 인터넷에 호소하라는 외교부〉 기사는 해외에서 큰 사고를 당했을 때 정부의 대처 수준이 어떠한지 고발했다. 사이판 관광 중 총격을 당해 척추 관통상을 입었던 박재형 씨, 온두라스에서 살인범 누명을 썼던 한지수 씨, 호주에서 혼수 상태에 빠질 정도로 폭행을 당했는데도 살인미수 혐의를 받았던 최진호 씨의 사례를 볼 때, 피해자가 스스로 언론 플레이를 하지 않으면 국가가 나서지 않는다는 기사였다.

특히 박재형 씨의 경우, 사고 뒤 한국으로 후송된 뒤 서울대병원에서 세 번의 수술 끝에 목숨을 살릴 수 있었지만, 환자부터 살리자던 여행사가 피해 보상을 거부하면서 박재형 씨 가족은 새로운 싸움을 시작해야 했다. 사실 박씨가 받을 수 있는 보험은 여행 상품을 구입할 때 가입한 여행자 보험뿐이었고, 받을 수 있는 최대치는 4,000만 원 정도에 불과했기 때문이다. 결국 재판까지 갔고, 2심에서 화해권고 결정이 내려졌다. 박씨가 보상받을 수 있었던 것은 치료비를 조금 넘는 2억 원 정도. 노동력을 상실한 상태에서 정신적인 고통까지 겪으며 살아야 하는 것에 비하면 보상은 터무니없을 정도로 적은 것이었다.

2. 문제는 이런 형태의 사고가 상당히 많이 일어난다는 점이다. 남아시아 국가를 여행하다가 크게 다쳐 현지 병원에서 치료를 받는 경우, 종종 볼 수 있다. 하지만 현지의 국공립 병원 수준은 사이판과 크게 다르지 않다. 하루 입원비만 100만 원이 넘는 민간 영리 병원만 신뢰할 수 있는 의료 서비스를 제공한다. 그리고 대부분 여행자 보험은 일단 본인이 현지에서 치료비를 모두 부담해서 치료한 다음에 한국에 돌아와서 그 비용을 청구해야 한다. 청구 비용이 100% 지급되는 것도 아니다. 그리고 남아시아 국가들 대부분은 한국 수준의 119 구급차도 없고 오지에서 사고를 당하면 헬기가 유일한 후송 수단이 된다. 헬기의 경우 300km 정도를 날면 400만~500만 원 정도가 청구된다. 설령 한국의 국적 항공사들이 후송을 결정했다고 해도 좌석에 앉아서 돌아올 수는 없다. 보통 2인이 앉는 창가 자리를 3줄을 뜯어내고 거기에 후송용 침대를 설치한다. 이 경우, 항공사는 6명의 비행기 편도 요금을 청구한다.

3. 즉, 저개발 국가에서 사고를 당할 경우 제대로 치료를 받을 수 없는 경우가 많다. 설령 운 좋게 민영 병원에 입원한다 해도 사고 현장에서 병원까지 후송 비용이 만만치 않으며 한국으로 후송시킬 경우에도 마찬가지다. 이 사례는 그나마 피해자가 여행업계에서 절대적 강자라고 할 수 있는 회사의 상품을 이용했기 때문에 합의라도 할 수 있었다.

여행자 보험의 개선 방향은 그 보장 범위를 바꾸는 것이다. 사고를 당했을 경우, 현지에서 환자 긴급 후송과 한국으로 후송하는 경비 역시 지급 범위에 포함시키는 것, 그리고 사망 보장금에 상당하는 수준의 후유 장애 보장을 하는 것이다.

학교 지진 안전 대책

2016년 경주 지진 이후 경북의 초·중·고등학교에서는 지진 대피 교육이 실시되고 있다. 그러나 이 교육에는 맹점이 있다.

1. 지진의 2차 재해 가운데 대표적인 것이 액상화 현상이다. 지표면에 흙이 아니라 모래가 많이 섞여 있고 지하수가 그 밑을 흐르고 있는 지역에 지진이 발생하면, 지진에 의해 물이 스며들면서 토양의 결합력이 약해져 마치 액체처럼 유동하는 현상이다. 그래서 그 지역의 표면에 있던 모든 물체가 땅속에 빨려 들어간다. 지진이 난 지역의 사진들을 보면 땅으로 차가, 혹은 건물이 빨려 들어간 사진들을 볼 수 있는데, 액상화 현상 때문이다. 충분히 깊이 기초공사를 하지 않은 건물들은 액상화 현상에 취약하다.

2. 대한민국의 학교들은 표준화된 운동장 설계 및 건설 기준에 따라 지어진다. 장마철에도 학교 수업을 제대로 할 수 있도록, 물이 빨리 빠질 수 있도록 하기 위해 흙 운동장의 포장 단면은 잡석층 15cm, 마사토와 규사로 혼합된 혼합 재료 15cm를 쓰도록 되어 있다. 그런데 이렇게 만들어진 땅 밑에 지하수가 흐르고 있다면 액상화 현상을 일으키기에 아주 좋은 조건이 된다.

3. 일부 사립학교는 학교 건물을 건축하는 과정에서 꽤 많은 추문을 일으킨 바 있다. 부실 시공에 이어 학교 건물 사용 인허가 과정에서 관계 기관에 뇌물을 뿌리다가 꼬리가 잡혔던 사립학교가 많다. 이런 학교는 지진이 발생하면 학교 안

이 가장 위험한 곳이 된다.

4. 실제로 2013년 5월 22일 '뉴시스'는, 서울시 교육청의 정밀 안전 진단 결과 9개교 15개 이상의 건물에 문제가 있는 것으로 드러났다고 보도했다. 3개교 3개동은 개축이 필요하며, 7개교 12개동은 보수와 보강을 통해 안전 등급을 올려야 한다고 지적했다. 그러나 같은 해 2013년 10월 2일, 서울시 교육청 산하의 서울특별시 교육시설관리사업소가 35년 이상 경과한 사립학교 건물 145개교 297동에 대해 1차 안전 진단을 실시한 결과, "구조 손상이 심한 ○○학교의 창고는 철거할 계획이며, 구조 손상이 다소 발생한 □□학교 등 2교의 부속 시설은 추가로 최종 정밀 안전 진단을 실시할 예정이며, 상태가 비교적 양호한 건물은 손상 여부를 주의 관찰할 수 있도록 해당 학교에 안전 지침을 시달하였다."라고 했다. 15개 이상의 건물에 이상이 있다고 했던 이전 내용은 어디론가 사라지고, 철거해야 하는 건물은 하나로 줄었던 것이다. 2013년 문제가 되었던 학교 중 한 곳은 2007년에 유리창 틀이 떨어져 지나가던 학생이 머리를 맞았고 27바늘을 꿰매는 사고가 났던 곳이었다.

이 중 문제가 되었던 한 학교의 경우에는 방화벽과 방화문은 물론 비상구에도 문제가 있었다. 학교 건물의 상태도 좋지 않은데, 꽤 많은 학교의 밑으로 지하수가 흐른다. 대한민국 국가지하수정보센터는 전국의 지하수 상태에 대한 지도를 제공한다. 이 지도와 학교 위치를 교차하면 어느 학교가 액상화 현상으로 지진에 가장 취약한지 파악할 수 있다. 이 작업과 전국의 모든 학교에 대한 정밀 안전 진단을 병행, 전국 초·중·고등학교의 안전을 강화할 필요가 있다.

사립학교 재단의 자산에 대한 안전 진단은 학생의 목숨과 관련되어 있는 것이기 때문에 교육청이나 교육부의 예산을 쓸 수도 있다. 하지만 원칙적으로 사립학교법상 학교의 건물은 재단 자산이기에, 보강과 관련해서는 '개인 자산의 안전을 왜 국가가 해결해 줘야 하는가'라는 문제가 걸린다. 이에 대한 사회적 합의도 필요하다.

6-03

민간 건물 내진력 강화 방안

수도권에서 흔히 볼 수 있는, 1층에 벽면이 없고 출구와 기둥만 있는 주거용 건물이 있다. 이런 건물들 1층은 주차장 혹은 상가나 편의점 같은 시설이 있고 2층부터 주거용으로 사용한다. 이 건물들의 1층 기둥 위를 보면 2층에 창문이 있는 걸 흔히 볼 수 있다. 이는 건물의 기둥이 기초부터 건물 꼭대기까지 연결되어 있지 않다는 뜻이다. 구조적으로 보면 이 건물들은 젓가락 위에 박스를 세워놓은 것과 같다.

1. 이 형태의 근린생활시설은 사생활 방해 문제 때문에 1층을 싫어하는 세대와 1층 전체를 주차 공간으로 쓸 수 있다는 장점이 결합해 수도권에서는 신축 원룸의 대표적인 건축 구조로 자리 잡은 지 오래다.

2. 여러 층으로 구성된 건축물에서 인접한 층에 비해 유연하거나 약한 부재로 구성된 층을 연약층이라고 한다. 연약층이 있으면 그곳에 손상이 집중되어 붕괴가 발생하기 쉽다. 한국형 필로티 건물에서 1층이 딱 그러하다. 구조적으로 지진에 약할 수밖에 없다.

3. 더군다나 이렇게 만들어진 근린생활시설은 법적으로도 사각지대에 있다. 현행 건축법상 3층 이상의 건물은 내진 설계를 해야 하지만, 이 중에서 6층 이하의 건물은 인허가 단계에서 내진 설계 전문가인 '건축구조기술사'에게 내진 설계 여부를 확인받지 않아도 된다. 내진 설계는 해야 하면서도 지진을 견딜 수 있는지 확인해 주는 전문 기술사의 확인은 받지 않아도 된다는 이 기묘한 규정은

안전에 대한 한국 사회의 인식을 보여 주는 지표나 다름없다.

4. 일반적으로 이런 형태의 건축에 참여하는 회사들의 규모는 그렇게 크지 않으며, 그렇게 지어진 건물들은 주로 호주머니가 가벼운 청년들이 많이 사는 원룸 주택이다. 경비 절감이 지상과제인 민원인들의 요구에 관계기관이 안전 기준을 사실상 없애 버린 것이다.

5. 2016년 9월 23일 《경기일보》에는 이 문제를 지적하는 기사가 실린 바 있다. "얇은 기둥으로 버티는 안전. 요즘 원룸, 지진에 속수 무책"이라는 제목의 기사에서 국토부 관계자는 "5층 이하 필로티 건축물도 건축구조설계사가 확인하지 않을 뿐, 내진 설계는 하도록 하고 있다."며 "필로티 건축물이 일반 건축물보다 지진에 취약하다는 지적이 나오는 만큼, 3층 이상으로 규정된 내진 설계 의무 대상에 2층까지 포함하는 방안을 추진할 예정"이라고 밝혔다. 국토부뿐만 아니라 당시 국민안전처도 2층 이상의 모든 건물에 내진 설계를 하는 방안을 추진한 적이 있다(〈2층 건물도 내진 설계해야… 국민안전처, 현행 '3층 이상'서 범위 확대〉, 2016년 5월 27일 자 《매일경제》)

6. 대한민국의 민간 건축물 내진 성능 확보율은 30.3%에 불과하다. 1988년까지는 지진 규모 5까지가 기준이었고 2005년 이후부터 지진 규모 6 이상이 되었으나, 이 규정의 예외 조항이 이러한 건물들이다. 왜 이렇게 된 걸까? 사실 이런 구조는 내진 설계를 무시해야 가능한 건물이다. 그런데 참여정부는 5년 내내 부동산 대란을 겪었다. '가능성이 낮은 재난'과 관련된 규제들을 풀면서 어떻게 해서든 주택 보급을 늘리려고 했던 것이다. 그런데 문제는 참여정부 이후 규모 5 이상의 지진들이 심심찮게 발생했다는 것이다. 지금이라도 손봐야 하는 부분이다.

7. 이런 형태의 근린생활시설이 지진에 취약하다는 것을 모르는 건축주는 없다. 그러나 내진 설계를 하면 건축비 상승은 당연하며, 대부분의 건축주들에게 안전은 건축비보다 하위 개념이다.

구조 안전 진단 결과 철거를 해야 하는 건물이 아니라면, 보강할 수 있는 방법은 있다. 문제는 이 보강을 무슨 돈으로 어떻게 할 것이냐다. 2016년 당시 국민안전처가 추진했던 방법은 "재산세·취득세를 감면해 주는 기존 건축물 내진 보강 인센티브는 현행 '연면적 500m² 미만 1~2층 건축물'에서 기존 건축물 전체로 적용 범위를 대폭 늘리고, 내진 보강 시 건폐율과 용적률을 완화해 주는 내용도 신설하고, 지진 보험에 가입하면 신규 건축물은 30%, 기존 건축물은 20%까지 지진 보험료를 할인해 주는 것"이었다. 이 정도 유인책으로 민간 건축물의 내진율이 올라갈 수 있을까?

소방 인력 확충 및 대우

소방력 기준에 관한 규칙에 따르면, 2016년 현재 법정 인원은 5만 1,857명인데 실제 근무 인원은 3만 2,343명이다. 임기 내에 소방 인력의 법정 인원을 채우겠다고 한 것은 대통령 공약이었다.

1. 대한민국이 안전에 대해 얼마나 관심이 없었던 나라인가에 대한 증거 자료로 인용되는 숫자 중 하나가 소방 인력과 관련된 문제다. 소방력 기준에 관한 규칙에서 정의한 바에 따라도 2016년 현재 부족한 소방 인력은 1만 9,514명이다. 다른 나라들과 비교해 보면, 대한민국 소방관 1명이 책임져야 하는 국민은 1,341명으로 프랑스 1,029명, 일본 820명에 비해 터무니없을 정도로 많다. OECD 평균도 소방관 1인당 1,075명을 책임진다. 참고로 일선 경찰 1명은 평균 594.5명의 국민을 책임진다. 이것도 적은 편은 아니다. 경찰 1명이 담당하는 인구 수가 독일은 320명, 프랑스가 347명, 미국이 401명이다.

2. 정파주의적 선동가들을 제외하고 소방 인력이 모자라다는 것을 반박하는 사람은 없다. 하지만 이 인력을 국가직 공무원으로 채용해야 하느냐는 부분에서는 꽤 논쟁이 많다. 그러나 소방 예산의 구성을 보면 지방직의 문제가 무엇인지 명확하게 보인다.

구분	2014	2015	증감	증감률
시도소방재정 합계	31,561	36,783	5,222	16.5
국비(비중)	556(1.8)	1,584(4.3)	1,028	184.9
지방비(비중)	31,005(98.2)	35,199(95.7)	4,194	13.5

· 소방예산현황, 단위 억 원. 출처 국민안전처, 〈소방행정자료 및 통계〉 2015년

3. 지난 정부에서 담뱃값이 인상될 때 소방안전교부세라는 것이 신설되었다. 화재 원인 중 두 번째가 담배로 인한 실화이므로 담배를 피우는 사람이 세금을 더 내야 한다는 논리였다. 위의 표에서 보듯 지방자치단체가 부담해야 하는 소방 예산의 비중이 너무 높아 지역적 편차가 크니까 이걸 줄이자는 것이었다. 그러나 지난 정부는 이 세금을 소방 예산에 넣으면서 소방 장비 구입 등에 활용하던 국고 보조금을 줄였다. 그 결과 장비 지급에서 문제가 생겼다.

구분	계(점)	공기호흡기	방화복	헬멧	안전화	안전장갑	방화두건
1인당 보유 기준	6종 10점	1	2	1	2	2	2
보유 기준	350,564	38,842	68,220	38,842	68,220	68,220	68,220
보유 수량	343,810	39,817	71,462	43,614	63,166	65,218	60,533
내용 연수		10년	3년	5년	소모품	소모품	소모품
노후 수량 (노후율%)	56,806 (16.5)	8,728 (20.0)	31,119 (43.5)	16,959 (38.9)			
부족 수량 (부족율 %)	15,743 (4.5)				5,054 (7.4)	3,002 (4.4)	7,687 (11.3)

· 소방예산현황, 단위 억 원. 출처 국민안전처, 〈소방행정자료 및 통계〉 2015년

4. 안전화, 안전 장갑, 방화 두건 등은 방염 처리가 되어 있는 것이어야 하고 칼에 잘리지도 않는 아주 튼튼한 재질이어야 한다. 그런데 이 소모품이 충분히 지급되지 못해 소방대원이 '자비'로 장비를 구입해야 했다. 소방대원들이 수년간 지속적으로 문제제기했던 것도 이 문제였다.

5. 그러나 대선 과정에서 정파적 이해관계가 국민의 안전보다 소중했던 이들은 이 문제를 철저하게 외면했다. 법정 인력은 충분한 인력이라는 뜻이 아니다. 소방 인력의 경우 그 법정 인력에서도 약 30% 모자라는 상태였다. 인력이 30%가 모자라면 어마어마한 희생이 요구된다. 실제로 소방 공무원의 평균 수명은 59세다. 현대적인 국가가 한 집단의 일방적인 희생을 토대로 작동한다면 우리는 그것을 '야만'이라고 부른다. 그럼에도 정파적인 이해 때문에 소방 공무원이 그토록 요구하고 있는 '국가직 전환'이 논쟁 대상이 되고 있는 것이 우리의 현실이다.

한국은 여성이 살기 안전한가

2016년 5월 17일 서초동의 한 노래방 남녀 공용 화장실에서 한 여성이 칼에 찔려 살해당했다. 그리고 7년 뒤, 2023년 11월 4일 경남 진주의 한 편의점에서 일하는 여성의 머리카락이 짧다고 "페미니스트는 맞아도 된다."며 폭행하는 사건이 벌어졌다. 대검은 전형적인 혐오 범죄라고 엄정대응하겠다고 했으나, 2024년 4월 9일 창원지법은 심신미약을 이유로 3년형을 선고했다. 또한 2024년 4월 10일, 한 여성이 고등학교 때부터 사귀며 폭행을 일삼던 전 남친에게 폭행당해 병원에 입원했다가 결국 숨졌는데, 피의자가 "폭행과 사망에 연관성이 없다."며 풀려나는 일이 벌어졌다. 더불어, 이 참혹한 사건들과 황당한 결말들은 매번 더 우울한 논쟁으로 이어지기까지 했다. 이 사건들과 논쟁들이 말하는 것은 단 한 가지다. 대한민국에서 여성은 안전하지 않다.

1. 몇 년 전까지만 해도, 남자가 일방적으로 여성을 폭행하는 일이 있어도 부부 일에는 개입 안 한다고 하거나, 피해자와 피의자를 함께 앉혀 놓고 피해자의 신상 정보들을 묻던 곳이 경찰이었다. 물론 최근에는 이러한 일은 많이 줄었지만, 갈 길은 멀다. 112에 신고하는 그 순간부터 피해자에게 전문 상담사가 붙고, 관계 병원에서 필요한 의료 처치가 이루어지면서, 전문 수사대가 수사를 시작하고, 전문 검사와 판사가 범인을 찾아내고 처벌하는 단계까지 가려면 말이다.

2. 문제는 아직도 변함 없는 검사와 판사, 그리고 법 자체다. 2024년 4월 1일 거제에서 발생한 사건이 대표적이다. 남자의 폭행에 저항했다는 이유로 '쌍방'으로 다루고, 1차 부검결과 폭행에 의한 사망이라고 보기 어렵다는 소견이 나와 검사가 긴급체포를 불승인했는데, 한 달 보름이 지난 다음에 벌어진 2차 부검에서 폭행이 사망 원인이었다고 밝혀졌다면, 그걸 어떻게 받아들여야 할까?

3. 무엇보다 어처구니없는 것은, 2000년대에 페미니즘을 '극단적인 이념'이라고 부르는 이들이 생겨났다는 점이다. 모성 보호는 사회 체제 자체를 유지하기 위해 반드시 필요하다. 그리고 요즘처럼 고등교육을 받는 여성 인력을 노동 시장에 안착시키기 위한 사회적 노력을 하지 않는다면 이건 자원효율성에 반한다. 즉, 자본주의 체제 유지를 위해서도 필수적인 부분이다.

4. 이러한 페미니즘을 반사회적이고 극단적인 이념으로 취급하는 이들이 있다는 것은, 다른 생각을 하는 사람들과 만나서 대화하는 법을 배우지 못했거나 아예 필요성을 느끼지 못하고 있다는 반증이다. 10여 년 이상 된 인터넷 커뮤니티 상당수는 단일한 정치적 입장을 가졌으며, 정치적으로 다른 생각을 가진 이들에 대한 혐오가 일상이 되어 있다. 혐오가 일상화되면 절대로 넘어서는 안 되는 선을 쉽게 넘어선다. 여자라는 이유만으로 칼로 찔러 죽이고, 머리가 짧다는 이유로 폭력을 행사하는 것이다.

5. 특정 성(性)을 대상으로 한 범죄는 상대를 존중해야 할 사람으로 보지 않기 때문에 일어나는 것이다. '남녀가 사귀다 보면, 살다 보면 다툼이 있기도 한 것 아니냐.'로 바라볼 사안이 아니다. 특히 이런 종류의 범죄는 '묻지 마 범죄'가 아니라, 명백하게 '혐오 범죄'의 범주에 들어간다. 다른 범죄들에 비해 파급력이 크고 재범 가능성도 높다. 실제 한국 법원도 양형 기준에 혐오 범죄는 엄하게 처벌하도록 하고 있지만, 실제 판결에서 적용된 사례는 극소수다.

6. 이런 상황을 감안하면 일단 사법기관들부터 전문성을 더 높여야 한다. 법의학 전공자부터 확보하고 전문적인 부검 인력을 채용해야 한다. 피해자가 사망했고, 사망 전에 심한 폭행이 있었다는 것이 분명한데도 '긴급체포를 불승인'했다

는 것은 해당 검사의 직무 적합성도 의심하지 않을 수 없다. 순환 보직은 조직이 부패할 수 있는 가능성을 줄이는 대신 전문성을 희생하는 제도다. 진급 등에서 다른 방식을 도입하는 한이 있더라도 전문성을 높일 방안을 마련해야 한다. '일방적 폭행에 저항했으니 쌍방 폭행이다.'와 같은 처참한 이야기가 나와서는 안 된다. 2023년 기준으로 성범죄 검거율은 90.4%이지만, 성폭행으로 실형을 받는 비율은 57%다.

7. 무엇보다 온라인을 비롯해 사회 전반에서 차별, 혹은 혐오 표현을 할 수 없도록 해야 한다. 초등학생들이 성매매에 가담하거나 성희롱을 하고, 외국인을 대상으로 하는 성범죄도 만만찮게 벌어지고 있는 것은 한국 사회가 차별과 혐오의 위험성에 대해 아직도 자각하지 못하고 있기 때문이다.

성별, 인종, 출신지, 가족 형태, 성적 지향, 병역, 나이, 학력, 장애 등을 이유로 차별할 수 없도록 하는 차별금지법은 2000년대에 수 차례 국회에서 입법을 시도했지만 그때마다 보수 기독교계가 막아 왔다. 특히 '성적 지향' 때문이었다. 성적 지향은 정체성의 문제인데, 법이 만들어지면 이 정체성이 '확산'된다고 주장하는 것은 결코 과학적이지 않다. 또한, 다문화, 정확하게는 저개발 국가 이민자 반대 운동은 당연히 한국에 대한 반감으로 연결되며, 상당한 형태의 충격을 주는 형태로 터질 수밖에 없다. 최악의 형태는 극단주의 세력에 의한 테러로 이어질 수 있음을 잊어서는 안 된다. 무엇보다, 차별금지법을 표현의 자유를 억압하는 법이라고 하는 분들은 어떻게 이해해야 할지 모르겠다.

건축법

대한민국 헌법은, 모든 국민은 행위 시의 법률에 의하여 범죄를 구성하지 아니하는 행위로 소추되지 아니한다고 규정하고 있다(헌법 제13조 1항 전단). 이는 당시의 적법한 행위에 대하여 사후에 이를 처벌하는 소급법을 제정하지 못하도록 하는 동시에, 또 그러한 방법으로 형을 가중하는 것도 금지하는 것이다. 그런데 소급 입법이 안 된다는 헌법의 조항 때문에 대한민국의 건축 관계법은 건물의 안전 문제에서 기묘한 구멍을 만들어 낸다.

1. 앞에서 예로 들었듯이 2010년 10월 1일 부산 해운대의 한 고층 건물 화재로 고층 건물의 화재 대응법이 논의되기 시작해, 5~10개 층마다 대피 구역을 마련한 건물이 늘었다. 하지만 이러한 법률 제정 이전에 세워져서 대피 구역이 마련되지 않은 건물도 많다. 다른 예로, 최근에 만들어지는 오피스텔이나 주택의 샤워실 통유리는 열처리가 되어 있고 필름도 붙어 있어서 쉽게 깨지지 않는데, 초기에 만들어졌던 건물의 샤워실은 이 문제를 고려하지 않고 유리를 써서 쉽게 깨질 수 있다.

2. 안전과 관련해서 모든 문제가 소급 적용되지 않을까? 2015년 1월 10일, 경기도 의정부시 시내에 위치한 주거용 오피스텔 건물에서 화재가 일어나 약 130여 명의 사상자가 발생한 적이 있다. 이 직후 당시 집권 새누리당은 보완책으로, 완강기나 구조대 같은 피난기구는 10층 이하의 건축물에 한해 의무

설치토록 규정되어 있던 법을 11층 이상의 고층 건물에도 적용키로 하고 비상탈출로도 추가 확보하는 내용을 담은 개정안을 검토했다. 11층 이상의 건물에만 적용되고 있는 주차장 스프링클러 설치 의무 역시 확대하고, 소방차 진입로 확보와 관련한 규정도 손질하기로 했다.

3. 한국에서는 대규모 참사 정도가 아니라면 유독 건축물 관련 규정은 잘 바뀌지 않는다. 또한, 규정이 바뀌더라도 이에 맞춰 기존 건축물을 보수하지는 않는다. 이는 안전 의식이 높지 않기 때문이기도 하지만, 30년 정도 지나면 '재개발'이 이루어져서 자산 가치를 증식할 수 있으리라 보고 버티기 때문이기도 하다. 재개발을 하면 그때 새로운 안전 규정에 따라 새로 건축물이 올라갈 것이니, 기존 건축물을 최근의 안전 규정에 맞춰 고쳐야 한다고는 생각하지 않는 것이다.

2016년 합계 출산율은 1.17이다. 더 이상 아이를 낳지 않는 것은 지구적 현상이다. 사람이 줄기 시작했으니 재개발은 이제 제한적으로 이루어질 수밖에 없다. 옛날 건물을 지금의 안전기준에 맞춰 써야 한다.

세월호_위기 대책 소관 부서

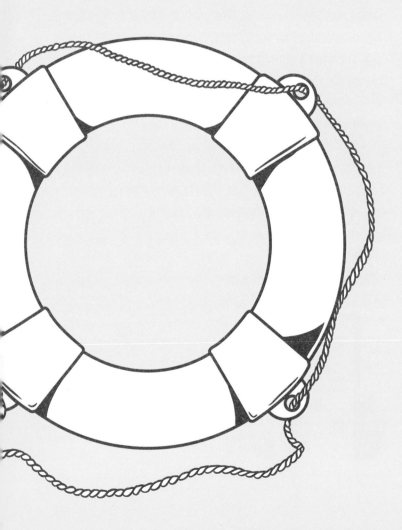

2014년 4월 16일, 세월호가 침몰했다. 정부는 침몰하는 배에서 승객들을 모두 구출하지 못한 책임을 물어 해경을 해체하고 미국의 연방재난안전청(FEMA)과 유사한 국민안전처라는 조직을 만들었다. 하지만 문제는 더 심각해졌다. 현장에서 혼란만 일으켰던 국민안전처는 2017년 새 정부의 공약에 따라 없어졌다.

1. 국민안전처 등장 이전에도 문제는 많았다. 예를 들어, 교육부가 관할하는 안전 관련 대상과 법은 세 가지였다. 학교보건법, 학교안전사고예방 및 보상에 관한 법률, 학교폭력예방 및 대책에 관한 법률. 국토교통부는 건설산업기본법, 교통안전법, 교통약자의 이동편의증진법, 도로법, 철도안전법, 하천법, 항공안전 및 보안에 관한 법률, 해상교통안전법 등 8개의 법을 관할했다. 여러 부처가 여러 법안으로 관리하다 보니 통합 운영이 안 된다는 비판이 있어서 2014년 11월 이를 일부 반영한 재난기본법과 정부조직법이 개정되었다.

2. 그런데 국민안전처가 만들어지면서 초대 처장(장관급)으로 해군 대장 출신의 박인용 전 합동참모차장이, 차관에는 육군 중장 출신의 이성호 전 행정안전부 제2차관이 임명되었다. 그러나 문제는 두 인물 모두 전투부대, 교육, 사령부 위주로 경력을 가진 이들이었고, 군에서도 수색/구조나 의무 쪽에는 경험이 전무했다.

3. 이 조직의 2015년과 2016년 예산을 꼼꼼히 따져 보면 조직의 정체성이 무엇인지 궁금해지는 부분도 적지 않다. 전체 법령 4,649개 중 136개를 국민안전처가 관할하게 되었는데 그중 안전정책실 소관의 어린이 놀이시설 안전관리법과, 해경안전본부의 자동차 등 특정동산 저당법 등도 포함되어 있었다. 이것은 어린이 놀이시설이 지자체나 교육부 혹은 교육청 관할이 아니라 국민안전처 소관이 되어 예산이 국민안전처로 간다는 뜻이다. 재난 관리를 하는 곳에서 어린이 놀이시설의 공공성과 안전기준에 대해 얼마나 전문적으로 알까? 그리고 자동차 등 특정동산 저당법이라니, 대포차 관리를 왜 국민안전처가 한다는 것이었을까?

4. 일각에서는 국정의 총책임자인 대통령 대신 책임 추궁을 받을 '콘트롤 타워'의 역할이 아니었느냐는 비아냥도 있었다. 그리고 실제로 재해나 재난이 벌어졌을 때 국민안전처는 내용 없는 긴급재난 문자 메시지도 못 보냈다.

콘트롤 타워의 이름으로 벌어졌던 이런 문제들이 부처가 없어진다고 해서 사라지지는 않는다. 무엇보다 한국에서 공산품과 관련된 안전기준은 자율 규제인 경우가 많다. 산업계와 협의하에 전체적으로 안전 수준을 높이기 위한 방안이 다시 만들어져야 한다.

핵공격 대응 매뉴얼

2017년 9월 3일, 북한 정권은 함경북도 길주군 풍계리에서 6차 핵실험을 실행했다. 측정된 지진 규모는 M. 5.7~6으로 160Kt 수준의 전술 핵무기 이상은 되는 것으로 추정하고 있다. 5차까지 진행된 핵실험을 두고 핵폭탄이 맞냐고 회의적으로 보던 시각을 모두 일소해 버렸다. 동시에 우리는 새로운 위협에 직면하게 되었다.

1. 이전과는 다르다. 북한도 우라늄 광산이 있지만 그 경제성에 대해서는 회의적인 시각이 많다. 남북 관계가 좋았던 시점에서도 북한의 우라늄 광산 개발에 대한 논의가 전혀 없었던 것은 경제성에 대해 회의적이었기 때문이다. 그래서 북한의 핵능력은 영변의 핵발전소를 가동했던 시절에 추출한 플루토늄의 양으로 계산해 왔다. 핵분열을 일으킬 수 있는 플루토늄 역시 많지 않기 때문에 북한의 핵능력에 대해 회의적인 시각이 있었다. 그러나 이제는 이야기가 다르다.

2. 물론 핵실험에 성공했다고 해서 활용 가능한 수준으로 만드는 것은 다른 차원의 문제. 인도와 파키스탄이 핵실험을 한 후, 실제 핵무장을 하기까지에는 상당한 시간이 소요되었던 것을 상기하면, 북한이 핵실험을 성공했다고 해서 바로 현실적 위협이 되지는 않는다.

3. 이는 한국 정부의 대응에서도 확인되는 사실이다. 북한이 처음 핵실험을 했던 것이 2006년 10월 9일이었다. 그즈음에 만들어진 참여정부의 매뉴얼은 어디

론가 사라졌다. 그리고 북한의 전술 핵에 대응하기 위한 계획을 수립하기 위한 기획 연구 용역이 2016년 8월에 발주되었다. 북한의 핵능력에 대해 정부가 진지하게 고려했다면 이런 일은 있을 수 없다.

4. 현재 정부에서 갖고 있는 핵공격 대응 국민행동요령은 냉전시대의 핵공격을 가정한 것이다. 이때 만든 핵공격 대응 국민행동요령은 국민들이 어떻게 대피 해야 한다는 행동요령은 설명하고 있지만 군과 병원, 그리고 정부의 각 부처와 지자체가 어떻게 대응할 것인지는 불분명하다. 그럴 수밖에 없는 것이, 냉전시 기에 만든 핵공격 대응 국민행동요령의 목적은 살아남을 가능성을 0.1% 정도 올리는 것이었다.

5. 2010년, 미국 백악관과 농무부, 노동부, 상무부, 보훈청, 국방부, 환경청, 에 너지부, 보건부, 국토안보부, NASA, 그리고 원자력위원회는 10Kt 위력의 핵 폭탄이 폭발했을 때 어떻게 대응계획을 만들 것인지 협의했고, 같은 해 6월에 135페이지에 달하는 기획 지침서를 배포했다. 이전까지의 핵공격은 핵보유 국끼리 서로 전략적 가치가 높은 지역에 전략 핵무기를 쏘는 상황을 가정했다. 바뀐 내용을 공유한 이유는 IS와 같은 테러 조직이 10Kt 내외의 소규모 전술 핵무기를 만들거나 탈취해 소프트 타깃의 피해를 극대화하는, 즉 민간인의 피 해를 극대화하는 공격에 대비하는 새로운 안보 환경이 펼쳐졌기 때문이다.

6. 북한이 지금 개발한 것은 전술 핵무기 수준이다. 일부에서는 이 무기가 한반도 를 대상으로 활용될 가능성이 있겠느냐며 회의적이다. 그러나 군부독재 체제 를 유지하고 있는 제3세계 국가의 군인들이 자국민을 상대로 대량학살무기를 쓴 사례는 얼마든지 있다. 엄연히 다른 체제를 60년 이상 유지하고 있는 '남'에 게 무기를 쓰지 않는다는 것은 어디까지나 '상대의 선의를 믿는 것'일 뿐이다. 그리고 국제관계에서 '상대의 선의'란 존재하지 않는다.

7. 전술 핵무기는 전략 핵무기와 그 파괴의 규모가 다르다. 국가가 없어지는 규모 가 아니기 때문에 국가의 재난 시스템은 충분하지는 않아도 작동할 수 있다. 2010년 미국 정부가 정부의 각 부처들을 다 모아서 전술 핵폭탄 대응 매뉴얼

기획 회의를 몇 달간 하고 그 결과에 기반해 부처별 매뉴얼 작성에 들어갔던 것도 이 때문이다.

일부에서는 미국의 전술 핵무기를 재배치해야 한다고 주장하지만 미국이 갖고 있는 전술 핵무기는 B61 공중투하폭탄의 변형들이다. 총 500발 중에서 약 200여 발이 배치되어 있다. 그러나 미국은 재래식 첨단 무기 체제를 극한까지 개발한 국가라 전술 핵무기를 폐기하고 있다. 전술 핵이 사용된 지역은 점령이 어렵기 때문이다. 필요한 것은 정부의 재난 대응 시스템이 이 최악의 상황에서 어떻게 대응하게 할 것인가에 대한 새로운 매뉴얼부터 만드는 것이다.

내가 할 수 있는 것부터 하지 않으면서 남이 폐기하는 것을 갖고 와야 한다는 건, 장사 안 되는 자영업자가 곧 대박 날 것이라고 믿고 사채 끌어오는 것과 다를 바가 없다.

부록

1 재난 시 필수 연락처

- **응급실** 및 **응급처치** 문의 : 119
- **감염병** 관련 : 질병관리본부(cdc.go.kr/CDC/ 콜센터 1339)
- **누전** 징후 : 한국전기안전공사(1588-7500)에 연락해 누전 검사
- **치한** 신고 : 112

  혹은 서울지하철 1~8호선의 경우 서울교통공사(1577-1234)
- **국외 여행** 시 대한민국 정부의 안내 지침 :

  외교부 해외안전여행(www.0404.go.kr)

  영사콜센터(+82-2-3210-0404)
- **수상 인명 구조** 강습 : 대한적십자사(www.redcross.or.kr 02-3705-3704)나

  대한인명구조협회(www.klsa.kr)
- **해양 사고** : 해경 전용 전화번호는 122번이었으나,

  2016년 10월부터 긴급 신고 전화는 119, 범죄는 112로 통합
- 집 주변의 **산사태 위험** 지역 파악 :

  산사태 정보 시스템(sansatai.forest.go.kr/welcome.ls)
- **산불** 신고 : 산림청의 중앙산불방지대책본부(042-481-4119)
- 고속도로 **교통 상황** 확인 : 한국도로공사 교통안내전화(1588-2504)
- **성폭력** : 전국의 해바라기센터 주소록은 여성·아동폭력피해중앙지원단

  (www.womanchild.or.kr)에서 확인할 수 있다.

2 안전 체험관

지역	체험관명	체험시설
서울	보라매안전체험관	지진, 태풍, 교통사고, 화재, 응급처치 실습, 소방시설 실습
	서울 시민안전체험관	소화기 사용법, 지진, 풍수해, 연기 피난, 응급처치, 건물 탈출, 심폐소생 등
부산	부산119 안전체험관	교통안전, 생활안전, 지진, 해일, 해양 생존, 태풍 등
대구	대구 시민안전테마파크	산악, 지진, 지하철 화재, 유아 대피 체험 등
경기	고양시 민방위교육장	지진체험, 심폐소생술, 화생방 체험, 화재 진압, 연기 피난, 완강 기등
강원	365세이프타운	산불, 설해, 지진, 풍수해, 대테러 체험, 트리트랙, 특수교육 훈련 시설
충남	충청남도 안전체험관	생활안전, 도시철도사고 체험, 고층화재 체험, 교통사고 체험, 실내화재 체험, 지진, 산불, 태풍, 수난안전 체험
전북	전라북도 119안전체험관	화재, 지진, 교통, 태풍, 심폐소생술, 위기 탈출(고공 횡단, 완강기, 헬기 구조) 등
경남	경상남도 양산시 민방위 교육장	구조구난, 연기 피난, 화생방, 화재 진압, 지진. 생활안전, 심폐소생술 등
경북	포스코안전센터	고소/중량물안전, 전기안전, 가스안전, 설비안전, 소방안전, 열연기 체험 등

주소	전화번호	비고
서울특별시 동작구 신대방동 460	02-2027-4100	인터넷 예약 필요
서울특별시 광진구 능동 18	02-2049-4000	인터넷 예약 필요
부산광역시 동래구 온천1동 우장춘로 117	051-760-5870	인터넷 예약 필요
대구광역시 동구 용수동 89-13	053-980-7777	인터넷 예약 필요
경기도 고양시 덕양구 행신3동 화신로 214	031-8075-3042	민방위 교육장
태백시 장성동 강원도 태백시 평화길 15 (한국청소년안전체험관)	033-550-3102	유료
충청남도 천안시 동남구 유량동 25-2	041-559-9700	인터넷 예약 필요
전라북도 임실군 임실읍 이도리	063-290-5660	유료, 인터넷 예약 필요
경상남도 양산시 양산대로 849 양산 종합 운동장		
경상북도 포항시 남구 동해안로 6213번길 15-10	054-220-0901	인터넷 예약 필요

3 재난 대응 핵심 체크

구명조끼
- 항공사고, 혹은 침몰하는 배에서 탈출하려고 할 때 구명조끼를 착용시키는 것은 실외로 나온 후에 해야 한다.
- 다리끈을 연결하지 않으면 조끼만 뜨고 가라앉을 수 있다.

대형 선박
- 각 층별로 승객이 빠르게 대피하기 위한 '긴급집합장소(Muster Station 혹은 Appropriate Meeting Location)'가 있으니, 확인한다.
- 대형 선박의 경우 갑판에서 뛰어내릴 때는 '오른손으로 턱과 코를, 왼손으로는 국부를 잡고 수직으로 떨어지는 자세'를 취한다.

비행기 추락
- 승무원의 안내에 따라 안전벨트를 매고 무릎에 배를 닿게 하고 팔로 다리를 잡아 최대한 숙이는 자세를 취한다.

119 신고할 때 주의사항
- 사고 상황, 위치를 할 수 있는 한 최대한 상세하게 설명한다
- 가능하면 휴대전화를 스피커폰으로 해 놓은 상태에서 여러 사람이 들릴 수 있도록 하고 통화하면서 수정한다
- 항히스타민 계열의 알약이나 연고를 사용한 경우 119 구급대원과 의사에게 알려야 한다.

지진

- 자세를 낮추고, 천장에서 떨어지는 파편, 혹은 물건 등에 다치지 않도록 상의나 가방, 주변에 있는 물건으로 머리를 보호하고 안전한 곳에서 대피할 준비를 한다. 지진은 길어야 1분이다. 1분 동안 해야 할 일은 안전한 곳에서 대피할 준비를 하는 것이다.

- 우리나라 대부분 건축물은 콘크리트이며 구조적으로 가장 강한 곳은 출입구다. 목조 주택에 있다면 탁자나 식탁 밑으로 피하는 것도 방법이 될 수 있다. 중요한 것은 몸을 보호하고 빠르게 대피할 준비를 하는 것이다. 몸을 낮춰 자세를 안정적으로 하고 진동이 끝난 즉시 개활지로 대피할 준비를 한다.

- 집 안에 있어도 신발을 신는다. 맨발은 부상당할 위험이 크다.

- 밖으로 나가면서 문을 닫지 않는다.

- 진동이 멎은 후 생존배낭을 들고 즉시 개활지로 대피한다. 규모가 큰 지진이 닥쳤을 때는 이동하기 어려우며 부상 위험도 크다. 진동이 끝난 뒤에 대피한다.

- 바닷가에서 진동을 느꼈다면 빠르게 육지 쪽으로 이동해야 한다. 쓰나미 경보가 발령되면 6층 이상의 콘크리트 빌딩으로, 지진이라고 알려지면 공터로 이동해야 한다.

태풍과 홍수

- 창문을 제대로 닫고, 가스 밸브를 잠그고, 전자제품 플러그를 뽑고 전기 차단기를 내린다.

- 시간적 여유가 있다면 대문과 창문 앞에 모래주머니를 쌓고 집 안 하수도와 집 주변 배수구 청소까지 해 놓고 대피한다.

- 물에 들어찬 집에 바로 들어가지 않는다. 가스가 가득 차 있을 수도 있고, 누전이 생겼을 수도 있다. 안전 점검이 끝난 다음에 들어가 수습한다.

화생방

– 실외의 경우, 손수건 등으로 코와 입을 막고, 할 수 있다면 비닐이나 비옷으로
몸을 감싸고 바람이 부는 방향으로 움직인다

북한 포격

– 포격에서 안전한 곳은 지하 구조물 안이다. 무조건 가장 가까운 건물의 지하
(대형교회 → 아파트 → 상업건물 순서로 선택), 혹은 지하철 승강장으로 뛰어 들어
간다. 건물이 무너져 빠져나오지 못할까 봐 지하실이 무섭게 느껴질 수도 있
다. 하지만 건물이 무너지는 포격에 지상이 멀쩡할 수는 없다. 직접 타격과 폭
발의 충격파를 피해야 살 수 있다.

– 건물이 없는 평지나 고속도로를 지나가는 중이었다면 차를 세운다. 도로에서
빠르게 내려가 얼굴을 바닥으로 향하고 양손의 엄지로 귀를 막고 손가락으로
는 눈을 막은 상태에서 짧게 호흡하면, 가장 위험한 충격파의 영향을 그나마
줄일 수 있다.

건물 화재

– 창밖으로 연기가 올라오고 있으면 자신이 있는 층보다 밑에서 불이 났다는 뜻
으로, 위쪽 대피 구역으로 간다. 창밖으로 연기가 보이지 않으면 자신이 있는
층보다 위에서 불이 났다는 뜻으로, 아래쪽 대피 구역으로 간다.

– 현관문에 손등을 대어 본다. 손바닥으로 열기를 확인하면 뜨거워도 앞으로 밀
어 더 큰 화상을 입는다. 손등은 뜨거우면 훨씬 빨리 뗄 수 있다.

– 열기가 느껴지거나 연기가 들어오기 시작하면, 문틈을 모두 틀어막고 물에 적
신 천으로 코와 입을 감싸고 동시에 119에 전화해서 불이 났음을 알리고 내
위치를 설명한다. 이때 문을 열면 절대로 안 된다. 산소를 공급해 불을 키울 뿐
만 아니라 유독가스에 바로 노출된다.

– 현관에 물을 뿌려가면서 버틸지, 아니면 옆집과 연결된 발코니의 경량 칸막이

를 부수고 이동할지 119와 상의해 결정한다.

- 계단의 벽을 따라 손으로 만져 가면서, 짧게 호흡하면서 이동한다.

- 엘리베이터를 이용하거나, 탈출하려고 불이 난 아래층으로 가면 안 된다.

주방 화재

- 소화기를 찾았으면 반드시 가스레인지 후드에 붙은 불부터 끄기 시작한다. 아래부터 끄기 시작하면 후드에 붙어 있는 잔불이 다시 불을 붙일 수 있다.

- 소화기가 없으면 담요 등을 덮어 불이 번지는 것을 막아야 한다.

- 튀김을 하다 불이 붙었는데 물로 끄려 하면 안 된다.

유리가 깨졌을 때

- 바로 진공청소기를 사용하는 경우가 많은데, 날카로운 유리 조각이 진공청소기 안에서 고속으로 움직이면 기계 고장을 일으키기 쉽고, 진공청소기는 유리 조각을 모두 빨아들이지도 못한다.

- 일단 슬리퍼나 실내화를 신고 바닥에 흩어진 유리 조각을 빗자루로 쓸어 낸 뒤 신문지를 깐 비닐봉지에 버린다. 깨진 곳뿐만 아니라 가능하면 그 방 전체를 탈지면을 이용해 닦아 낸다. 신문지를 깐 비닐봉지를 다시 신문지로 싸서 매립용 쓰레기봉투에 버린다.

절단 사고

- 절단된 부위들은 물이나 알코올에 담그거나 얼음에 직접 닿으면 절대로 안 된다. 깨끗한 천이나 거즈로 싼 다음 깨끗하고 젖지 않은 큰 타월 안에 두르고 비닐봉지에 밀봉한 뒤, 이 비닐봉지를 얼음과 물이 1:1 비율로 섞인 용기에 담아 약 4도 정도의 냉장 온도를 유지한다.

- 절단 부위를 너무 세게 압박하면 피부가 괴사되어 수술하기 어렵다. 지혈제나 지혈대는 주변의 조직, 신경, 혈관을 파괴해 재접합 수술을 어렵게 만든다.

화학약품 혹은 뜨거운 물이나 기름이 눈에 튀었을 때

– 생리식염수 혹은 흐르는 수돗물로 눈을 15분 이상 씻어 내고, 차가운 물수건
으로 눈을 감싸고 안과로 간다.

개 물림 사고

– 병원으로 바로 갈 수 없다면 흐르는 물로 상처를 씻어야 한다. 상처를 문지르
면 안 된다.

– 깨끗한 거즈나 천으로 물린 부위를 가볍게 지혈한다. 꽁꽁 묶으면 상처 부위가
썩을 수도 있다.

– 상처를 지혈하면서 병원으로 간다. 개에게 물린 상처가 크지 않아도 일단 병원
에 가서 의사의 진찰을 받는다.

기생충

– 1970년대에는 대부분 회충이었던 것과 달리, 최근 조사에서는 일반 구충제
로 쉽게 제거할 수 없는 간흡충(흔히 간디스토마라고 부르는)에 감염된 사례가 대
부분이다. 약국에서 살 수 있는 종합 구충제는 장에 기생하거나 비교적 큰 기
생충에 효과적이다. 간이나 폐, 근육, 뇌, 눈을 공격하는 기생충에 대한 구충
효과는 낮다.

감전 사고

– 아이를 감전시킨 물체를 맨손으로 떼어 내려고 하면, 전기가 차단되지 않은 상
태에서 본인까지 감전된다.

눈에 이물질이 들어가거나 찔렸을 때

− 절대로 이물질을 뽑으려고 해서는 안 된다. 아이가 눈을 만지지 못하게 한 상태에서 빨리 병원으로 가야 한다.

− 눈에 바람을 불어 주는 것은 이물질을 더 깊숙히 밀어 넣는 셈이다.

미세먼지 마스크

− 일회용이다. 세탁하면 모양이 변형되어 성능이 떨어지니 재사용은 자제하는 게 좋다.

가스 누출 사고

− LNG는 공기보다 가벼우니 자세를 낮춰서 이동해야 하고, LPG는 공기보다 무거우니 똑바로 서서 창가로 다가가 허리를 펴고 선 상태에서 가스를 쓸어 내보내야 한다.

차가 물에 빠졌을 때

− 물속에 잠기기 전 의식이 있다면, 창문을 연다. 창문이 열리지 않으면 차의 구조체와 가까운 쪽의 코너들을 소화기 혹은 망치를 이용해 깬다.

− 물속에 잠겼다면, 물이 완전히 들어올 때까지 기다린 뒤 창문을 열어 탈출한다. 열리지 않으면 깬다.

치아가 깨지거나 빠졌을 때

− 깨진 치아를 우유나 식염수에 넣어 119의 안내에 따라 1시간 이내에 치과가 있는 병원으로 간다. 치아가 더러워졌다고 해서 씻어서는 절대로 안 된다. 치아를 잡을 때는 상아질 부분을 잡는다.

코피

- 의자에 편안하게 앉은 뒤, 고개를 앞으로 숙인다. 뒤로 젖히면 피가 기도로 넘어가 심하면 폐렴을 일으킬 수 있다.
- 양쪽 콧등을 엄지와 검지로 4분 이상 지그시 눌러 준다. 코피가 멈췄는지 확인하느라 자꾸 손을 떼면 지혈이 안 된다.
- 턱 밑에 휴지를 대고 목으로 넘어가는 피를 혀로 밀어내서 뱉어 낸다.
- 휴지를 말아 코를 막으면 점막은 더 상한다.

생활화학물질을 마셨을 때

- 토하면 질식이나 2차 손상을 당하기 쉽다.
- 물을 많이 마시면 구토를 일으켜 더 힘들다.

해파리에 쏘였을 때

- 몸에 촉수가 박혀 있는 것이 보이면 신용카드 같은 것으로 촉수를 밀어낸다.
- 알코올이나 찬물로 상처 부위를 닦아 내거나, 오줌이나 식초를 뿌리는 민간요법은 절대로 하지 않는다.
- 통증이 있다고 손으로 문지르면서 마사지하면 독은 더 많이 퍼진다.

뙤약볕에 쓰러졌을 때

- 시원한 곳으로 옮겨 옷을 풀고, 찬물이나 찬바람으로 체온을 낮춘다.
- 체온이 40도가 넘고, 뜨겁고 건조함을 느끼고 땀이 나지 않는 증상이 30분 이상 지속되면 열사병이 의심이 되므로 바로 119에 연락한다.
- 에어컨 바람을 직접 쐬거나, 시원한 맥주 등 찬 음료를 먹이는 처치는 삼간다.

낙뢰

– 낙뢰와 천둥소리 차이가 30초 이내라면 건물이나 자동차(오픈카 제외)로 이동, 마지막 천둥소리가 난 후 최소한 30분 정도 더 기다렸다가 움직인다.

– 골프채나 골프 우산을 들고 있다 낙뢰 피해를 입는 것은 도체이기 때문이 아니라, 높기 때문이다.

– 큰 나무나 큰 건물과 10m 이상 떨어진 곳, 숲의 외곽보다 숲속, 건물 안이 건물 밖보다 훨씬 안전하다. 튀어나온 바위 아래, 암벽 아래 부분으로 나무로부터 10m 이상 떨어진 곳이 안전하다.

– 송전탑이나 다리 같은 금속 구조물은 피한다. 목재, 혹은 콘크리트로 만들어져 있으며 피뢰침이 있는 건물이 가장 안전하다.

이슬람 지역 여행 시

– 신앙 고백인 "야슈하두 안 라 일라하 일랄라 와 아슈하두 안나 무함마단 라술룰라"(알라 외에 다른 신은 없고, 무하마드는 신의 사도) 한마디는 꼭 외워 놓는다.

4 재난 대비 물품

구급상자 꾸리기

1. 붕대 및 밴드 종류

☐ 탄성 붕대(압박 붕대)	☐ 거즈	☐ 일회용 밴드 세트
☐ 삼각건	☐ 화상 거즈	☐ 붕대 고정 핀
☐ 탈지면	☐ 붕대 고정용 반창고	

2. 응급처치용 도구

☐ 가위	☐ 족집게	☐ 체온계
☐ 핀셋	☐ 혀를 누를 때 쓰는	☐ 포이즌 리무버
☐ 면봉	나무 숟가락	

3. 내복약 (먹는 약)

☐ 해열진통제 / 어른용	☐ 소화제	☐ 구충약
☐ 해열진통제 / 아이용	☐ 항히스타민제	☐ 지사제
☐ 제산제		

- 재난 상황에는 냉장고를 쓸 수 없는 경우가 많아 음식이 쉽게 상하고 화장실도 쉽게 갈 수 없으니 지사제는 반드시 챙겨놓는다.
- 항히스타민제는 알레르기 증상이 발생했을 때 사용한다. 복용 중에는 절대 술을 마시면 안 되고 정확하게 복약 설명서에 있는 분량만큼 먹어야 하며, 근육이완제, 수면제, 진정제와 함께 먹어서도 안 된다.

4. 바르는 약

☐ 물파스   ☐ 항생제 성분 연고   ☐ 스테로이드 계열
☐ 소염진통 로션   ☐ 항히스타민 계열   (부신피질 호르몬) 연고
☐ 암모니아수   스프레이와 연고   ☐ 화상 연고

- 스테로이드 계열 연고는 강력한 소염 작용과 면역 억제 기능을 한다. 알레르기성 질환에도 작용하며 가려움증도 없애 준다. 처방받은 목적 이외에는 사용하면 안 된다.
- 항히스타민 계열 스프레이는 주로 콧물, 코막힘 등의 증상 완화를 위해 쓰며, 항히스타민 연고는 벌레 물린 곳에 생긴 발진 혹은 염증 치료제로 주로 쓴다. 항히스타민 계열 내복약과 바르는 약은 절대 함께 쓰면 안 된다.
- 항생제 성분 연고는 상처 치료용으로 흔히 쓴다.

5. 소독약

☐ 요오드팅크   ☐ 알코올   ☐ 어린이용 소독약
☐ 과산화수소수   ☐ 붕산

- 과산화수소수와 요오드팅크는 피부에 상처가 났을 때 직접 소독하는 용도로, 알코올은 물건 소독용으로, 붕산은 소독 후 상처 부위에 뿌리는 용도로 쓴다.

6. 기타

☐ 찜질약(붙이는 파스)   ☐ 입안 상처용 연고   ☐ 냉찜질용 팩
☐ 안약   ☐ 생리식염수   ☐ 방진 마스크
                                      (N95 등급 이상)

- N95는 공기에 떠다니는 미세 입자의 95% 이상을 걸러 준다는 뜻이다.

생존배낭 꾸리기

― 1인 기준 3일치 7끼(하루 2끼×3일치+예비용 한 끼)(반조리된 레토르트 음식과 군용 납품 업체가 만든 자가 발열식 제품 추천), 물 3ℓ를 롤링스톡법으로 저장. 그 밖의 필수품은 아래의 표 참조.

위생용품

□ 식구 수만큼의 칫솔	□ 여성위생용품	□ 20ℓ 쓰레기 봉투
□ 100장짜리 물티슈 2팩 이상	□ 휴지 1롤	10장 이상(용변 처리용)

구호용품

□ 마스크	□ 덕트 테이프	□ 호루라기
□ 야광봉	(혹은 청테이프)	□ 복용 중인 약품 모두
□ 가족 수만큼의 안전모		

피난용품

□ 랜턴	□ 체온 유지 시트	□ 1인당 침낭 1개
□ 휴대용 라디오	□ 휴대용 소형 소화기	□ 속옷과 겉옷 한 세트
□ 우비	□ 방수팩에 든 성냥	□ 핫팩
□ 예비 건전지	□ 라이터	□ 은박 담요

생활용품

□ 버너	□ 아기용품	□ 72시간 동안 사용할 수 있는
□ 장갑	□ 책	5,000원권 이하 소액권 현금
□ 수저	□ 상세한 지도	□ 시간을 보낼 수 있는 퍼즐 등 놀잇감
□ 멀티툴		

차량 안전용품

‑ 차 트렁크뿐만 아니라 실내에도 소화기와 유리를 깨는 망치 비치. 안전벨트를 자를 수 있는 칼과 유리를 깰 수 있는 소형 망치가 든 차량 탈출용 키트도 판매하고 있다.

5 응급처치 세 가지

1. 심폐소생술

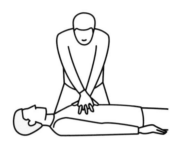

2. 인공호흡법

3. 하임리히법

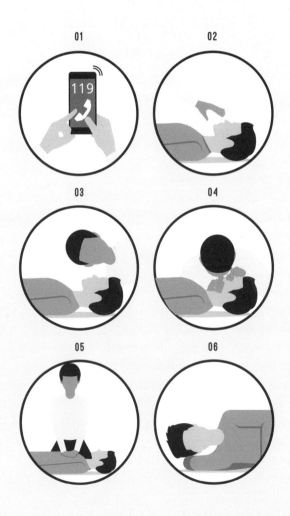

참고자료

국내 단행본

- Wow 위기탈출 안전스쿨 : 인적재난, 지영환·이명윤 지음, 박지혜 그림, 형설아이
- 급진주의자를 위한 규칙, 사울 D. 알린스키 지음, 박순성·박지우 옮김, 아르케
- 내 몸은 소중해!, 김미애 지음, 조윤주 그림, 아르볼
- 독재자를 무너뜨리는 법, 스르자 포포비치·매슈 밀러 지음, 박찬원 옮김, 문학동네
- 세상의 종말에서 살아남는 법 : 불확실한 시대를 살아가기 위한 생존 매뉴얼, 제임스 웨슬리 롤스 지음, 노승영 옮김, 초록물고기
- 신문은 대지진을 바르게 전달했는가 : 학생들의 신문지면 분석, 하나다 다쓰로·하나다 연구실 지음, 김유영 옮김, 고려대학교 출판부
- 앗! 조심해! 나를 지키는 안전 교과서, 정영훈 지음, 김규준 그림, 과학동아북스
- 어린이 안전 365 : 우리 아이 위험으로부터의 예방과 위기 대처 요령, 미래출판기획팀 엮음, 미래출판기획
- 왜 지금 지리학인가, 하름 데 블레이 지음, 유나영 옮김, 사회평론
- 위험이 보인다! 부릅뜨고 안전, 이미현 글, 이효실·이민선 그림, 주니어골든벨
- 이 폐허를 응시하라 : 대재난 속에서 피어나는 혁명적 공동체에 대한 정치사회적 탐사, 레베카 솔닛 지음, 정해영 옮김, 펜타그램
- 인재는 이제 그만 : 안전문화 구축하기, 제임스 리즌 지음, 백주현 옮김, GS인터비전
- 재난 불평등 : 왜 재난은 가난한 이들에게만 가혹할까, 존 C. 머터 지음, 장상미 옮김, 동녘
- 재난과 평화 : 폐허를 딛고 평화를 묻다, 김성철 지음, 아카넷

- 재난시대 생존법 : 도심형 재난에서 내 가족 지켜내기, 우승엽 지음, 들녘
- 재난안전 A to Z, 송창영 지음, 기문당
- 최신 재난관리론, 류충 지음, 미래소방
- 후쿠시마의 고양이 : 동물들을 마지막까지 지켜주고 싶습니다, 오오타 야스스케 지음, 하상 련 옮김, 책공장더불어

보고서 및 연감

- 2009 화생방 대피시설 기준 및 활용방안 연구, 소방방재청
- 2013 재난상황 PTSD 대응 매뉴얼, 카톨릭대학교 산학협력단
- 2014년 장내기생충 감염 실태조사 결과 분석, 질병관리본부 국립보건연구원 말라리아 기 생충과, 주간 건강과 질병
- 2015년 범죄분석, 대검찰청
- 2015년도 전기재해 통계분석, 전기안전공사, 산업통상자원부
- 2016년 MERS 대응지침, 보건복지부, 질병관리본부(2016.4)
- 도로이용자의 안전운전을 배려하는 고속도로 휴게소의 설치방안, 국토정책 Brief(2008.2.4)
- 산사태 발생원인 및 예방대책에 관한 연구, 산림청(2003.12)
- 선진국의 수영교육 사례 연구를 통한 국내 수영교육 실천방안에 관한 연구, 인하대학교 산 학협력단
- 화학테러 피해유형 및 대응방안 연구, 국립환경과학원
- 환기설비 및 공기정화설비 관리기준 마련 연구, 환경부 환경정책실 생활환경과대한설비공 학회

국외 자료

- 미연방재난안전청 FEMA https://www.fema.gov/
- 펜실베니아 비상 사태 대비 지침(PENNSYLVANIA EMERGENCY PREPAREDNESS GUIDE), Government of Pennsylavania, 한국어판 http://www.pema.pa.gov/

- planningandpreparedness/readypa/Documents/EPGuide%20Korean.pdf
- 퀸즈랜드 애완동물 응급사태 대비 계획, fact-sheet-7-pet-emergency-plan-korean. pdf
- 도쿄방재, 일본국 도쿄도, 한국어판 http://www.metro.tokyo.jp/KOREAN/GUIDE/ BOSAI/
- 2010 Planning Guidance For Response to Nuclear Detonation Second Edition, U.S. Government. Department of Defense. Department of Homeland Security. Department of Energy (Author)
- Air Pollution fact sheet 2013, European Environment Agency
- Disaster Preparedness for Dummies(DVD), For Dummies
- EVALUATION OF UNDP CONTRIBUTION TO DISASTER PREVENTION AND RECOVERY, https://www.oecd.org/derec/undp/47871337.pdf
- Kathmandu, Thomas Bell, Random House India
- Major Incident Procedure Manual, Scotland Yard, Version 2015 9.4
- Rolling stock of spring storage product of Izumi-ku, Yokohama-shi disaster prevention knowledge
- Run, Hide, Tell : Firearms and Weapons Attack, National Police Chiefs' Council(NPCC)
- Safe and Poisonous Garden Plants, University of California, http://ucanr.edu/sites/ poisonous_safe_plants/
- SAS Survival Handbook, Third Edition: The Ultimate Guide to Surviving Anywhere, John 'Lofty' Wiseman, William Morrow Paperbacks
- Survival Under Atomic Attack, Executive Office of the President, National Security Resources Board, Civil Defense Office
- The Book of Everything : A Visual Guide to Travel and the World, Nigel Holmes, Lonely Planet
- The Key to Political Persuasion, Robb willer&Matthew feinberg, The New York Times(2015.11.13)
- The Survival Handbook : Essential Skills for Outdoor Adventure, DK Publishing(Author), Colin Towell(Contributor), DK

- The Survival Medicine Handbook : A Guide for When Help is Not on the Way, Joseph Alton, Amy Alton, Doom and Bloom
- The Trump Survival Guide, Everything You Need to Know About Living Through What You Hoped Would Never Happen, Gene Stone, Dey Street Books
- The Worst-Case Scenario Survival Handbook, Joshua Piven, David Borgenicht, Chronicle Books
- U.S. Army Survival Handbook, Revised, Department of the Army, Matt Larsen, Lyons Press
- UN OFDA, Transitional Settlement and Reconstruction After Natural Disasters
- Wilderness Survival For Dummies, Cameron M. Smith, John F. Haslett, For Dummies

| 개정증보판 |

거의 모든 재난에서 살아남는 법

우리 집 생존 백과사전

지은이 성상원·전명윤
초판 1쇄 발행 2018년 1월 15일
개정증보판 1쇄 발행 2024년 11월 30일

펴낸곳 도서출판 따비
펴낸이 박성경
편집 신수진, 정우진
디자인 박대성

출판등록 2009년 5월 4일 제2010-000256호
주소 서울시 마포구 월드컵로28길 6 (성산동, 3층)
전화 02-326-3897
팩스 02-6919-1277
메일 tabibooks@hotmail.com
인쇄·제본 영신사

ⓒ 성상원·전명윤, 2024

잘못된 책은 바꾸어 드립니다.
이 책의 무단 복제와 전재를 금합니다.

ISBN 979-11-92169-48-4 13590

책값은 뒤표지에 있습니다.